W0259133

K. Desoyer, P. Kopacek,
N. Girsule und R. Probst

Mechanik auf dem Bildschirm – mit dem C 64

Springer-Verlag Wien New York

Mag. rer. nat. Dr. phil. Kurt Desoyer
o. Univ.-Prof. für Technische Mechanik
Institut für Mechanik der Technischen Universität Wien

Dipl.-Ing. Dr. techn. Peter Kopacek
o. Univ.-Prof. für Systemtechnik und Automatisierung
Dipl.-Ing. Norbert Girsule
Dipl.-Ing. Robert Probst
Institut für Systemwissenschaften
der Johannes-Kepler-Universität Linz

Softcover reprint of the hardcover 1st edition 1988

Mit 278 Abbildungen und einer Programmdiskette für C 64

CIP-Titelaufnahme der Deutschen Bibliothek
Mechanik auf dem Bildschirm – mit dem C 64 /
K. Desoyer ... –
Wien ; New York : Springer, 1988
ISBN-13:978-3-7091-8998-6

NE: Desoyer, Kurt [Mitverf.]

ISBN-13:978-3-7091-8998-6 e-ISBN-13:978-3-7091-8997-9
DOI: 10.1007/978-3-7091-8997-9

Vorwort

Dieses Buch stellt eine neuartige Kombination von Lehrbuch, Computerbuch und "Spielbuch" dar. Es bietet dem an Mechanik Interessierten die Möglichkeit, die wesentlichsten Grundlagen der Mechanik mittels seines C64 an Hand ausgewählter Beispiele einzuüben und somit zu vertiefen. Der primär am Rechner Interessierte kann sein Gerät sinnvoll und effizient einsetzen und mit Hilfe des begleitenden Textes selbständig ähnliche Programme entwickeln. Für diejenigen, die auch ihren Spieltrieb befriedigen wollen, eröffnen sich durch die Gestaltung der Programme diverse Möglichkeiten. Der Aufbau des Buches ist durch diese Zielsetzungen bereits vorgegeben:

- kurze Lehreinheiten, in denen der Stoff des gegenständlichen Kapitels enzyklopädisch erläutert wird
- Programmbeschreibungen, welche die Handhabung der beigegebenen Software für Demonstrations- und Übungsbeispiele erläutern.

Bei der Stoffauswahl wurde ein repräsentativer Querschnitt durch die Grundlagen der Mechanik angestrebt: Der Bogen spannt sich von der einführenden Mechanik innerhalb des Physikunterrichts in der Oberstufe der Gymnasien über die spezielle Mechanik, wie sie an Technischen Höheren Schulen unterrichtet wird, bis hin zu den einführenden Mechanik–Vorlesungen an den Technischen Universitäten.

Unser Ziel war ein neuartiger Buchtyp. An Rückmeldungen und Anregungen aus dem Leserkreis sind wir sehr interessiert.

Wien, Juli 1988

K.Desoyer
P.Kopacek
N.Girsule
R.Probst

Inhaltsverzeichnis

1. Einleitung

Die Mechanik als Disziplin der Naturwissenschaften liefert Grundlagen der Physik und der Ingenieurwissenschaften. Sie behandelt mit mathematischen und graphischen Methoden Gleichgewichtszustände und Bewegungen materieller Körper, die dabei auftretenden Kräfte, Verformungen und Beanspruchungen, um daraus Bemessungsgrundlagen für Bauteile zu gewinnen, vorgegebene Bewegungsvorgänge zu erfassen oder gewünschte Bewegungsabläufe zu erzielen.

Die Mechanik kann in die folgenden Teildisziplinen eingeteilt werden:

- Statik: Lehre von den Kräften und vom Gleichgewicht der Kräfte (an einem Körper oder an mehreren Körpern).
- Bewegungslehre:
  Kinematik – Beschreibung von Bewegungen
  Kinetik – Zusammenhang zwischen Kräften und Bewegungen
- Elastizitätstheorie und Festigkeitslehre

Die Mechanik bietet die Möglichkeit, bei ihrer konsequenten und richtigen Anwendung verläßliche rechnerische Lösungen zu finden, wodurch unter Umständen kostenintensive und gefährliche Versuche unterbleiben können.

2. Einführung in die Statik

2.1 Der Kraftbegriff

Die Kraft $\vec{F}$ (force) ist eine gerichtete Größe (ein Vektor), graphisch darstellbar durch einen Pfeil (Länge entspricht dem Betrag der Kraft). Die Krafteinheit im internationalen Einheitensystem ist das Newton (N), mit dem Kilogramm (kg) als zugehöriger Masseneinheit:

$$1\ \mathrm{N} = 1\ \mathrm{kg.m/s^2} \tag{2.1}$$

1 Newton ist jene Kraft, durch die einer Masse von 1 kg eine Beschleunigung von 1 $\mathrm{m/s^2}$ erteilt wird.

Die zugehörige Arbeitseinheit ist ein Newtonmeter oder Joule oder eine Wattsekunde:

$$1\ \mathrm{Nm} = 1\ \mathrm{J} = 1\ \mathrm{Ws} \tag{2.2}$$

die zugehörige Leistungseinheit ist ein Newtonmeter je Sekunde gleich 1 Watt

$$1\ \mathrm{Nm/s} = 1\ \mathrm{W} \tag{2.3}$$

Vereinbarungen in der Vektorsymbolik:

Das Vektorsymbol $\vec{F}$ beinhaltet Richtung, Orientierung und Betrag der Kraft, nicht aber die Lage ihres Angriffspunktes im Raum.

$\vec{F}_2 = \vec{F}_1$ bedeutet, daß die beiden Kräfte gleich groß, parallel und gleich orientiert sind, aber verschiedene Angriffspunkte haben können.

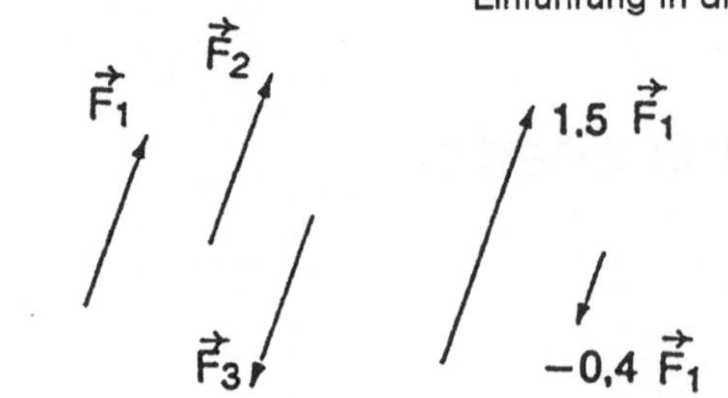

$\vec{F}_3 = -\vec{F}_1$ bedeutet, daß die beiden Kräfte gleich groß, parallel, aber entgegengesetzt orientiert sind.

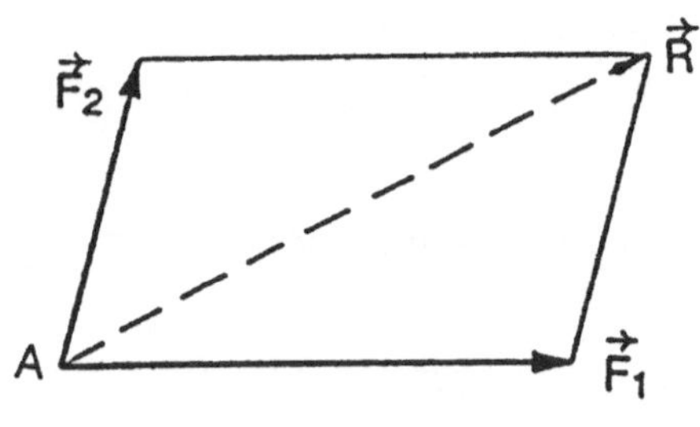

Äquivalenter Ersatz zweier Kräfte $\vec{F}_1$ und $\vec{F}_2$ mit gleichem Angriffspunkt A durch eine resultierende Kraft $\vec{R}$ durch geometrische Addition der beiden Kraftvektoren, graphisch darstellbar durch das Kräfteparallelogramm:

man schreibt kurz:

Abb. 2.1

$$\vec{R} = \vec{F}_1 + \vec{F}_2 \tag{2.4}$$

Kräfte treten stets paarweise, mit gleichem Betrag, entgegengesetzt orientiert, auf:

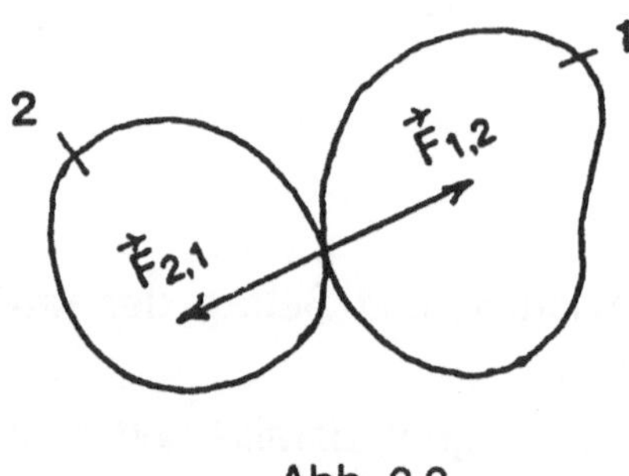

Abb. 2.2

$\vec{F}_{1,2}$ .... Berührkraft auf Körper 1 vom Körper 2

$\vec{F}_{2,1}$ .... Berührkraft auf Körper 2 vom Körper 1

Es gilt stets, auch während beliebiger Bewegungen:

$$\vec{F}_{2,1} = -\vec{F}_{1,2}$$

2.2 Das zentrale ebene Kraftsystem

Ein zentrales ebenes Kraftsystem liegt vor, wenn die Kräfte in einer Ebene liegen und einen gemeinsamen Angriffspunkt A aufweisen:

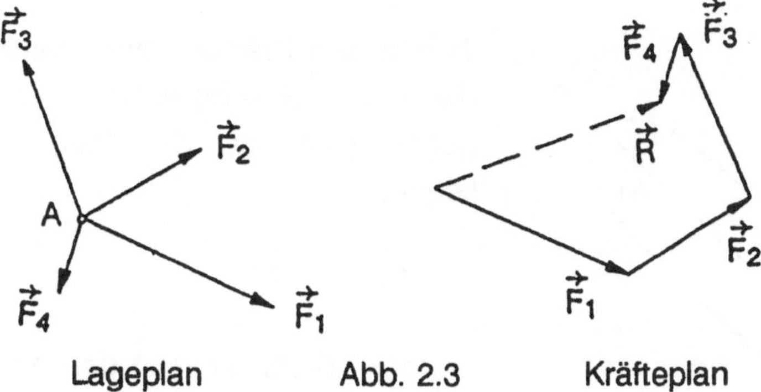

Lageplan Abb. 2.3 Kräfteplan

Wir zeichnen zum "Lageplan" einen "Kräfteplan", in dem wir die gegebenen Kräfte (in beliebiger Reihenfolge) aneinanderfügen. Wir sehen:

Das zentrale ebene Kraftsystem läßt sich stets durch eine resultierende Einzelkraft $\vec{R}$ ersetzen.

Fügt man $-\vec{R}$ ($\vec{R}$ umgedreht) als weitere Kraft in den Kräfteplan und Lageplan ein, ergibt sich ein Gleichgewichtssystem:

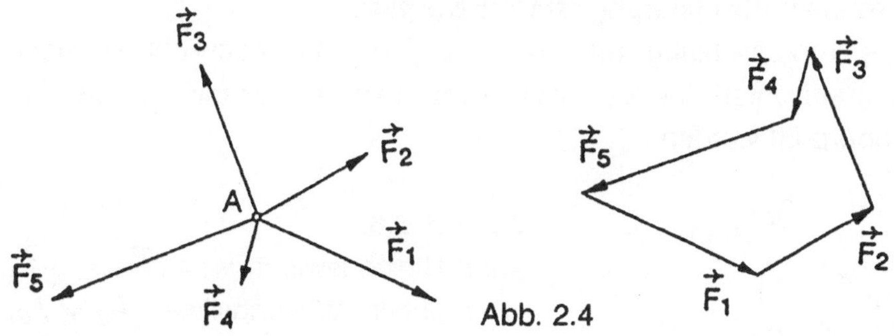

Abb. 2.4

Wir sehen, das Krafteck ist nun in sich geschlossen – die vektorielle Summe aller Kräfte ist null – es liegt ein Gleichgewichtssystem vor.

2.3 Das allgemeine ebene Kraftsystem

eben .... alle Kräfte in einer Ebene

allgemein .... nicht alle Kräfte haben denselben Angriffspunkt an einem betrachteten Körper.

Wir betrachten zunächst einen Körper unter der Wirkung von nur 2 Kräften:

ob Gleichgewicht möglich ist, hängt ab:

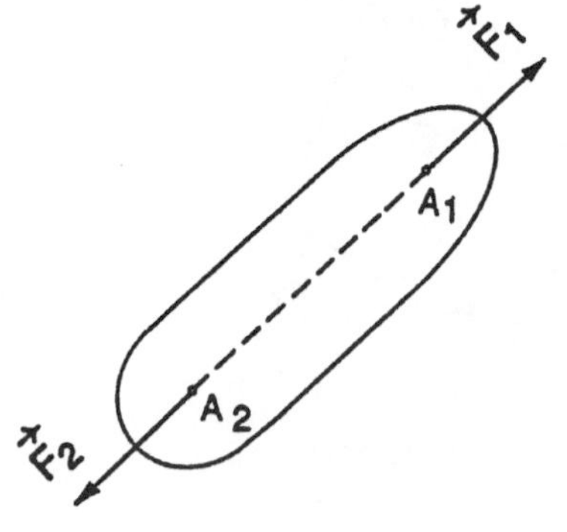

Abb. 2.5

1) von den Kräften: zwei Kräfte können nur dann im Gleichgewicht sein, wenn sie gegengleich in derselben Wirkungslinie liegen:

$$\vec{F}_2 = -\vec{F}_1 \tag{2.5}$$

2) vom Körper: er muß den nötigen inneren Zusammenhang bewahren können und wird sich verformen. Erst der verformte Körper kommt ins Gleichgewicht, wenn er der Belastung standhält.

Wir setzen zunächst im folgenden stets voraus, daß die Verschiebungen der Kraftangriffspunkte zufolge Verformung des betrachteten Körpers so klein sind gegen die Abmessungen des Körpers, daß wir diese Verschiebungen vernachlässigen können: **Idealisierung "starrer Körper"**.

Ob diese Voraussetzung, die die Lösung von Gleichgewichtsaufgaben ganz wesentlich erleichtert, jeweils zulässig war, kann später mit Hilfe der Festigkeitslehre überprüft werden.

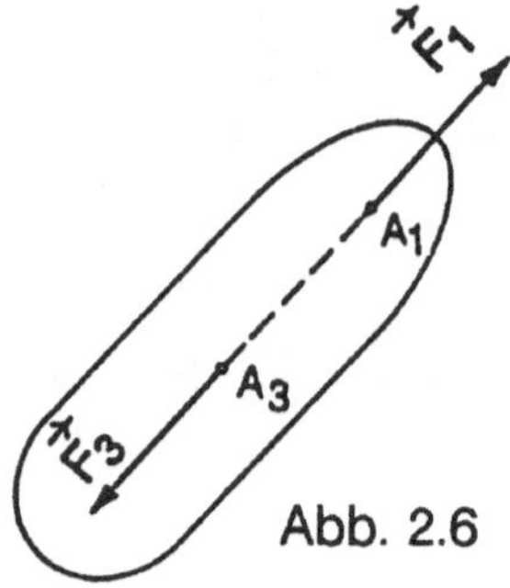

Abb. 2.6

Zu Abb. 2.6:
Auch Gleichgewicht, wenn $\vec{F}_3 = -\vec{F}_1$ in gleicher Wirkungslinie, $A_3 \neq A_2$, aber andere Verteilung der Verformung und Beanspruchung als oben.

Für Äquivalenz- und Gleichgewichtsuntersuchungen von Kraftsystemen am "starren Körper" dürfen Kräfte längs ihrer Wirkungslinien verschoben werden (nicht aber bei der Ermittlung von Verformungen und Beanspruchungen). (2.6)

Wir wollen nun ein allgemeines ebenes Kraftsystem an einem Körper in diesem Sinne "reduzieren", durch Einfacheres äquivalent ersetzen, zunächst durch anschauliche graphische Methoden zur Erkennung der möglichen Ergebnisse:

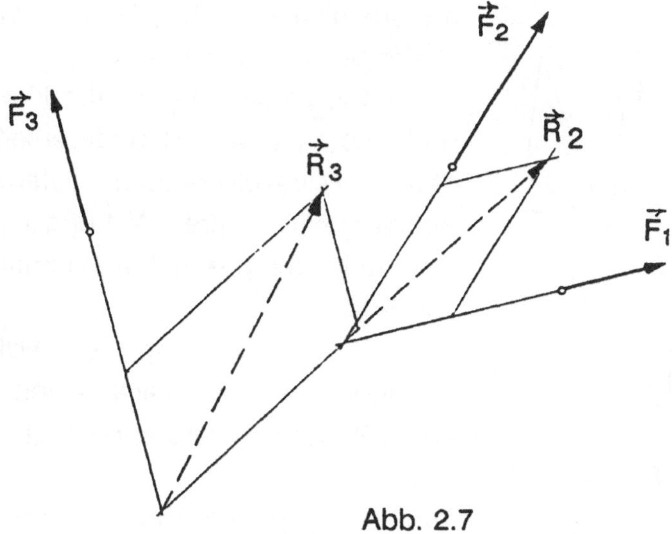

Abb. 2.7

Haben die Wirkungslinien von zwei beliebigen Kräften dieses Systems einen Schnittpunkt, dann können diese beiden Kräfte mit Hilfe des Kräfteparallelogrammes zusammengesetzt werden. Die sich ergebende resultierende Kraft kann nun mit einer weiteren Kraft zusammengesetzt werden, wenn wieder ein Schnittpunkt der Wirkungslinien vorhanden ist, usw. Kommt man auf diese Weise schließlich nicht auf eine resultierende Einzelkraft allein, sondern auf zwei parallele Kräfte, sind folgende Fälle möglich:

a) gleiche Orientierung: es ergibt sich eine resultierende Kraft, zwischen den beiden Kräften liegend, näher bei der größeren.

b) entgegengesetzte Orientierung, ungleiche Beträge: es ergibt sich auch eine resultierende Kraft; sie liegt außerhalb, auf der Seite der größeren Kraft.

c) entgegengesetzte Orientierung, gleiche Beträge: Das Kraftsystem ist einem Kräftepaar äquivalent.

Im einzelnen:

Fall a): Gegeben zwei parallele, gleich orientierte Kräfte $\vec{F}_i$ und $\vec{F}_k$
Gesucht: Wirkungslinie von $\vec{R} = \vec{F}_i + \vec{F}_k$

Eine Möglichkeit: wir bringen in der Verbindungsgeraden A_iA_k zwei entgegengesetzt orientierte Hilfskräfte $\vec{H}$, $-\vec{H}$ gleichen, beliebigen Betrages, an. Sie

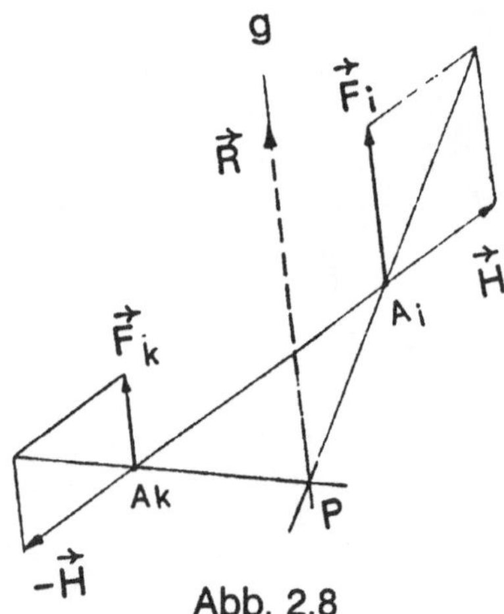

Abb. 2.8

ändern nichts am Ergebnis $\vec{R}$, da sie im Gleichgewicht sind.

Die beiden, aus $\vec{F}_i$ und $\vec{H}$ einerseits und aus $\vec{F}_k$ und $-\vec{H}$ andererseits gebildeten Teilresultierenden liefern einen Schnittpunkt P ihrer Wirkungslinien, der ein Punkt der gesuchten Wirkungslinie g von $\vec{R}$ ist.

Die Verwendung von Hilfskräften mit anderem Betrag liefert einen anderen Punkt P, der ebenfalls auf g liegt.

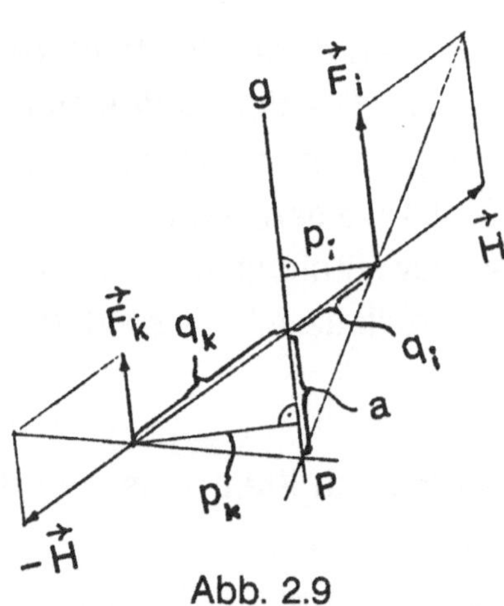

Abb. 2.9

Aus der geometrischen Ähnlichkeit der entsprechenden Dreiecke in der links wiederholten Skizze folgt:

$$\frac{|\vec{F}_i|}{|\vec{H}|} = \frac{a}{q_i} \quad \text{und} \quad \frac{|\vec{F}_k|}{|\vec{H}|} = \frac{a}{q_k}$$

daraus $|\vec{H}|a = |\vec{F}_i|q_i = |\vec{F}_k|q_k$

Weiters folgt aus der geometrischen Ähnlichkeit der betreffenden Dreiecke:

$$\frac{q_k}{p_k} = \frac{q_i}{p_i}$$

somit $|\vec{F}_i|p_i = |\vec{F}_k|p_k$, das "Hebelgesetz". (2.7)

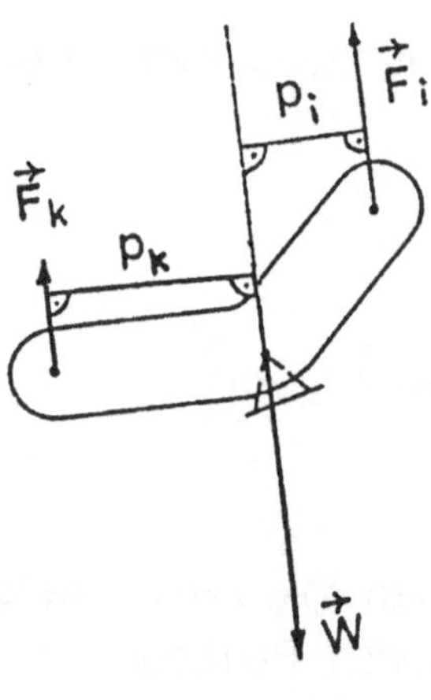

Abb. 2.10

Das Hebelgesetz ist somit bereits eine Folgerung aus dem Kräfteparallelogramm und der Gleichgewichtsbedingung für zwei Kräfte.

Ein mit den Kräften $\vec{F}_i$ und $\vec{F}_k$ belasteter gewichtsloser Hebel, der in einem beliebigen Punkt auf der so gefundenen Geraden g drehbar gelagert ist, ist im Gleichgewicht. Dabei muß die Lagerung auf ihn die Kraft

$\vec{W} = -(\vec{F}_i + \vec{F}_k)$ ausüben.

Die Hilfskräfte können natürlich auch für den Fall verwendet werden, daß die beiden gegebenen Wirkungslinien nicht parallel sind, aber ihr Schnittpunkt außerhalb der Zeichenfläche liegt oder ein schleifender Schnitt die Zeichengenauigkeit beeinträchtigt. Größe, Richtung und Orientierung von $\vec{R}$ ergeben sich dann aus dem Kräftedreieck :

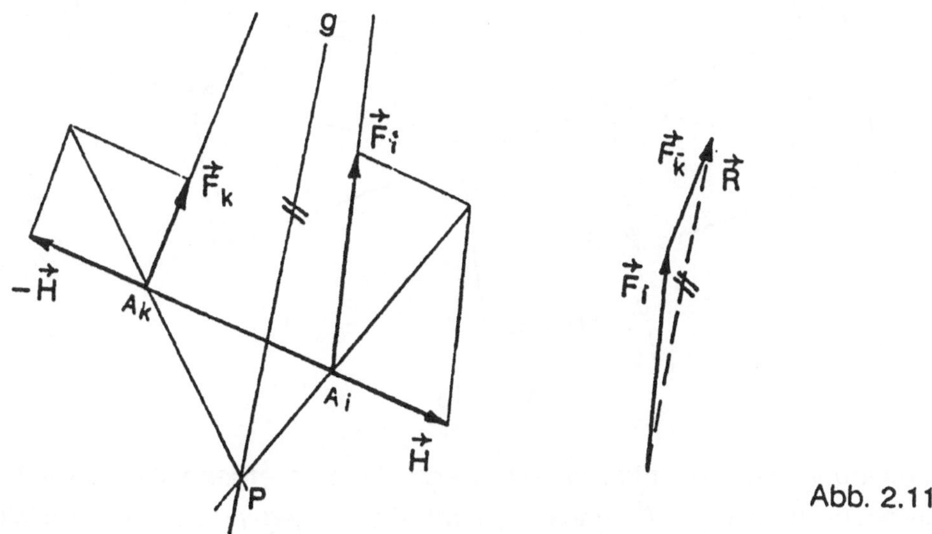

Abb. 2.11

Fall b): Gegeben: zwei parallele, entgegengesetzt orientierte Kräfte $\vec{F}_i$ und $\vec{F}_k$ mit verschiedenen Beträgen.
Gesucht: Wirkungslinie g der Resultierenden $\vec{R} = \vec{F}_i + \vec{F}_k$

Analoge Verwendung der Hilfskräfte $\vec{H}$, $-\vec{H}$ gibt $\vec{R}$ außerhalb, auf der Seite der Kraft mit dem größeren Betrag.

$$|\vec{R}| = \left||\vec{F}_i| - |\vec{F}_k|\right|$$

Aus der Geometrie findet man wieder:

$$|\vec{F}_i|\, p_i = |\vec{F}_k|\, p_k$$

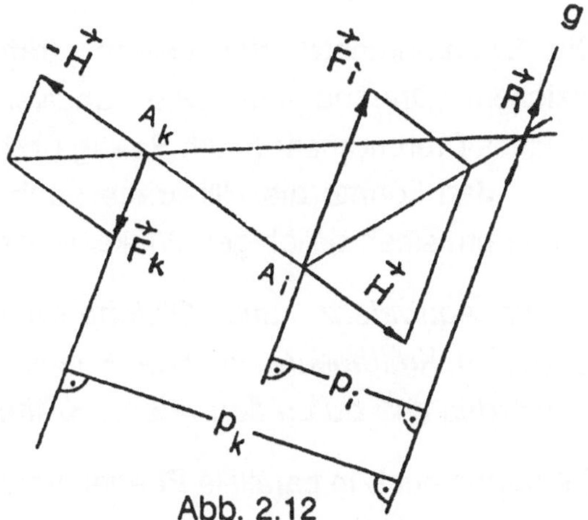

Abb. 2.12

Bisher konnten wir stets die beiden gegebenen Kräfte durch eine resultierende Einzelkraft $\vec{R}$ ersetzen.

Ein echter Sonderfall hingegen ist:

Fall c): Gegeben: zwei parallele, entgegengesetzt orientierte Kräfte gleichen Betrages. Wir nennen sie $\vec{F}_1$ und $-\vec{F}_1$, ein "Kräftepaar":

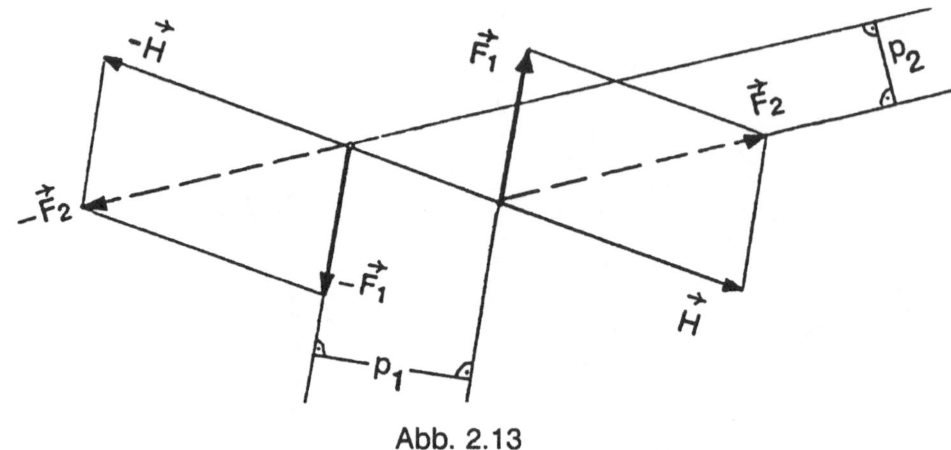

Abb. 2.13

Die Verwendung der Hilfskräfte $\vec{H}$, $-\vec{H}$ zeigt: die sich ergebenden zwei Teilresultierenden, oben $\vec{F}_2$, $-\vec{F}_2$ genannt, sind wieder gegengleich in parallelen Wirkungslinien, bilden also wieder ein Kräftepaar. **Ein Kräftepaar ist nicht durch eine Einzelkraft ersetzbar.** Aus der Geometrie des obigen Bildes kommt man zu der Beziehung:

$$|\vec{F}_2|\ p_2 = |\vec{F}_1|\ p_1$$

Die "Drehmomente" der beiden Kräftepaare sind gleich. Kräftepaare mit gleichem Drehmoment sind äquivalent, äquivalente Kräftepaare haben gleiches Drehmoment (nach Betrag und Drehsinn).

Man könnte die Hilfskräfte auch so wählen, daß sich dasselbe, in der Ebene um einen beliebigen Winkel verdrehte Kräftepaar ergibt. Daraus folgt:

Für Äquivalenz- und Gleichgewichtsaufgaben am "starren Körper" dürfen Kräftepaare in ihrer Ebene beliebig verdreht und verschoben werden und durch äquivalente Kräftepaare ersetzt werden.

Sie dürfen auch in parallele Ebenen versetzt werden.

Da für ein Kräftepaar nur sein Drehmoment F.p und die Richtung der Flächennormale wesentlich ist, ist es naheliegend, einem Kräftepaar einen Momentenvektor $\vec{M}$ zuzuordnen, der normal auf diese Ebene steht, im Sinne der

Rechtsregel (Abb. 2.15) orientiert ist, und dessen Betrag gleich dem Betrag F.p des Drehmomentes ist.

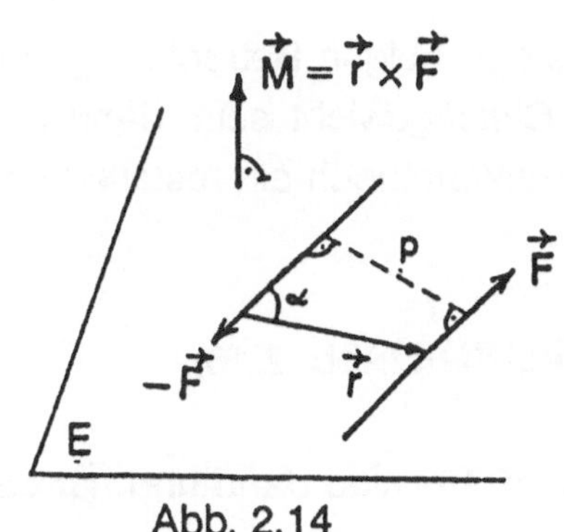

Abb. 2.14

Für Äquivalenz- und Gleichgewichtsuntersuchungen am "starren Körper" dürfen wir diesen Momentenvektor $\vec{M}$ eines Kräftepaares beliebig längs- und querverschieben (nicht verdrehen). Er steht normal auf die Ebene E des Kräftepaares und ist so orientiert, daß, von seiner Spitze aus gesehen, das Kräftepaar gegen den Uhrzeigersinn dreht. Sein Betrag ist

$$|\vec{M}| = |\vec{F}| \underbrace{|\vec{r}|\,|\sin\alpha|}_{p} = |\vec{F}|\, p$$

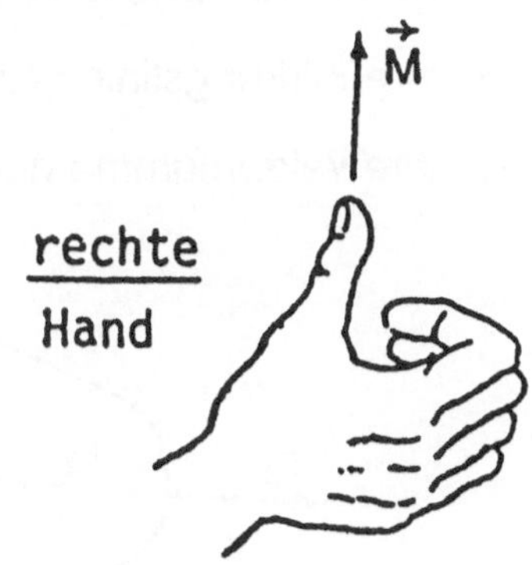

Abb. 2.15

Wir können auch sagen: das Moment eines Kräftepaares ist gleich dem Moment einer der beiden Kräfte bezüglich eines beliebigen Punktes auf der Wirkungslinie der anderen Kraft (Abb. 2.14).

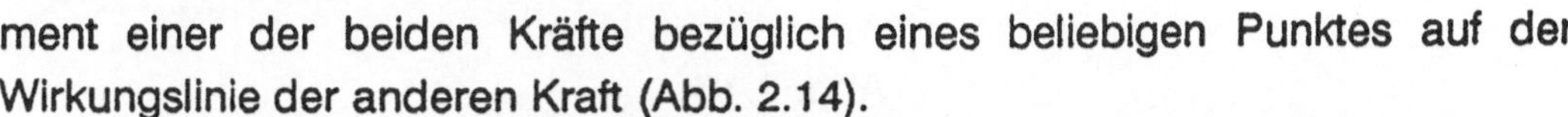

Das Moment eines Kräftepaares ist für jeden Punkt des Raumes dasselbe. Äquivalente Kräftepaare haben denselben Momentenvektor. Kräftepaare mit gleichem Momentenvektor sind äquivalent.

Die Addition zweier beliebig im Raum liegender Kräftepaare gibt ein resultierendes Kräftepaar. Die Addition der beiden zugehörigen Momentenvektoren gibt den Momentenvektor dieses resultierenden Kräftepaares.

Die vorstehenden Betrachtungen haben gezeigt: die vollständige Reduktion eines allgemeinen ebenen Kraftsystems liefert

- entweder eine resultierende Einzelkraft allein,
- oder ein resultierendes Kräftepaar allein,
- oder weder eine Einzelkraft, noch ein Kräftepaar – das Kraftsystem ist im Gleichgewicht.

Aus den obigen Betrachtungen folgt: Soll ein allgemeines, ebenes Kraftsystem im Gleichgewicht sein, dann darf bei der Reduktion weder eine resultierende Einzelkraft, noch ein resultierendes Kräftepaar verbleiben.

Spezialfall (Abb. 2.16):

Drei Kräfte sind dann und nur dann im Gleichgewicht, wenn

- sie in einer Ebene liegen (2.8)
- ihre Wirkungslinien einen gemeinsamen Schnittpunkt haben
- ihre Vektorsumme null ist (Kräftedreieck)

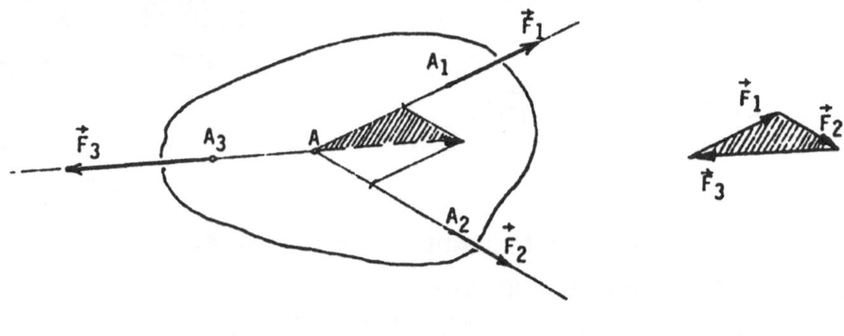

Abb. 2.16

Dieser Schnittpunkt kann auch der unendlich ferne Punkt sein (drei parallele Wirkungslinien). Für graphische Lösungen wird dieser Fall später gesondert behandelt.

Beispiel zur Anwendung des Satzes (2.8): ein Stab, Gewicht G, ist durch ein "gewichtloses" Seil und ein "reibungsloses" Gelenk[1)] gestützt, z.B. Ausleger eines Kranes.

---

1) Wir setzen das Gelenk hier als reibungsfrei voraus. Bei reibungsfreier Berührung zweier Körper steht der Spannungsvektor überall normal auf das betreffende Flächenelement der Berührfläche, hier also normal auf die Gelenkbolzenoberfläche. Die Gesamtkraft W geht somit durch die Bolzenachse.
Bei reibungsfreier Berührung zweier Körper längs einer ebenen Berührfläche steht die übertragene resultierende Berührkraft normal auf die Berührebene.
Mit der Reibung befassen wir uns erst später.

Gesucht: Kraft S, die das Seil auf den Stab ausüben muß, und Kraft W vom Gelenk A_3 auf den Stab, damit Gleichgewicht herrscht:

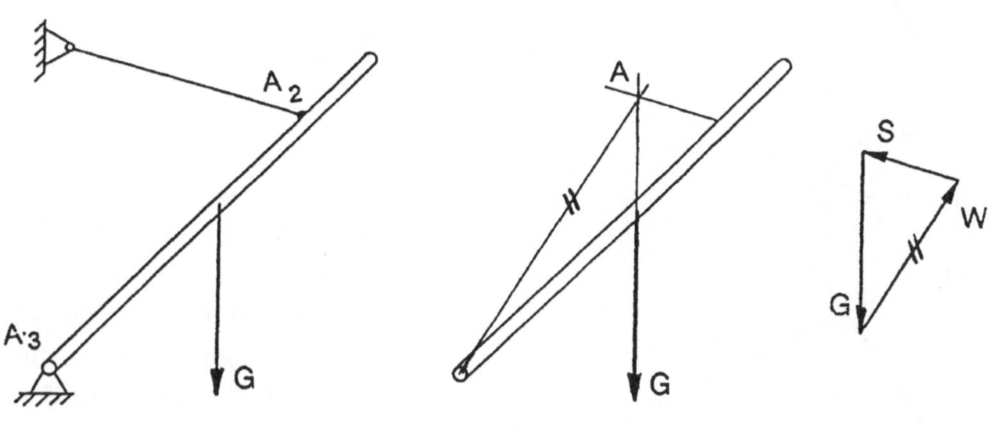

Abb. 2.17

Wir kennen die Wirkungslinien von G und S. Durch ihren Schnittpunkt A muß die Wirkungslinie der dritten Kraft W durchgehen, damit ist die Richtung von W bestimmt. Das Krafteck gibt uns die Größen und Orientierungen von S und W. Man sieht, daß das Seil tatsächlich auf Zug beansprucht ist.

Bevor wir uns der rechnerischen Untersuchung des allgemeinen ebenen Kraftsystems zuwenden, formulieren wir noch einen Satz, der für graphische Aufgaben wesentlich ist. Wir führen das Gleichgewicht von 4 Kräften auf das Gleichgewicht von 2 Kräften zurück:

Vier Kräfte sind im Gleichgewicht, wenn die aus je zwei Kräften gebildeten zwei Teilresultierenden gegengleich sind und in derselben Wirkungslinie liegen. (2.9)

Grundschema zur Anwendung des Satzes (2.9):

Gegeben: Kraft F_1 in g_1 und 3 weitere Wirkungslinien g_2, g_3 und g_4.

Gesucht: Kräfte F_2 in g_2, F_3 in g_3 und F_4 in g_4, sodaß die vier Kräfte ein Gleichgewichtssystem bilden.

Gegeben:

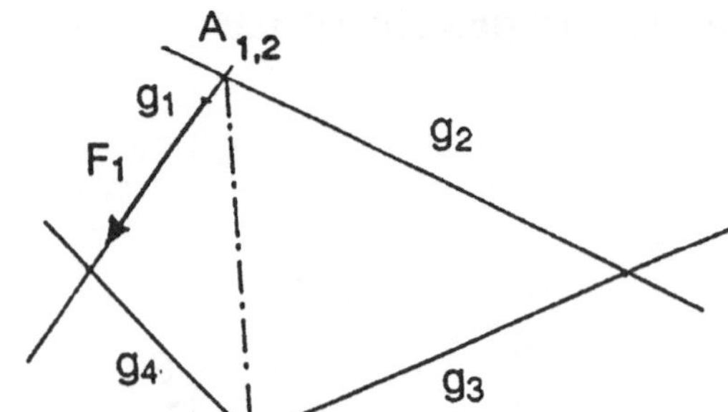

zugehöriger Kräfteplan:

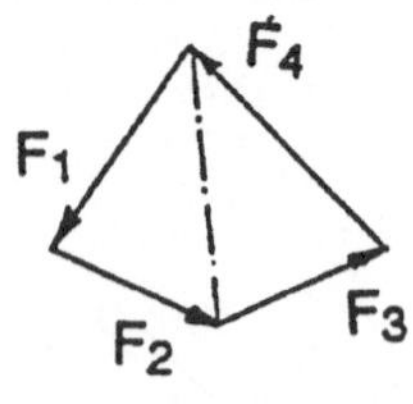

Lösung:

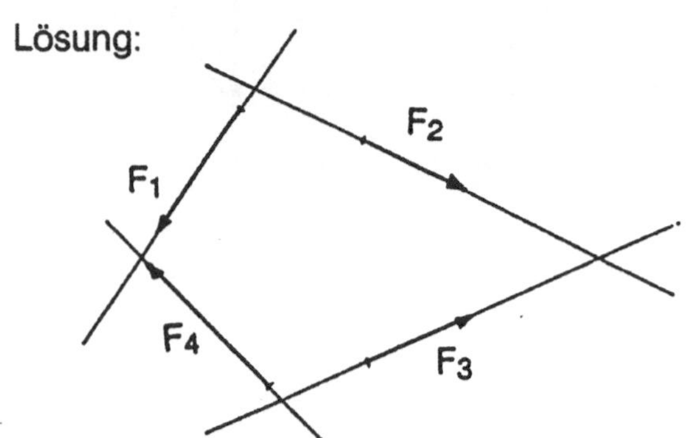

Die aus F_1 und der gesuchten Kraft F_2 gebildete Teilresultierende muß durch den Punkt $A_{1,2}$ gehen. Die aus den gesuchten Kräften F_3 und F_4 gebildete Teilresultierende muß durch den Punkt $A_{3,4}$ gehen. Somit liegen diese beiden gesuchten Teilresultierenden in der strichpunktierten Geraden. Der Kräfteplan gibt uns F_2, F_3, F_4.

Abb. 2.18

Rechnerische Reduktion des allgemeinen ebenen Kraftsystems und Gleichgewichtsbedingungen:

Begriff des Drehmomentes oder Momentes M_0 einer Kraft F bezüglich eines Punktes 0 (oder einer Achse durch 0 senkrecht zur Zeichenebene):

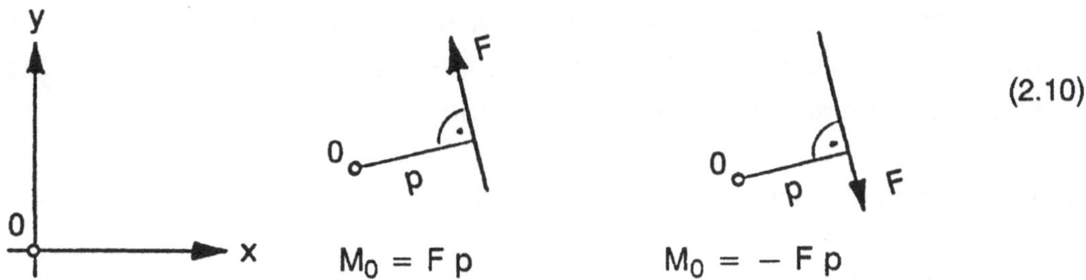

(2.10)

Die Vereinbarung des Vorzeichens ist zunächst willkürlich. Wir stellen uns vor, daß wir gegen die z-Achse blicken, und verwenden in Hinblick auf räumliche Probleme stets Rechts-Koordinatensysteme.

Andere Darstellung, bei der man nicht den Normalabstand p von 0 zu $\vec{F}$ bestimmen muß:

Die Kraftkomponente $F_{\parallel}$ hat kein Drehmoment um 0, daher

$$M_0 = F_{\perp} r \tag{2.11}$$

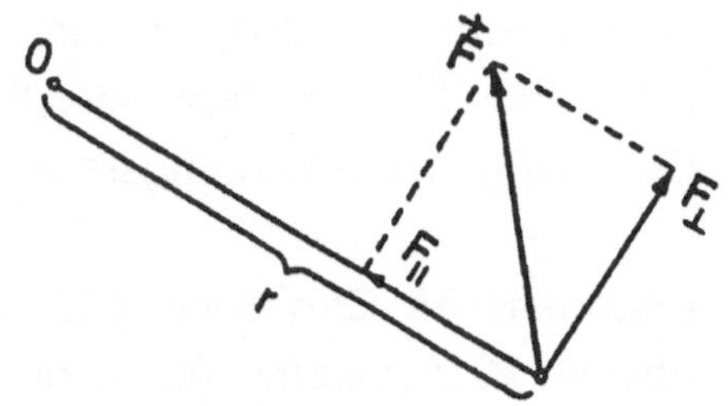

Momentensatz der Statik: Das Moment der Resultierenden bezüglich eines beliebigen Punktes ist gleich der Summe der Momente der Teilkräfte. (2.12)

Wir benützen den Momentensatz der Statik zur Darstellung des Momentes einer Kraft bezüglich 0 durch die Koordinaten x,y ihres Angriffspunktes A und ihre skalaren Komponenten F_x und F_y (dann brauchen wir den Normalabstand p auch nicht zu berechnen):

F_y dreht hier positiv am Hebelarm x,
F_x dreht hier negativ am Hebelarm y,

daher ist das Drehmoment um die z-Achse:

$$M_z = x F_y - y F_x \tag{2.13}$$

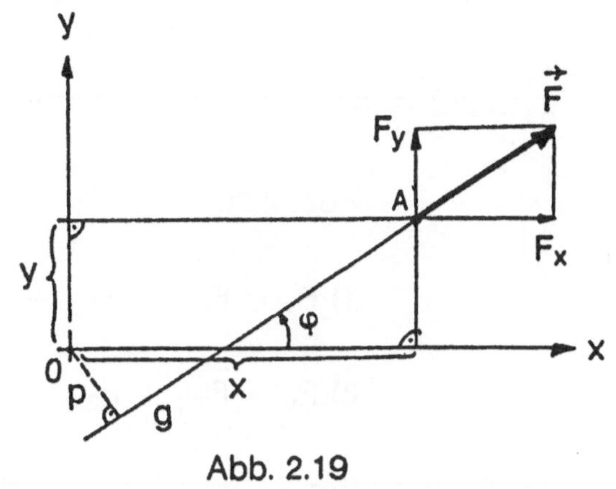

Abb. 2.19

Diese Darstellung gilt für beliebige Lagen von A und beliebige Richtungen und Orientierungen von $\vec{F}$ in allen Quadranten, weil x, y, F_x und F_y die entsprechenden Vorzeichen tragen.

(2.13) ist die Gleichung einer Geraden in der x-y-Ebene, die Gleichung der Wirkungslinie von $\vec{F}$:

$$y = x \frac{F_y}{F_x} - \frac{M_z}{F_x}$$

$$y = x \tan\varphi + n \tag{2.14}$$

Bei Verschiebung von A auf der Wirkungslinie g der Kraft ändern sich zwar x und y, nicht aber der Wert von M_z (weil dabei F_x und F_y ungeändert bleiben und auch n gleich bleibt).

Durch die drei Angaben F_x, F_y und M_z ist somit eine Kraft in der Ebene nach Betrag, Richtung, Orientierung und Lage der Wirkungslinie festgelegt, nicht aber ihr Angriffspunkt auf g. Genau das wollen wir. (2.14) ist also die Gleichung für die Wirkungslinie g, wenn F_x, F_y und M_z gegeben sind.

Rechnerische Ermittlung der Resultierenden eines gegebenen allgemeinen ebenen Kraftsystems (bzw. des Momentes des resultierenden Kräftepaares, wenn sich das Kraftsystem auf ein Kräftepaar allein reduziert):

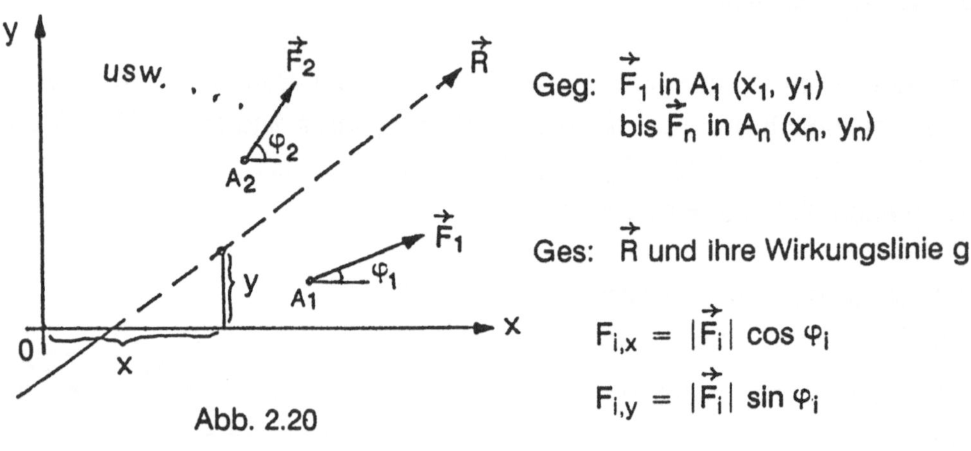

Abb. 2.20

Geg: $\vec{F}_1$ in A_1 (x_1, y_1) bis $\vec{F}_n$ in A_n (x_n, y_n)

Ges: $\vec{R}$ und ihre Wirkungslinie g

$$F_{i,x} = |\vec{F}_i| \cos \varphi_i$$

$$F_{i,y} = |\vec{F}_i| \sin \varphi_i$$

$$1)\ R_x = F_{1,x} + F_{2,x} + ... + F_{n,x} = \Sigma F_{i,x} \qquad (2.15)$$

$$2)\ R_y = F_{1,y} + F_{2,y} + ... + F_{n,y} = \Sigma F_{i,y} \qquad (2.16)$$

Wenn R_x und/oder R_y ungleich null, dann ist nach dem Momentensatz der Statik:

$$3)\ \Sigma(x_i F_{i,y} - y_i F_{i,x}) = x R_y - y R_x \qquad (2.17)$$

die Gleichung der Wirkungslinie der Resultierenden $\vec{R}$, worin x, y die Koordinaten eines beliebigen Punktes auf dieser bedeuten.

Wenn $R_x = R_y = 0$, dann reduziert sich das Kraftsystem auf ein Kräftepaar und

$$\Sigma(x_i F_{i,y} - .y_i F_{i,x}) \qquad (2.18)$$

ist das Moment dieses resultierenden Kräftepaares. Ist auch diese Summe null, dann ist das Kraftsystem im Gleichgewicht.

Zahlenbeispiel (dabei zeigt sich durch Vergleich mit dem Bild die Vorzeichenautomatik des Ausdruckes $M_{i,0} = x_i F_{i,y} - y_i F_{i,x}$):

gegeben:

i	x_i (m)	y_i (m)	$F_{i,x}$ (kN)	$F_{i,y}$ (kN)	$x_i F_{i,y}$ (kN.m)	$y_i F_{i,x}$ (kN.m)	$M_{i,0} = x_i F_{i,y} - y_i F_{i,x}$ (kN.m)
1	2	3	3	1	2	9	−7
2	−4	5	2	−3	12	10	2
3	−3	−1	0	−3	9	0	9
4	6	−4	−3	2	12	12	0

$R_x = 2$ kN $\quad R_y = -3$ kN $\qquad \sum_{i=1}^{4} M_{i,0} = 4$ kN.m

$$\sum_{i=1}^{4} M_{i,0} = x\,R_y - y\,R_x \text{ gibt:} \qquad 4 = x.(-3) - y.2$$

$$y = -\frac{3}{2}x - 2 \qquad \text{Gleichung für g}$$

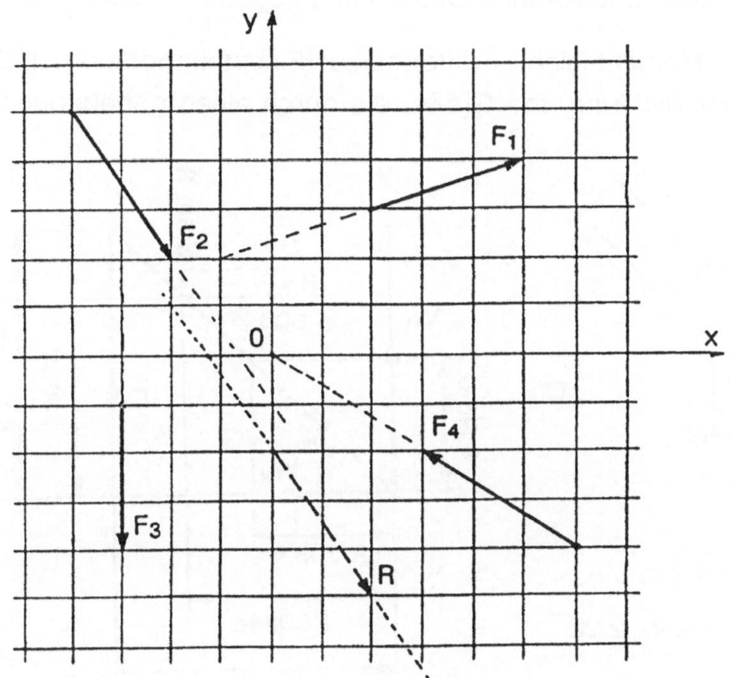

Abb. 2.21

Gleichgewichtsbedingungen für das allgemeine ebene Kraftsystem:

1) Die Summe der x-Komponenten aller Kräfte muß 0 sein:

$$\Sigma F_{i,x} = 0 \tag{2.19}$$

2) Die Summe der y-Komponenten aller Kräfte muß 0 sein:

$$\Sigma F_{i,y} = 0 \tag{2.20}$$

3) Die Summe der Drehmomente aller Kräfte um die z-Achse muß 0 sein:

$$\Sigma M_{i,z} = 0, \text{ d.h. für Einzelkräfte } \Sigma (x_i F_{i,y} - y_i F_{i,x}) = 0 \tag{2.21}$$

Dabei kann die Lage des Koordinatensystems und dessen Ursprung 0 beliebig gewählt werden.

Aus diesen 3 Gleichungen können wir üblicherweise nur 3 Unbekannte berechnen. Kommen in diesen 3 Gleichungen genau 3 Unbekannte vor, und ergeben sich dafür eindeutige Lösungen, nennt man den Körper "statisch bestimmt gestützt". In diesem Fall sind 3 Aufgabengruppen denkbar:

a) Gesucht ist eine Kraft unbekannter Größe in einer gegebenen Wirkungslinie und eine Kraft unbekannter Größe und Richtung, die durch einen gegebenen Punkt geht.

b) Gesucht sind 3 Kräfte unbekannter Größen in 3 gegebenen Wirkungslinien.

c) Gesucht ist das Moment eines Kräftepaares (Einspannmoment) und eine Kraft unbekannter Richtung und Größe, die durch einen gegebenen Punkt geht.

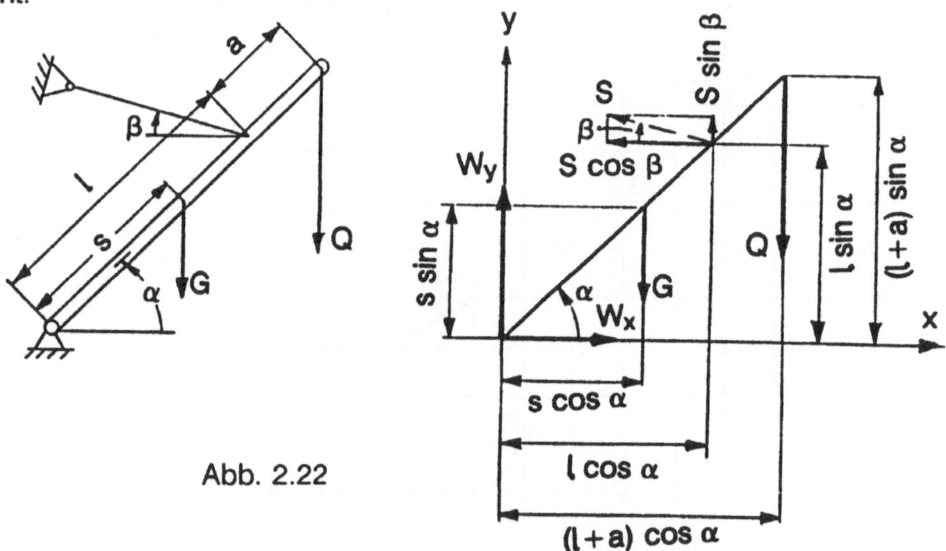

Abb. 2.22

Beispiel zu a): Ladekran eines Schiffes (Abb. 2.22).

$$1)\ \Sigma F_{i,x} = 0 \ldots W_x - S.\cos\beta = 0$$

$$2)\ \Sigma F_{i,y} = 0 \ldots W_y + S.\sin\beta - Q - G = 0$$

$$3)\ \Sigma (x_i F_{i,y} - y_i F_{i,x}) = 0 \ldots$$

$$l\cos\alpha.S\sin\beta - (l+a)\cos\alpha.Q - s.\cos\alpha.G + l\sin\alpha.S\cos\beta = 0$$

geordnet: $Sl(\cos\alpha.\sin\beta + \sin\alpha.\cos\beta) = [Gs + Q(l+a)]\cos\alpha$

somit
$$S = \frac{[Gs + Q(l+a)]\cos\alpha}{l\sin(\alpha+\beta)}$$

Damit aus 1) $W_x = S\cos\beta$ und aus 2) $W_y = G + Q - S\sin\beta$

Beispiel zur Aufgabenstellung c):
Eingespannter Träger mit Eigengewicht G und Belastung P_V, P_H

Längs der Oberfläche des eingespannten Teiles wird sich eine flächenhafte Kräfteverteilung (Spannungsverteilung) einstellen, die wir im einzelnen nicht kennen. Wir sehen aus der Gleichgewichtsbedingung (2.21), daß die im zweiten Bild eingetragene Anordnung von Einzelkräften kein Gleichgewichtssystem bildet. Sie erfüllt nur die Bedingungen

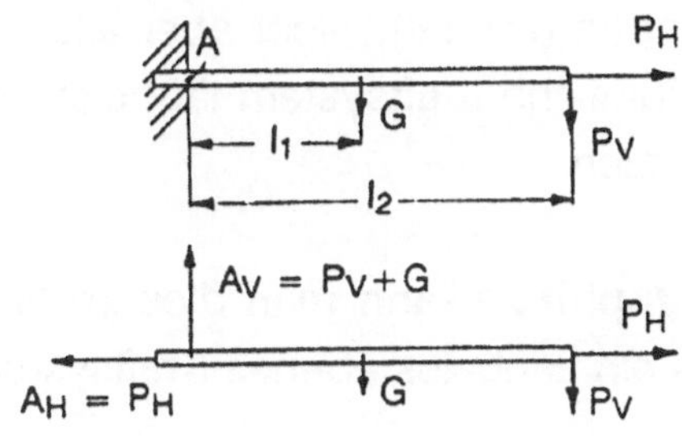

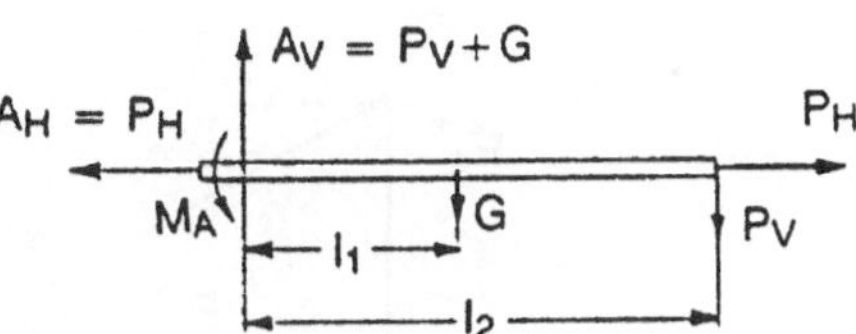

1) $\Sigma F_{i,x} = 0$ und
2) $\Sigma F_{i,y} = 0$, nicht aber
3) $\Sigma M_{i,z} = 0$

Abb. 2.23

Die auf das eingespannte Stück wirkende Kräfteverteilung ist statisch äquivalent einer Einzelkraft in A mit den Komponenten A_H und A_V, die aus

$$1)\ \Sigma F_{i,x} = 0 \quad \ldots\ldots \quad -A_H + P_H = 0$$

und

$$2)\ \Sigma F_{i,y} = 0 \quad \ldots\ldots \quad A_V - G - P_V = 0$$

folgen : $A_H = P_H$, $A_V = G + P_V$

und einem zusätzlichen Kräftepaar, dessen Moment M_A aus

$$3)\ \Sigma M_{i,z} = 0 \quad .... \quad M_A - Gl_1 - P_V l_2 = 0 \qquad \text{folgt zu}$$

$$M_A = Gl_1 + P_V l_2$$

Man nennt M_A das von der Einspannung auf den Träger ausgeübte "Einspannmoment" (z-Achse durch den Punkt A $\perp$ Zeichenebene).

2.4 Das zentrale räumliche Kraftsystem

Das zentrale räumliche Kraftsystem unterscheidet sich vom ebenen zentralen Kraftsystem dadurch, daß die Kräfte wohl einen gemeinsamen Angriffspunkt A haben (zentral), nicht aber alle Kräfte in derselben Ebene liegen. Das zentrale räumliche Kraftsystem läßt sich stets durch eine resultierende Einzelkraft $\vec{R}$ ersetzen.

Graphisch kann man dies im Grundriß und Aufriß – die beiden Risse bilden je ein zentrales ebenes Kraftsystem – durchführen:

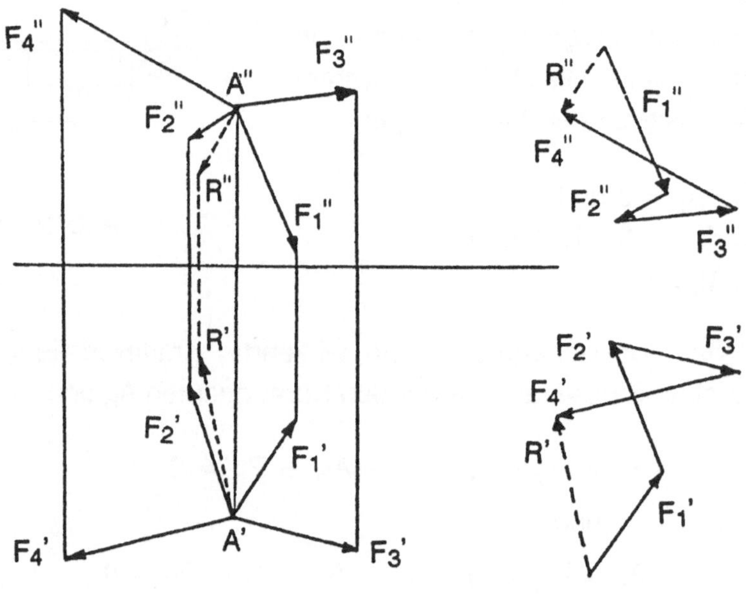

Abb. 2.24

Rechnerisch zerlegt man jede Kraft $\vec{F}_i$ in ihre orthogonalen Komponenten

$$\begin{aligned} F_{i,x} &= F_i \cos \alpha_i \\ F_{i,y} &= F_i \cos \beta_i \\ F_{i,z} &= F_i \cos \gamma_i \end{aligned} \qquad (2.22)$$

wobei $(\cos \alpha_i)^2 + (\cos \beta_i)^2 + (\cos \gamma_i)^2 \equiv 1$

Diese "skalaren Komponenten" von $\vec{F}_i$ können je nach Orientierung positiv, null oder negativ sein.

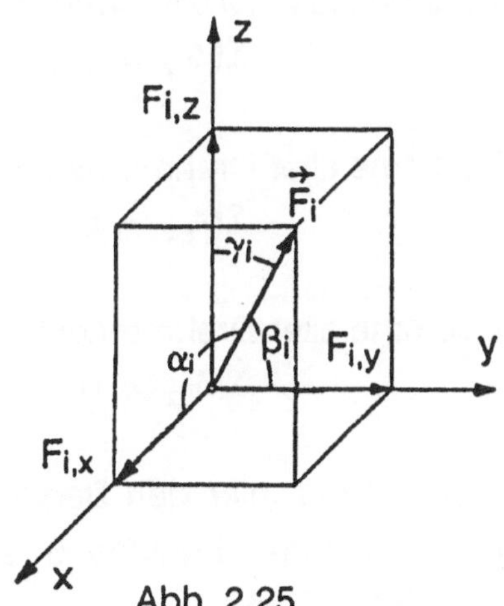

Abb. 2.25

Die Komponenten der resultierenden Kraft $\vec{R}$ sind

$$R_x = \Sigma F_{i,x} \qquad R_y = \Sigma F_{i,y} \qquad R_z = \Sigma F_{i,z} \qquad (2.23)$$

Die Gleichgewichtsbedingungen sind:

$$\begin{aligned} &1)\ R_x = 0 \quad \ldots \ \Sigma F_{i,x} = 0 \\ &2)\ R_y = 0 \quad \ldots \ \Sigma F_{i,y} = 0 \\ &3)\ R_z = 0 \quad \ldots \ \Sigma F_{i,z} = 0 \end{aligned} \qquad (2.24)$$

2.5 Das allgemeine räumliche Kraftsystem

Soll ein allgemeines räumliches Kraftsystem im Gleichgewicht sein, so darf seine Reduktion in einem beliebigen Bezugspunkt weder eine Einzelkraft noch eine Kräftepaar ergeben – rechnerisch formuliert erhält man bezüglich eines beliebigen x,y,z-Systems mit beliebigem Ursprung 0 analog zu (2.15),(2.16), (2.17) hier die 6 Gleichgewichtsbedingungen:

1) Summe aller Kraftkomponenten in x-Richtung = 0 ... $\Sigma F_{i,x} = 0$ (2.25)

2) Summe aller Kraftkomponenten in y-Richtung = 0 ... $\Sigma F_{i,y} = 0$ (2.26)

3) Summe aller Kraftkomponenten in z-Richtung = 0 ... $\Sigma F_{i,z} = 0$ (2.27)

4) Summe aller Drehmomente um die x-Achse gleich null (2.28)

$$\Sigma M_{i,x} = 0 \quad \ldots \quad \Sigma(y_i F_{i,z} - z_i F_{i,y}) = 0$$

5) Summe aller Drehmomente um die y-Achse gleich null (2.29)

$$\Sigma M_{i,y} = 0 \quad \ldots \quad \Sigma(z_i F_{i,x} - x_i F_{i,z}) = 0$$

6) Summe aller Drehmomente um die z-Achse gleich null (2.30)

$$\Sigma M_{i,z} = 0 \quad \ldots \quad \Sigma(x_i F_{i,y} - y_i F_{i,x}) = 0$$

Es liegt nahe, hier den Begriff des Momentenvektors $\vec{M}_{i,0}$ einer Einzelkraft $\vec{F}_i$ bezüglich eines Punktes 0 einzuführen: die Einzelausdrücke in (2.28) bis (2.30), (Abb. 2.26)

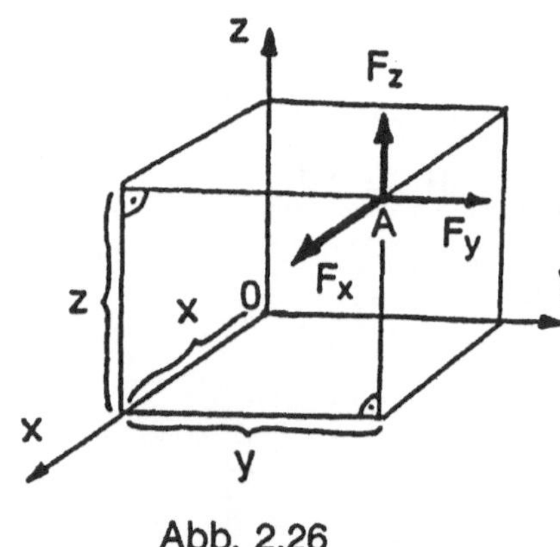

Abb. 2.26

$$M_{i,x} = y_i F_{i,z} - z_i F_{i,y} \qquad (2.31)$$

$$M_{i,y} = z_i F_{i,x} - x_i F_{i,z} \qquad (2.32)$$

$$M_{i,z} = x_i F_{i,y} - y_i F_{i,x} \qquad (2.33)$$

(den dritten hatten wir schon in Abb. 2.19)

sind die Drehmomente der Kraft $\vec{F}_i$ um die x- bzw. y- bzw. z-Achse. Sie können als die 3 Komponenten eines Vektors $\vec{M}_{i,0}$ aufgefaßt werden. Er steht normal auf die Ebene, die vom Ortsvektor $\vec{r}_i$, der vom Punkt 0 (hier der Koordinatenursprung) zu einem beliebigen Punkt A_i (x_i, y_i, z_i) auf der Wirkungslinie der Kraft $\vec{F}_i$ zeigt, und der Kraft aufgespannt wird. Man kann ihn als äußeres Produkt dieser beiden Vektoren anschreiben[1]:

$$\vec{M}_{i,0} = \vec{r}_i \times \vec{F}_i \qquad \text{(gesprochen } r_i \text{ ex } F_i\text{)} \qquad (2.34)$$

Sein Betrag ist

$$|\vec{M}_{i,0}| = \sqrt{M_{i,x}^2 + M_{i,y}^2 + M_{i,z}^2} = |\vec{F}_i|\, p_i \qquad (2.35)$$

---

1) Vgl. Anhang A3, S. 214.

also wie geläufig "Kraft mal Hebelarm". Verglichen mit allen anderen Geraden durch den Punkt 0 ist das Drehmoment der Kraft um die Richtung dieses Momentenvektors dem Betrag nach am größten.

2.6 Die Methode des Seileckes

Zur graphischen Lösung von Aufgaben des allgemeinen ebenen Kraftsystems bietet sich die Methode des Seileckes an. Gegeben sei ein allgemeines ebenes Kraftsystem, bestehend aus n Einzelkräften F_1, F_2 ...., F_n in einer Ebene. Für die folgende Erklärung wollen wir uns der Übersicht halber auf 3 Kräfte beschränken (Abb. 2.27).

a) Gegeben seien 3 Kräfte F_1, F_2, F_3 in einer Ebene (Lageplan).

b) Wir zeichnen, wie beim zentralen ebenen Kraftsystem, einen Kräfteplan, indem wir die gegebenen Kräfte aneinanderfügen. Dieser Kräfteplan liefert uns Betrag, Richtung und Orientierung der Resultierenden, nicht aber die Lage ihrer Wirkungslinie im Lageplan.

c) Wir wählen im Kräfteplan einen beliebigen Punkt C (Pol) und ziehen von diesem zu den Anfangs- und Endpunkten der einzelnen Kräfte im Kräfteplan "Polstrahlen". Deutet man diese Polstrahlen als Kräfte, so ergeben diese, zusammen mit den gegebenen Kräften, im Kräfteplan geschlossene Kraftdreiecke. Wir ziehen nun im Lageplan jeweils parallel zu den Polstrahlen sogenannte "Seilstrahlen", die sich auf den Wirkungslinien der Kräfte schneiden, und stellen uns jeweils zum Beweis der Methode gewichtslose, undehnbare Seile vor, in denen die durch die Polstrahlen gegebenen Seilkräfte wirken. Somit ist jede der gegebenen Kräfte durch je zwei Seilkräfte ins Gleichgewicht gesetzt: Schnittpunkte der 3 Kräfte im Lageplan, Kräftedreieck im Kräfteplan. Für die resultierende Kraft R ergibt sich im Kräfteplan ebenfalls ein Kräftedreieck, bestehend aus dieser Resultierenden, dem Polstrahl vom Pol zum Anfangspunkt der ersten, und dem Polstrahl von der Spitze der dritten (letzten Kraft) zum Pol. Bringt man nun im Lageplan die beiden entsprechend verlängerten Seilstrahlen (in Abb. 2.27 strichliert eingezeichnet) zum Schnitt, erhält man einen Punkt der gesuchten Wirkungslinie der Resultierenden R. Deren Größe, Richtung und Orientierung ergibt sich aus dem Kräfteplan.

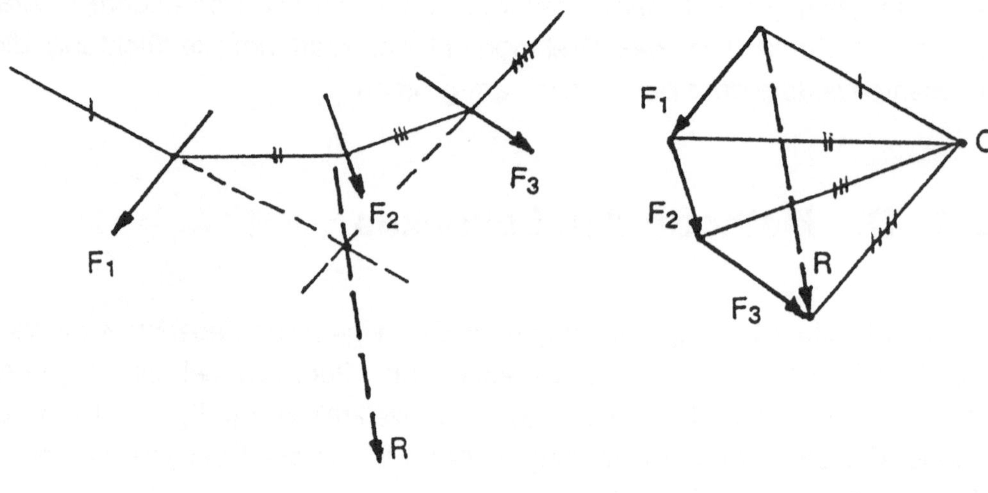

Abb. 2.27

Ist das Krafteck geschlossen, jedoch erster und letzter Seilstrahl im Lageplan parallel, nicht zusammenfallend, dann ist das Kraftsystem einem Kräftepaar äquivalent.

Die gegebenen Kräfte bilden ein Gleichgewichtsystem (Abb.2.28), wenn das Krafteck geschlossen ist und auch das Seileck geschlossen ist (erster und letzter Seilstrahl fallen zusammen zur "Schlußlinie"):

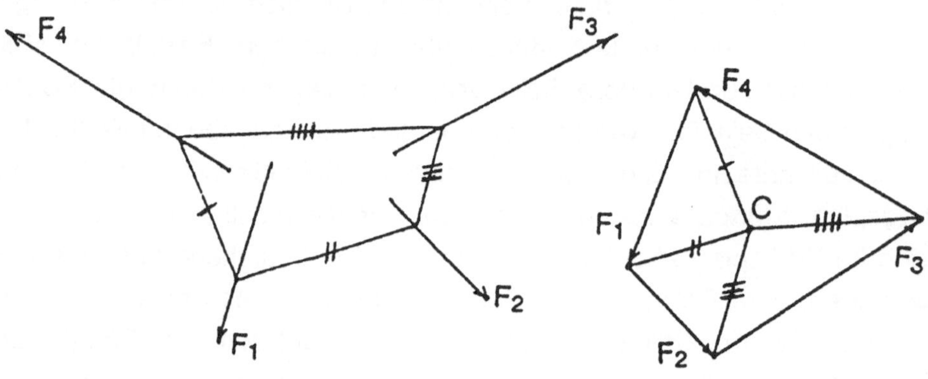

Abb. 2.28

Ein häufig auftretender Sonderfall ergibt sich, wenn 3 Kräfte parallele Wirkungslinien aufweisen. Deutet man eine von ihnen als Resultierende der Belastung eines Trägers, dann können die zwei anderen als Auflagerkräfte aufgefaßt und mittels der Methode des Seileckes bestimmt werden (Abb. 2.29 rechts).

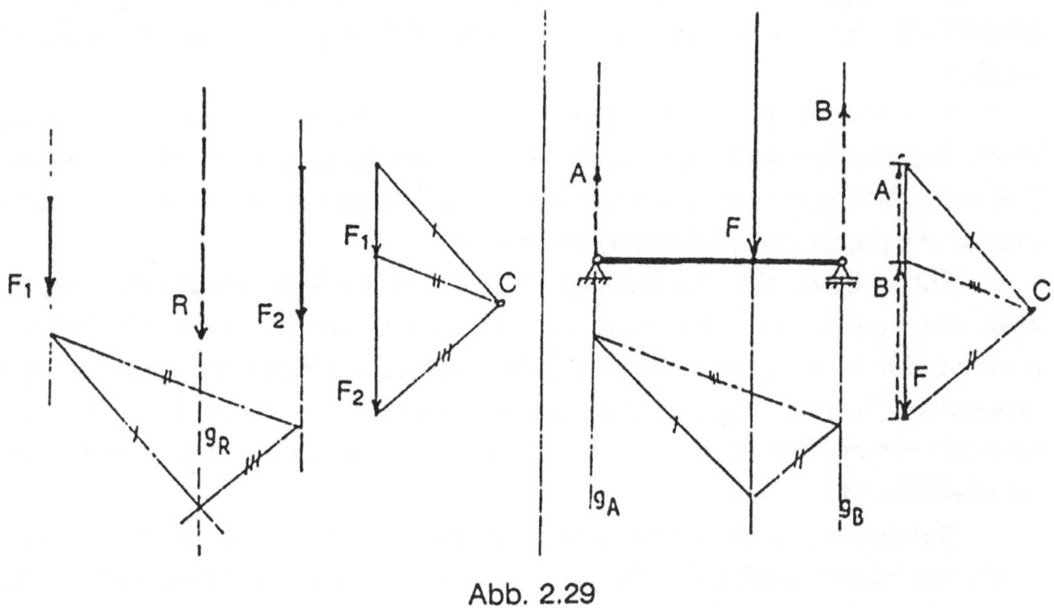

Abb. 2.29

2.7 Reibung

Wollen wir zwei einander berührende Körper relativ zueinander verschieben, so verspüren wir einen Widerstand. Diese bewegungshemmende Kraft nennen wir Reibkraft. Solange sich die Berührungsflächen nicht gegeneinander bewegen, sprechen wir von Ruhe- oder Haftreibung, im anderen Falle von Gleitreibung.

Durch Versuche können wir zu einigen Grunderkenntnissen über die wichtigsten Gesetze der Reibung gelangen:

Wir setzen beispielsweise ein Metallstück von der Masse m = 5 kg auf eine Tischplatte, legen eine Schlinge darum und messen mit einer Federwaage die parallel zur Tischebene erforderliche Zugkraft bei konstanter Geschwindigkeit. Sie ist notwendig, um die zwischen beiden Körpern wirkende Reibkraft zu überwinden. Die Reibkraft ist eine in der Berührungsfläche wirkende Kraft.

Verschieben wir einen Körper mit anderer Grundfläche, aber gleichem Werkstoff und gleicher Masse in gleicher Weise, so ergibt sich dieselbe Kraft an der Federwaage. Daher ist die Reibkraft unabhängig von der Größe der Gleitfläche.

Verdoppeln wir die Masse auf 10 kg, so verdoppelt sich auch die Gewichtskraft und damit auch die Normalkraft zwischen beiden Körpern. An der Federwaage stellt sich jetzt die doppelte Kraft ein. Daher ist die Reibkraft proportional der Normalkraft, mit der die beiden Flächen aufeinander gedrückt werden.

Benutzen wir für das Metallstück eine andere Unterlage, z.B. eine rauhe Hartfaserplatte, so stellt sich auch eine andere Reibkraft ein. Daher ist die Reibkraft abhängig von den Werkstoffen der beiden aufeinander gleitenden Körper und deren Oberflächenbeschaffenheit.

Schon bevor wir das Metallstück aus der Ruhe in Bewegung bringen, zeigt die Federwaage eine Kraft an, die von 0 bis zu einem Höchstwert ansteigt, der im allgemeinen etwas größer ist als die Reibkraft zwischen den gleitenden Flächen. Daher kann auch zwischen ruhenden Körpern eine Reibkraft wirken. Wir nennen sie die Haftreibkraft, sie kann größer werden als die Gleitreibkraft.

Durch weitere Versuche kann man zeigen, daß in einem bestimmten Geschwindigkeitsbereich – vorwiegend bei kleinen Geschwindigkeiten – die Reibkraft schwach abhängig von der Gleitgeschwindigkeit zwischen den beiden Flächen ist.

Üblicherweise geht man bei der Erklärung der Reibung von Reibung auf der schiefen Ebene aus. Dies hat seine Ursache darin, daß Reibungsbetrachtungen an verschiedenen Maschinenteilen (z.B. Schraube, Schnecke, Keil) sich auf die Reibungsverhältnisse auf der schiefen Ebene zurückführen lassen und Reibung bei der Bergauf- und Bergabfahrt eine wesentliche Rolle spielt.

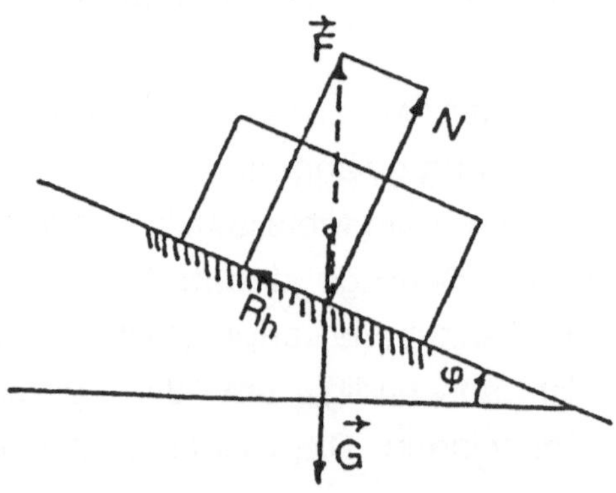

Abb. 2.30

Wir denken uns, wie bei den ersten Versuchen, einen quaderförmigen Körper auf einer neigbaren Unterlage. Vergrößert man, von 0 beginnend, den Winkel φ der Unterlage, so beginnt sich bei einem bestimmten Winkel der Quader zu bewegen. Dieser Grenzwinkel wird als Haftgrenzwinkel ρ_h bezeichnet. Bis dahin gilt folgende Gleichgewichtsbedingung:

Die resultierende Berührkraft $\vec{F}$ von der Unterlage auf den Körper muß entgegengesetzt gleich der Gewichtskraft sein:

$$\vec{F} + \vec{G} = 0 \qquad \Rightarrow \qquad \vec{F} = -\vec{G}$$

Wir zerlegen die resultierende Berührkraft $\vec{F}$ in eine Komponente $\vec{N}$ normal zur Berührebene und eine Komponente $\vec{R}_h$ in der Berührebene

$$\vec{F} = \vec{N} + \vec{R}_h$$

Solange der Körper nicht gleitet, nennen wir die Kraft in der Berührebene R_h – Haftkraft oder Haftreibung. Sie ist wie die Normalkraft N eine Bedingungskraft und stellt sich, solange möglich, so ein, daß die Gleichgewichtsbedingungen erfüllt sind. Aus dem Kräfteplan für diesen Grenzwinkel ρ_h, den "Haftgrenzwinkel", folgt die Haftbedingung:

$$|R_h| \leq N \tan \rho_h$$

Man bezeichnet meist $\tan \rho_h = \mu_h$ und nennt μ_h die Haftgrenzzahl. Mit ihr lautet die Haftbedingung allgemein $|R_h| \leq \mu_h N$

Wenn die Berührflächen der beiden Körper, wie bei den eingangs geschilderten Versuchen, relativ zueinander bewegt werden, spricht man von Gleitreibung. Im Kräfteplan schließen die Normalkraft N und die Resultierende $\vec{F}$ aus Normalkraft und Reibkraft nun einen Winkel ρ_g ein. Dieser wird analog dem Haftgrenzwinkel als Gleitreibungswinkel bezeichnet und sein Tangens heißt Gleitreibungszahl μ_g. Meist ist, wie bereits vorher erwähnt, die maximale Gleitreibungszahl μ_g etwas kleiner als die Haftgrenzzahl μ_h

Zieht man einen Körper auf horizontaler Unterlage mit konstanter Geschwindigkeit , so gilt:

$N = G$ und

Schnurkraft S = Gleitreibung R_g

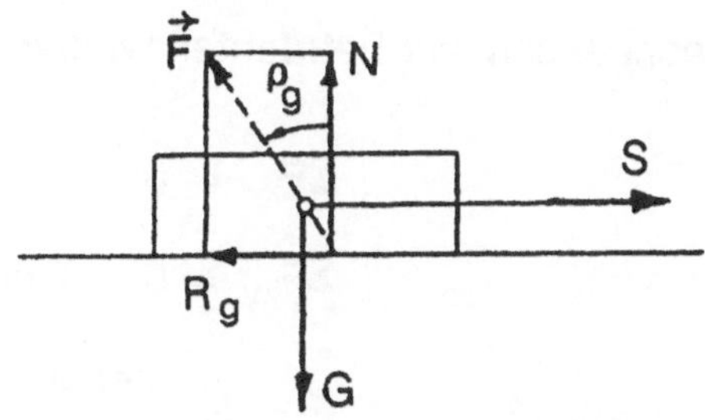

Abb. 2.31

Zur graphischen, aber auch rechnerischen Behandlung von Aufgaben mit Reibung ist es zweckmäßig, die Begriffe Haftgrenzkegel bzw. Gleitreibungskegel, als Kegel um die Berührungsnormale n mit halbem Öffnungswinkel ρ_h bzw. ρ_g einzuführen. Der Körper bleibt solange in Ruhe, solange die Berührkraft $\vec{F}$ innerhalb des Haftgrenzkegels liegt. Bei Gleitreibung liegt diese Kraft im Mantel des Gleitreibungskegels; die Gleitreibung zeigt gegen die Relativgeschwindigkeit des betreffendes Körpers in der Berührfläche.

Als Beispiel betrachten wir einen Körper auf einer schiefen Ebene, deren Neigungswinkel ϕ größer als der Haftgrenzwinkel ρ_h ist. Die Aufgabe könnte nun darin bestehen, die Grenzen für eine, in Richtung der schiefen Ebene wirkende zusätzliche Haltekraft P zu ermitteln, damit der Körper im Gleichgewicht ist. Ist diese zusätzliche Haltekraft zu klein, beginnt der Körper nach unten zu rutschen; ist sie zu groß, beginnt sich der Körper nach oben zu bewegen. Diese Aufgabe kann, wie alle Reibungsaufgaben, entweder zeichnerisch oder rechnerisch gelöst werden:

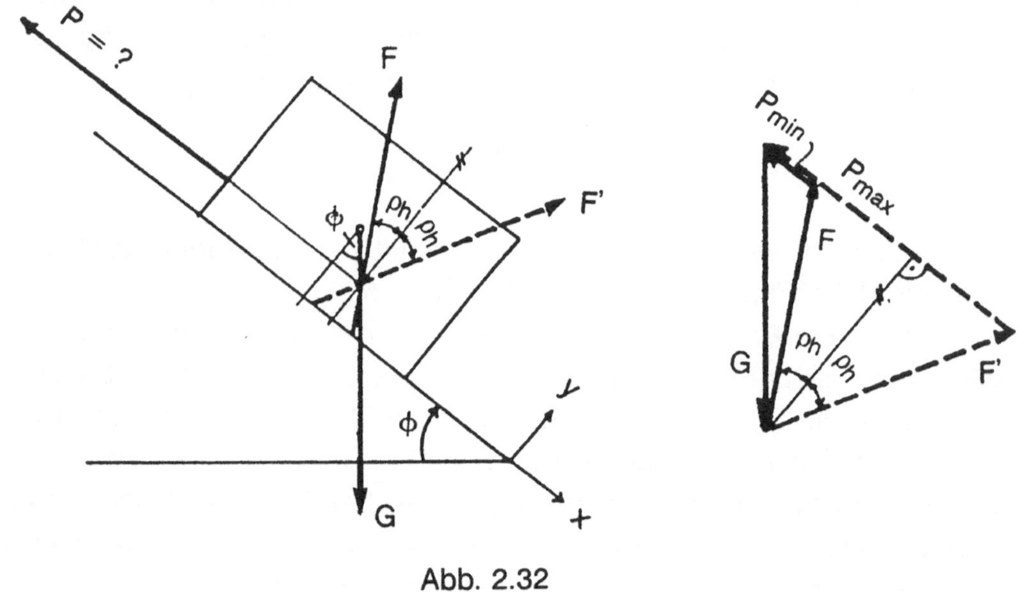

Abb. 2.32

Rechnerisch: wir betrachten wieder die beiden Grenzen:

$$\Sigma F_{i,x} = 0 \dots -P_{min} + G \sin\phi - F \sin\rho_h = 0 \qquad (1)$$

$$\Sigma F_{i,y} = 0 \dots F \cos\rho_h - G \cos\phi = 0 \qquad (2)$$

Aus (2): $F = G \dfrac{\cos\phi}{\cos\rho_h}$, in (1):

$$P_{min} = G\,(\sin\phi - \frac{\cos\phi}{\cos\rho_h}\sin\rho_h)$$

$$\frac{\sin\rho_h}{\cos\rho_h} \equiv \tan\rho_h = \mu_h$$

$$P_{min} = G(\sin\phi - \mu_h\cos\phi) \qquad (3)$$

$$\Sigma F_{i,x} = 0 \;\ldots\; -P_{max} + G\sin\phi + F'\sin\rho_h = 0 \qquad (1')$$

$$\Sigma F_{i,y} = 0 \;\ldots\; F'\cos\rho_h - G\cos\phi = 0 \qquad (2')$$

Aus (2'): $F' = G\,\frac{\cos\phi}{\cos\rho_h}$, in (1'):

$$P_{max} = G\,(\sin\phi + \frac{\cos\phi}{\cos\rho_h}\sin\rho_h)$$

$$\frac{\sin\rho_h}{\cos\rho_h} \equiv \tan\rho_h = \mu_h$$

$$P_{max} = G(\sin\phi + \mu_h\cos\phi) \qquad (3')$$

(3') geht aus (3) durch Ersatz $\mu_h \to -\mu_h$ hervor.

Ein solcher kräftemäßiger Gleichgewichtsbereich, wie er durch die Reibung verursacht wird, ist z.B. unangenehm bei Meßinstrumenten mit Zeigern. Die Lagerreibung kann die Genauigkeit der Anzeige vermindern.

Beim Fensterln hingegen ist ein solcher Gleichgewichtsbereich erwünscht:

Beispiel: Leiter an der Mauer:
Gegeben: Winkel ϕ, Haftgrenzwinkel $\rho_{h,1}$, $\rho_{h,2}$
Gesucht: Bei welcher Grenzlage der Resultierenden $\vec{P}$ aus Gewicht des Steigers und Leitergewicht beginnt die Leiter zu rutschen?

Die Berührkraft $\vec{F}_1$ an der Stelle 1 muß innerhalb des Haftgrenzkegels 1, die Berührkraft $\vec{F}_2$ an der Stelle 2 muß innerhalb des Haftgrenzkegels 2 liegen. Nach (2.8) müssen die Wirkungslinien der drei Kräfte $\vec{P}$, $\vec{F}_1$ und $\vec{F}_2$ einen

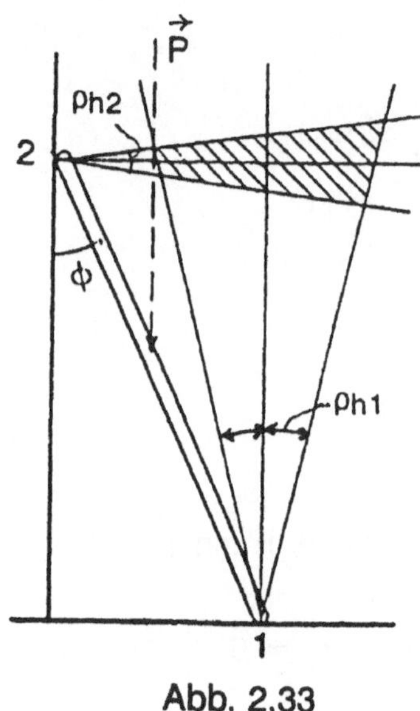

Abb. 2.33

gemeinsamen Schnittpunkt haben, wenn sie im Gleichgewicht sein sollen. Dieser kann nur innerhalb des schraffierten gemeinsamen Bereiches der beiden Reibungskegel liegen.

Somit gibt die linke obere Ecke dieses Bereiches die Grenzlage von $\vec{P}$ an. Diese Grenzlage ist unabhängig vom Betrag der Kraft $\vec{P}$.

Es erscheint hier zweckmäßig, die Leiter steiler zu stellen, jedoch nicht so steil, daß bei unachtsamer Bewegung $\vec{P}$ die Vertikale durch den Aufstandspunkt 1 nach rechts überschreitet, weil dann die Normalkraft an der Berührstelle 2 von Druck auf die Leiter in Zug übergehen müßte.

Wie schon erwähnt, ist für die Reibung zwischen ungeschmierten Flächen meist die Haftgrenzzahl μ_h etwas größer als der Maximalwert der Gleitreibungszahl μ_h. Sie können das mit dem "Besenexperiment" veranschaulichen. Legen Sie einen Besen, wie in Abb. 2.34 dargestellt, auf ihre Hände zwischen gespreizte Daumen und Zeigefinger. Nach den Gleichgewichtsbedingungen sind die Auflagerkräfte A und B zunächst

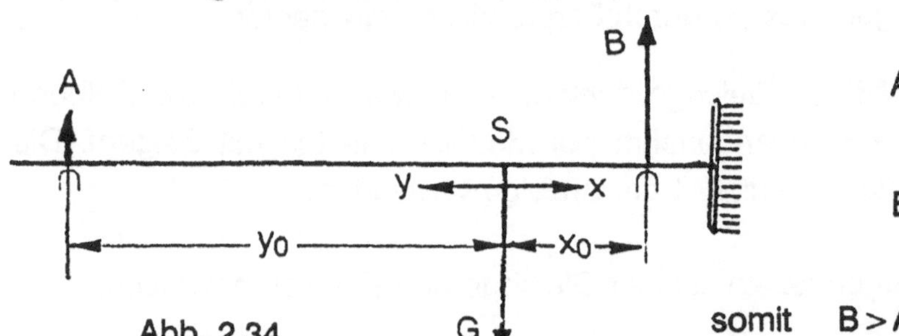

Abb. 2.34

$$A = G \frac{x_0}{x_0 + y_0}$$

$$B = G \frac{y_0}{x_0 + y_0}$$

somit $B > A$ wenn $y_0 > x_0$. Wenn Sie nun ihre Hände langsam zusammenbewegen, tritt zunächst Haften bei Hand B, Gleiten bei Hand A ein, bis $\mu_g A = \mu_h B$ geworden ist dadurch, daß A größer, B kleiner wird. Die Hand A ist dann an der Stelle $y = y_1$ gemäß

$$\mu_g G \frac{x_0}{x_0 + y_1} = \mu_h G \frac{y_1}{x_0 + y_1} \quad \Rightarrow$$

$$y_1 = \frac{\mu_g}{\mu_h} x_0 \qquad \left(y_1 < x_0 \text{ wenn } \frac{\mu_h}{\mu_g} > 1 \right)$$

angekommen. Nun tritt bei Hand A Haften, bei Hand B Gleiten ein, bis $\mu_g B = \mu_h A$ geworden ist. Hand B ist dann an der Stelle

$$x = x_2 = \frac{\mu_g}{\mu_h} y_1$$

Nun tritt wieder Haften bei Hand B, Gleiten bei Hand A auf, usw., die Gleitstrecken werden immer kleiner, bis die Hände an der Stelle des Besenschwerpunktes S zusammentreffen.

Ein ähnlicher Effekt ist häufig beim Schieben eines Sessels zu hören. Am Boden haftend verbiegen sich die Sesselbeine zunächst, bis die Haftgrenze erreicht ist und Gleiten eintritt. Sie entspannen sich in der Gleitphase ein wenig, bis wieder Haften eintritt, usw. So entstehen Reibungsschwingungen.

Das Programm "Reibung" veranschaulicht den Zusammenhang zwischen Neigung der Ebene, Geometrie des Körpers und den Reibwerten im Hinblick auf Haften oder Bewegungseintritt.

Versuchen Sie, die folgende Aufgabe[1] rechnerisch und graphisch zu lösen. Die rechnerische Lösung finden Sie auf der nächsten Seite.

Über ein Reibrad wird eine Trommel mit konstanter Drehzahl angetrieben und so ein Seil aufgewickelt:

Geg.: r, l, α
Gewicht G
Haftgrenzzahl μ_h
Lagerungen reibungsfrei

Ges.: Welche maximale Last P kann angehoben werden, wenn das Seil
a) von rechts,
b) von links
aufgewickelt wird ?

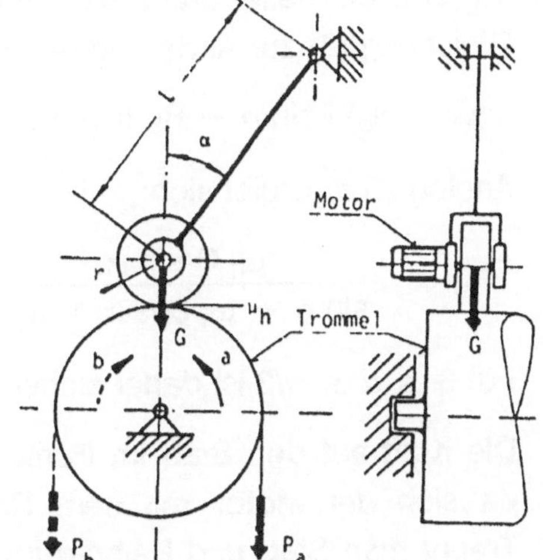

1) Aus der Übungssammlung P. Lugner, K. Desoyer, A. Novak, Technische Mechanik, Aufgaben und Lösungen, Springer-Verlag Wien, New York.

Lösung:

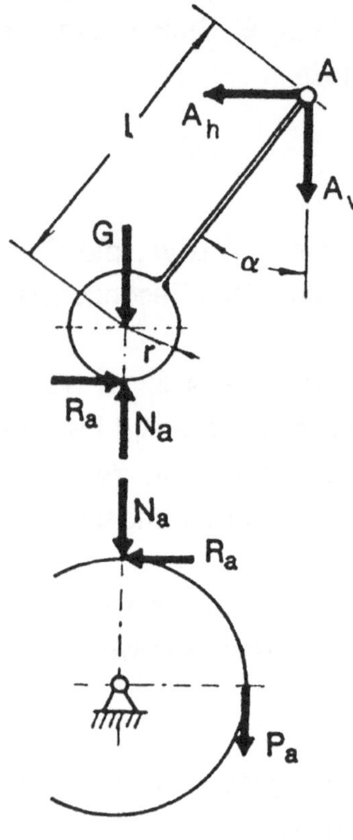

a) Da sich Reibrad und Trommel mit konstanter Winkelgeschwindigkeit drehen und keine Schwerpunktsbeschleunigungen auftreten, gelten hier für jeden Körper die Gleichgewichtsbedingungen. Für die Trommel ergibt sich aus dem Momentengleichgewicht:

$$R_a = P_a \tag{1}$$

Wir betrachten Haltestange und Reibrad mit Motor als ein System. Das Momentengleichgewicht um A liefert:

$$(G - N_a)\, l \sin\alpha + R_a\,(l \cos\alpha + r) = 0 \tag{2}$$

Wir verwenden nun die Haftgrenzbedingung

$$R_a = \mu_h N_a \tag{3}$$

Mit (3) und (1) folgt aus (2):

$$P_a = \frac{\mu_h G \sin\alpha}{\sin\alpha - \mu_h \cos\alpha - \mu_h r/l}$$

b) Im zweiten Falle dreht sich nur die Richtung von R um, was in der Gleichung (2) zur Änderung des Vorzeichens des zweiten Terms führt:

$$(G - N_b)\, l \sin\alpha - R_b\,(l \cos\alpha + r) = 0$$

Analog zu a) ergibt sich:

$$P_b = \frac{\mu_h G \sin\alpha}{\sin\alpha + \mu_h \cos\alpha + \mu_h r/l}$$

Für $0 \leq \alpha \leq \pi/2$ ist daher sicher stets $P_a > P_b$

Die Kraft auf den Stab im Punkt A hat nicht die Richtung der Stabachse, da sich der Motor mit dem Reaktionsmoment auf dem Stab abstützt. Trennt man Stab und Reibrad im Rechnungsgang, so wird dieses Moment zu einem äußeren, scheint in den Gleichungen auf und muß eliminiert werden. Das Resultat bleibt selbstverständlich gleich.

3. Beanspruchung und Verformung stabförmiger Körper, Schnittgrößen

Als stabförmig bezeichnet man einen Körper (oder Bauteil), wenn seine Länge wesentlich größer als seine größte Querschnittsabmessung ist. Wir setzen voraus, daß der Stab im Gleichgewicht ist. Um zunächst ein Bild von der Beanspruchung der Querschnitte eines solchen Stabes zu gewinnen, benutzt man das sogenannte "Schnittprinzip": Man denkt sich den Stab im betrachteten Querschnitt in zwei Teile zerschnitten und bildet die vektorielle Summe $\vec{F}$ aller Kräfte, die an dem weggeschnitten gedachten Teil angreifen, und die vektorielle Summe $\vec{M}$ aller Drehmomente dieser Kräfte bezüglich des geometrischen Schwerpunktes S der Querschnittsfläche.

Diese "Schnittgrößen" $\vec{F}$ und $\vec{M}$ zerlegt man nun in ihre Komponenten normal auf den Querschnitt und im Querschnitt. Die Komponente der Schnittkraft $\vec{F}$, die normal auf den Querschnitt steht, heißt Normalkraft N oder Längskraft. Sie beansprucht, je nach Orientierung, den Stab auf Zug oder Druck. Die im Querschnitt liegende Kraftkomponente heißt Querkraft Q. Sie bedeutet eine Beanspruchung des Querschnittes auf Abscheren. Die Komponente des Momentenvektors $\vec{M}$, die normal auf den Querschnitt steht, heißt Torsionsmoment M_T. Sie bedeutet eine Beanspruchung auf Verdrehung (Torsion) um die Längsachse. Die im Querschnitt liegende Komponente von $\vec{M}$ heißt Biegemoment M_B. Sie bedeutet eine Beanspruchung auf Verbiegung.

Wir zerlegen Q bzw. M_B in die Komponenten Q_y, Q_z bzw. M_y, M_z. (Abb. 3.1). Diese Schnittgrößen sind für die beiden "Schnittufer" gegengleich.

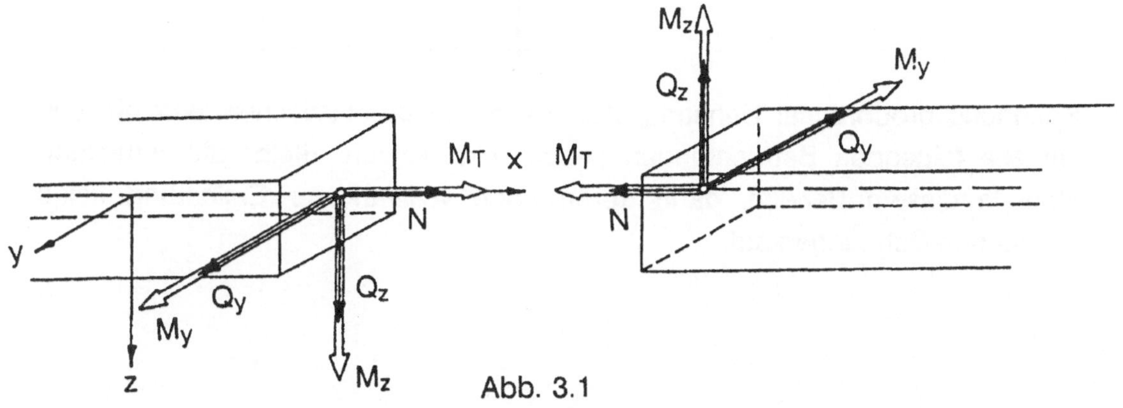

Abb. 3.1

3.1 Beanspruchung eines geraden Stabes auf Zug

Ein gerader Stab konstanten Querschnittes A sei durch zwei gegengleiche Zugkräfte F beansprucht. Das Schnittprinzip liefert uns sofort die Aussage, daß die Normalkraft N oder Längskraft in jedem Querschnitt N = F ist.

Abgesehen von der Umgebung der Endquerschnitte verteilt sich erfahrungsgemäß diese Normalkraft N gleichmäßig über die Querschnittsfläche A zur "Normalspannung"

$$\sigma = \frac{N}{A} \tag{3.1}$$

Damit ist auch die lokale Beanspruchung der Querschnitte bekannt.

Diese einfache Beanspruchungsart wird dazu verwendet, einen wesentlichen Materialkennwert, den Elastizitätsmodul E, zu bestimmen. Auf einem Probestab ist eine Meßlänge l_0 durch zwei Marken festgelegt. Er wird in einer entsprechenden Apparatur auf Zug beansprucht und dabei gedehnt. Als Gesamtdehnung ε der Meßlänge definiert man Längenänderung durch ursprüngliche Länge:

$$\varepsilon = \frac{\Delta l}{l_0} = \frac{l - l_0}{l_0} \tag{3.2}$$

Bis zu einer gewissen Spannung gilt das HOOKEsche Gesetz:

$$\sigma = E\,\varepsilon \tag{3.3}$$

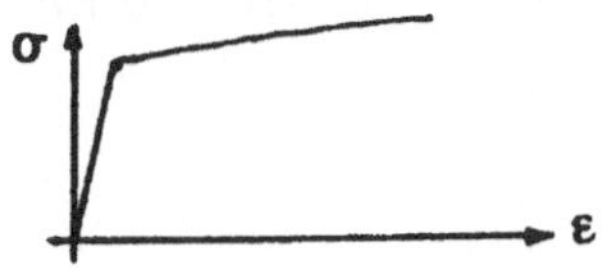

σ

ε

Spannung proportional Dehnung. Auf diesen "linear-elastischen Bereich" sollen alle folgenden Betrachtungen beschränkt bleiben. Bleibt die Belastung stets in diesem Bereich, dann treten nach vollständiger Entlastung keine bleibenden Dehnungen auf.

3.2 Beanspruchung eines geraden Stabes durch Biegung

Um der Einfachheit halber hier im Rahmen des allgemeinen ebenen Kraftsystems bleiben zu können, setzen wir voraus:

1) Stabachse ursprünglich gerade = x-Achse
2) Stabquerschnitt symmetrisch zur x-z-Ebene
3) Alle Belastungen und Stützkräfte in dieser oder symmetrisch zu dieser Ebene – die zugehörigen Momentenvektoren stehen dann normal auf dieser Ebene
4) Material des Stabes überall gleich, Elastizitätsmodul E für Zug und Druck gleich
5) die Beanspruchung bleibt überall im linear-elastischen Bereich. Wird unter diesen Voraussetzungen ein Stab konstanten Querschnittes nur durch zwei Endmomente M beansprucht (Abb. 3.2), so wird er so gebogen, daß seine ursprünglich gerade Stabachse (= Verbindungsgerade der geometrischen Schwerpunkte der Querschnittsflächen) zu einem Kreisbogen verformt wird, ohne daß sich ihre Länge dabei ändert :

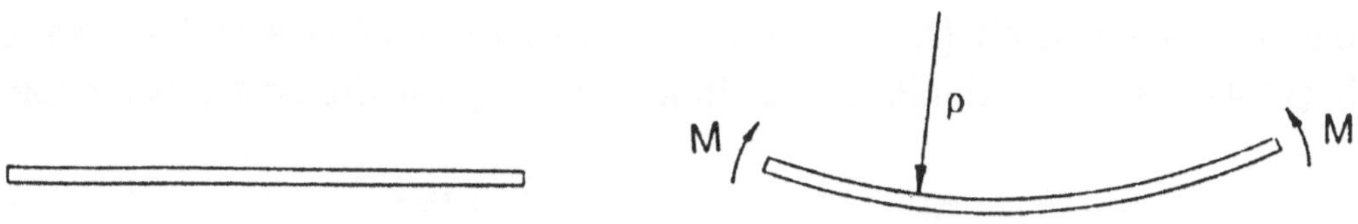

Abb. 3.2

Für den Radius ρ dieses Kreisbogens erhält man die Beziehung

$$\frac{1}{\rho} = \frac{M}{EJ_y} \qquad (3.4)$$

E ... Elastizitätsmodul des Materials

J_y ... geometrisches Flächenträgheitsmoment der Querschnittsfläche[1)]

M ... Biegemoment

Die Krümmung $1/\rho$ ist also proportional dem Biegemoment M und verkehrt proportional dem Produkt $E\,J_y$, das man deshalb "Biegesteifigkeit" nennt. Aus Symmetriegründen bleiben alle Querschnitte bei der Verformung des Stabes eben und normal auf die gebogene Stabachse.

Dem Biegemoment M, das hier über die Stablänge konstant ist, entspricht, wie sich ebenfalls unter obigen Voraussetzungen zeigen läßt, eine über die Querschnittshöhe lineare Verteilung der Normalspannung gemäß

$$\sigma(z) = \frac{M}{J_y} z \tag{3.5}$$

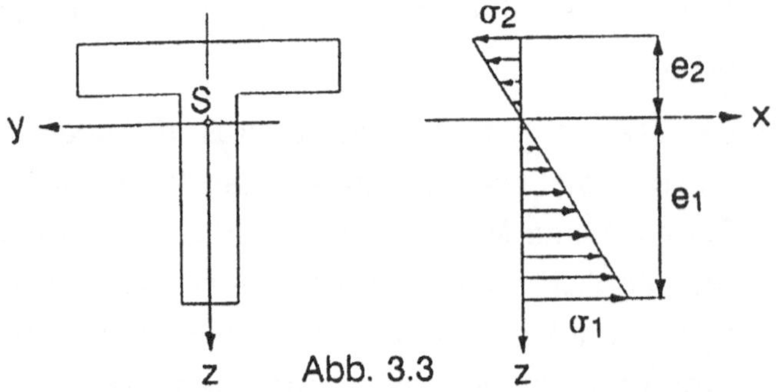

Abb. 3.3

Die untersten Randfasern werden am stärksten gedehnt, die obersten am meisten gestaucht. Die für die Bemessung wesentlichen Extremwerte der Spannung treten nach (3.5) in diesen Randfasern des Querschnittes auf, die die größten Vertikalabstände $z = e_1$ bzw. $z = -e_2$ von der Stabachse haben:

$$\sigma_1 = \frac{M}{J_y} e_1 \qquad \text{und} \qquad \sigma_2 = -\frac{M}{J_y} e_2 \tag{3.6}$$

Die Quotienten J_y/e_1 bzw. J_y/e_2 heißen Widerstandsmomente W_1, W_2

$$W_1 = \frac{J_y}{e_1} \qquad W_2 = \frac{J_y}{e_2} \tag{3.7}$$

1) Zu diesem Begriff siehe Anhang A2.2, S. 210.

sodaß $$\sigma_1 = \frac{M}{W_1} \qquad \sigma_2 = -\frac{M}{W_2} \tag{3.8}$$

Die Werte J_y und e hängen von der Form und Größe des Querschnittes ab. Schwerpunktskoordinaten, Flächenträgheitsmomente J_y, Abstände e und Widerstandsmomente W sind für gängige Querschnitte (Rechteck, Kreis, Trägerprofile usw.) in einschlägigen Handbüchern tabelliert. Darin sind auch maximal zulässige Werte σ_{zul} der Spannung für Zug und Druck je nach Belastungsart für verschiedene Materialien angegeben.

Aus Gleichung (3.8) ist entweder das erforderliche Widerstandsmoment bestimmbar – durch das erforderliche Widerstandsmoment sind bei gegebener Querschnittsform dessen Abmessungen bestimmbar – oder die vorhandene Biegespannung bei gegebenem Moment und gegebenem Widerstandsmoment, oder das maximal zulässige Biegemoment bei gegebenem Widerstandsmoment und gegebenem σ_{zul}.

Von besonderer Bedeutung für technische Anwendungen ist der gerade Träger mit Belastung durch Einzelkräfte. Unter den auf S. 35 formulierten Voraussetzungen folgt, daß das Torsionsmoment M_T überall null ist, der Vektor des Biegemomentes parallel zur y-Achse, die Querkraft parallel zur z-Achse ist.

Beispiel: Träger auf zwei Stützen, Abmessungen l, a_i und Belastungen P_i gegeben (Abb. 3.4).
Gesucht: Auflagerkräfte A, B, Verlauf von Querkraft Q und Biegemoment M.

Lösung rechnerisch: aus den Gleichgewichtsbedingungen folgt

$$\left.\begin{array}{l} A + B - P_1 - P_2 - P_3 = 0 \\ Bl - P_1a_1 - P_2a_2 - P_3a_3 = 0 \end{array}\right\} \Rightarrow B = \frac{1}{l}\Sigma P_i a_i = 4{,}8 \text{ kN}$$

$$A = \Sigma P_i - B = 8{,}2 \text{ kN}$$

Im Abschnitt I, $0 < x < a_1$ ist

$$Q = A = 8{,}2 \text{ kN}, \quad | \quad M = A.x = 8{,}2.x \text{ kN.m} \quad (x \text{ in m})$$

Im Abschnitt II, $a_1 < x < a_2$ ist

$$Q = A - P_1 = 4{,}2 \text{ kN}, \quad | \quad M = A.x - P_1(x - a_1) = 4{,}2.x + 6 \text{ kN.m}$$

Im Abschnitt III, $a_2 < x < a_3$ ist

$Q = A - P_1 - P_2 =$	$M = Ax - P_1(x - a_1) - P_2(x - a_2) =$
$= -1{,}8$ kN	$= -1{,}8\,x + 30$ kN.m

Im Abschnitt IV, $a_3 < x < l$ ist

$Q = -B = -4{,}8$ kN, | $M = B(l - x) = -4{,}8x + 48$ kN.m

Diese Verläufe von Querkraft Q(x) und Biegemoment M(x) sind in Abb. 3.4 graphisch dargestellt.

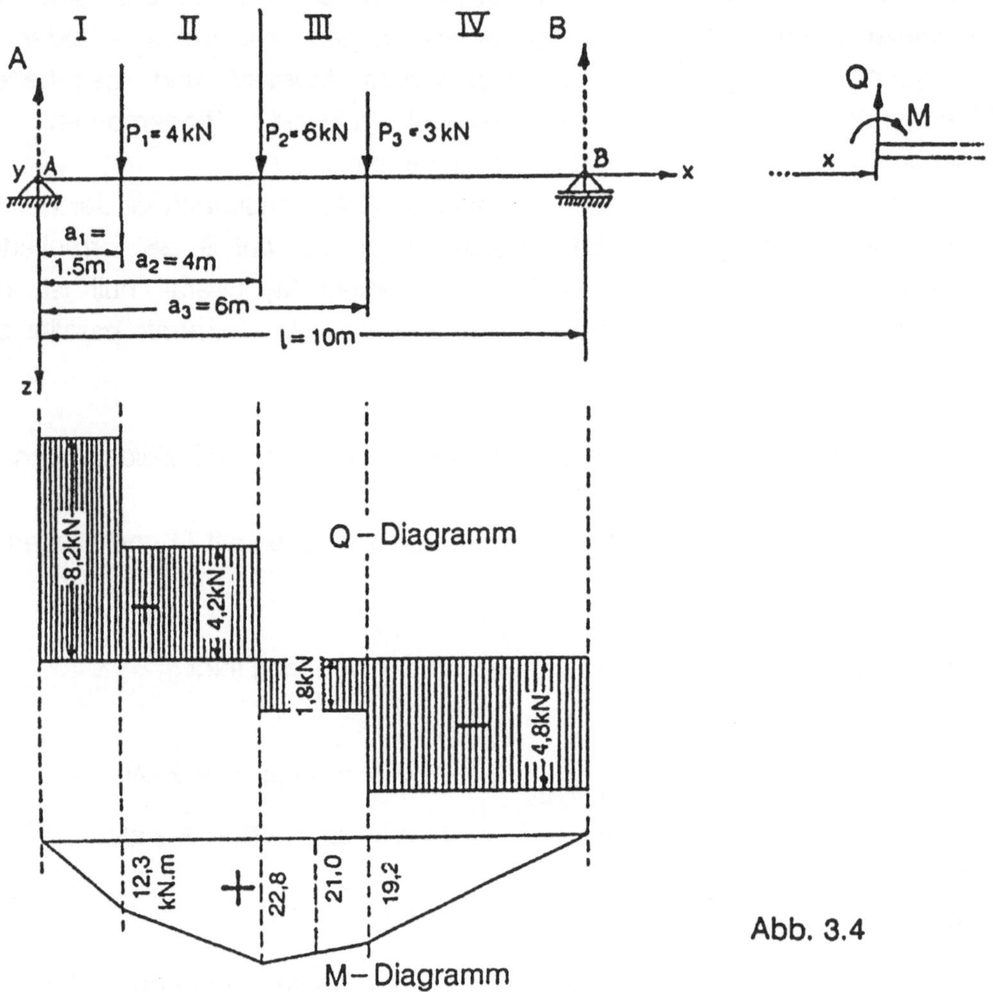

Abb. 3.4

Die Querkraft ist hier in den Abschnitten zwischen den Einzellasten konstant. Die Verläufe des Biegemomentes sind abschnittsweise linear in x, und wir hätten hier nur die Werte M_i an den Stellen der Einzellasten P_i benötigt. Das für die Bemessung wesentliche maximale Biegemoment ergibt sich an der Stelle, wo die Querkraft Q das Vorzeichen wechselt.

Zur graphischen Ermittlung der Auflagerkräfte und der Verläufe von Querkraft und Biegemoment für statisch bestimmt gelagerte Träger kann auch die Methode des Seileckes verwendet werden. Dies soll an dem vorhergehenden Beispiel demonstriert werden.

Nach der Wahl entsprechender Maßstäbe für Länge und Kraft ist zu den gegebenen Belastungen zunächst ein Kräfteplan und das Seileck zu zeichnen.

Die Auflagerkräfte ergeben sich aus dem Kräfteplan durch die Parallele zur "Schlußlinie" (A,B) im Lageplan und somit kann das Querkraftdiagramm gezeichnet werden. Das Seileck ist nun ident mit dem Verlauf des Biegemomentes M(x). An jeder Stelle ist der Vertikalabstand $\eta(x)$ zwischen Seilstrahl und Schlußlinie proportional dem Biegemoment M(x). Es gilt

$$M(x) = H\,\eta(x) \tag{3.9}$$

wobei $\eta(x)$ im Längenmaßstab, die Poldistanz H im Kräftemaßstab zu messen ist.

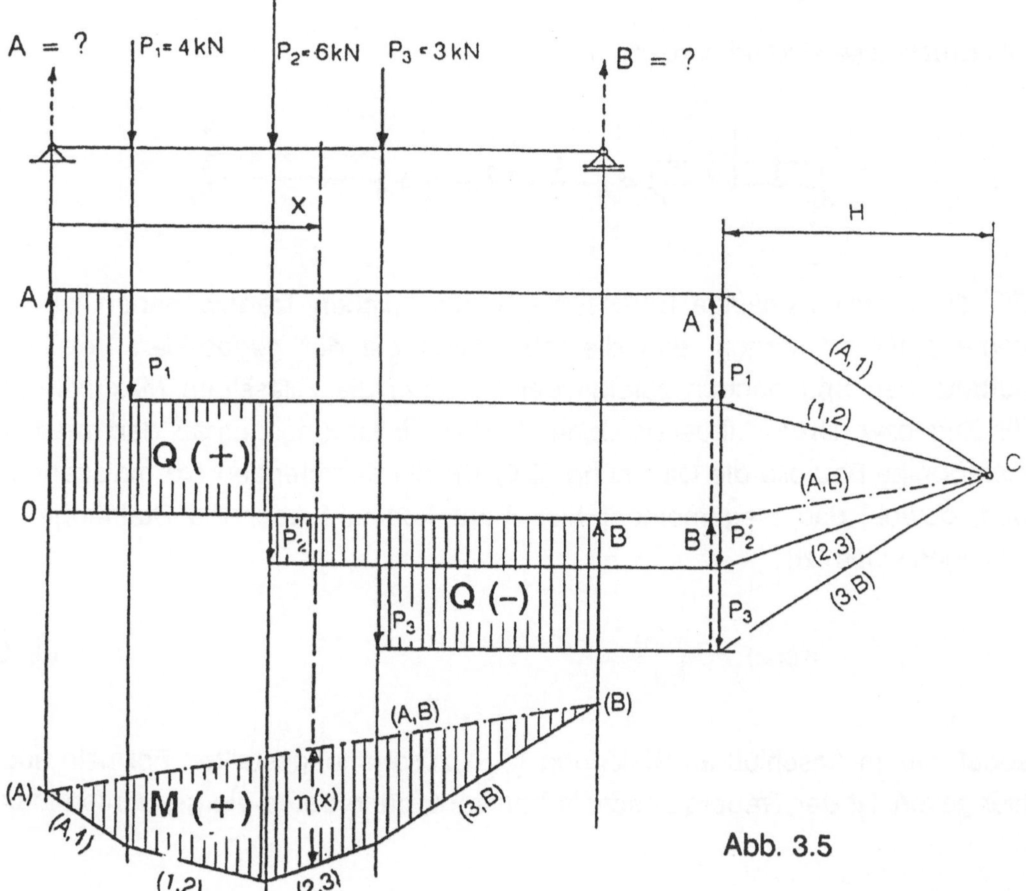

Abb. 3.5

Gerader Träger mit gleichmäßig verteilter Belastung q (N/m)
(z.B.: Eigengewicht, Schneelast, dichte Fahrzeugkolonne etc.)

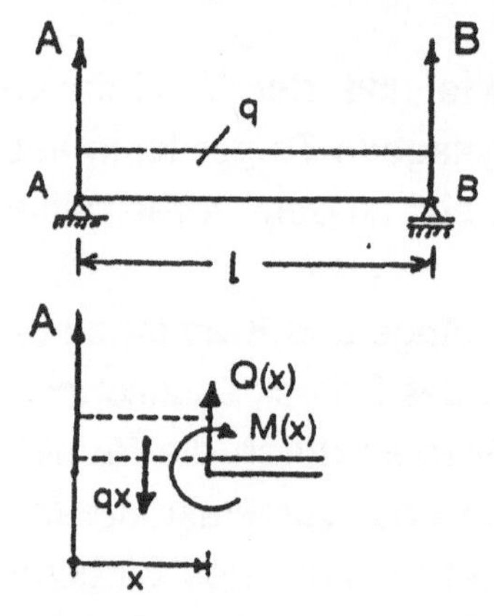

Die Gleichgewichtsbedingungen liefern:

$$A = B = \frac{ql}{2}$$

Nach dem Schnittprinzip erhalten wir:

$$Q(x) = A - qx \Rightarrow Q(x) = q\left(\frac{l}{2} - x\right)$$

$$M(x) = Ax - qx\frac{x}{2} \quad \Rightarrow$$

$$M(x) = \frac{q}{2}\,(lx - x^2)$$

$$\underline{\underline{M_{max} = q\,\frac{l^2}{8}}} \quad \text{für} \quad x = \frac{l}{2}$$

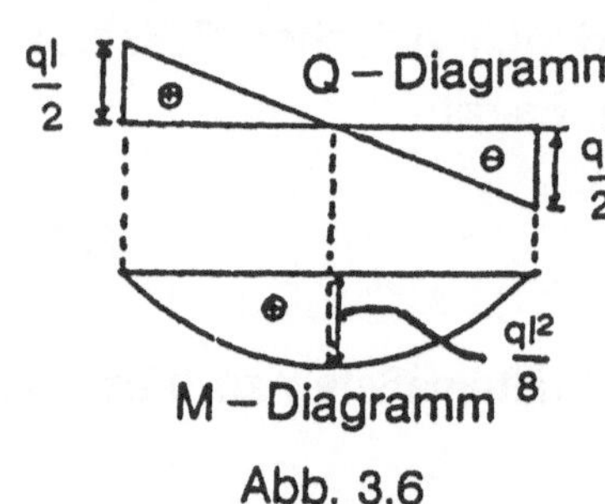

Abb. 3.6

Die Ergebnisse sind addierbar:

Für die festigkeitsmäßige Bemessung eines solchen Trägers haben wir wie vorne dafür zu sorgen, daß die tatsächlich bei der gegebenen Belastung auftretenden Spannungen zufolge der Biegung die zulässigen Maximalwerte für Zug bzw. Druck nirgends überschreiten. Erfahrungsgemäß darf man für stabförmige Bauteile die Gleichung (3.5) für die auftretenden Normalspannungen, obwohl das Biegemoment hier nicht konstant über die Stablänge ist, verallgemeinern zu

$$\sigma(x,z) = \frac{M(x)}{EJ_y} \tag{3.10}$$

sodaß die im Anschluß an Gleichung (3.5) zusammengestellten Formeln auch hier gelten. Ist der Trägerquerschnitt konstant, dann treten die gesuchten Maximalwerte der Randfaserspannungen zufolge der Biegung dort auf, wo das Biegemoment seinen Maximalwert hat.

Ist das Biegemoment über die Trägerlänge nicht konstant, dann wäre zur Berechnung der Biegelinie w(x) der verformten Stabachse zufolge des Biegemomentenverlaufes aus Gleichung (3.4) für die Krümmung

$$\frac{1}{\rho(x)} = -\frac{\dfrac{d^2w}{dx^2}}{\sqrt{\left[1+\left(\dfrac{dw}{dx}\right)^2\right]^3}} \qquad (3.11)$$

zu verwenden[1)]. Somit wäre die Funktion w(x) aus der Differentialgleichung

$$\frac{\dfrac{d^2w}{dx^2}}{\sqrt{\left[1+\left(\dfrac{dw}{dx}\right)^2\right]^3}} = -\frac{M(x)}{EJ_y} \qquad (3.12)$$

für bekannten Biegemomentenverlauf M(x) zu ermitteln, sodaß diese Gleichung für alle Werte x über die Trägerlänge erfüllt ist.

In den technischen Anwendungen kann man im allgemeinen $(dw/dx)^2$ als sehr klein gegen 1 voraussetzen (geringe Neigung der Biegelinie gegen den unverformten Zustand des Stabes). Vernachlässigt man demgemäß $(dw/dx)^2$ gegen 1, so bleibt der einfache Zusammenhang

$$\frac{d^2w}{dx^2} = -\frac{M(x)}{EJ_y} \qquad (3.13)$$

Durch einmalige Integration nach x erhält man dw/dx, durch nochmalige Integration nach x die Gleichung w(x) der Biegelinie. Dabei sind an Stellen von Einzellasten und Stützen die entsprechenden Bedingungen für dw/dx und w zu erfüllen. Hier muß auf ausführlichere Literatur verwiesen werden.

---

1) Wer noch nichts mit der Symbolik der Differential- und Integralrechnung zu tun hatte, siehe S.52 und Anhang A1, S. 199.

Die Verformung durch die Querkraft kann gesondert berechnet werden, ist aber im allgemeinen bei schlanken Stäben gering gegen die Verformung zufolge des Biegemomentes.

Das Programm "Träger" berechnet für gerade Träger, die mit maximal 3 Kräften und einer Gleichlast belastet sind, den Verlauf der Querkraft und des Biegemomentes. Nach Wahl eines bestimmten Querschnittes und Werkstoffes wird die Biegelinie ermittelt. Die Wirkungen anderer Belastungen oder anderer Stützungsarten können auf dem Bildschirm verglichen werden.

3.3 Beanspruchung eines geraden Stabes durch Querkraft

Die der Querkraft Q entsprechende Schubspannung τ ist über die betreffenden Querschnittsflächen nicht gleichmäßig verteilt. Es soll hier nur, ohne Herleitung, die Verteilung der über die Querschnittsbreite gemittelten Schubspannung $\bar{\tau}(z)$ und deren Maximalwert für Rechteck- und Kreisquerschnitt angegeben werden:

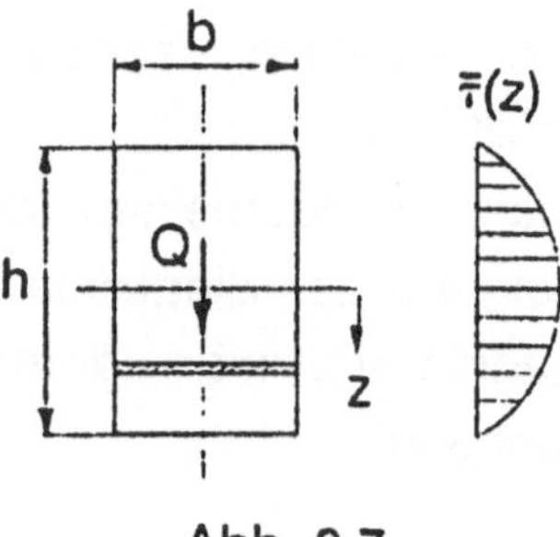

Abb. 3.7

Rechteckquerschnitt:

$$\bar{\tau}(z) = \frac{6}{bh^3} \cdot \left(\frac{h^2}{4} - z^2 \right) Q$$

$$\bar{\tau}_{max} = \frac{3}{2} \cdot \frac{Q}{bh} \qquad (3.14)$$

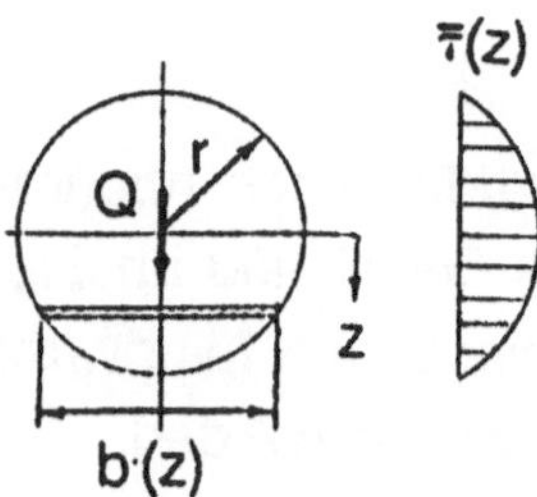

Abb. 3.8

Kreisquerschnitt:

$$b(z) = 2\sqrt{r^2 - z^2}$$

$$\bar{\tau}(z) = \frac{4}{3\pi} \cdot \frac{r^2 - z^2}{r^4} Q \qquad (3.15)$$

$$\bar{\tau}_{max} = \frac{4}{3} \cdot \frac{Q}{r^2\pi}$$

Die durch Querkraft **allein** hervorgerufene Biegelinie $w_Q(x)$ erhält man aus

$$\frac{dw_Q}{dx} = k\,\frac{Q(x)}{G.A}$$

G ... Schubmodul des Materials
A ... Querschnittsfläche

wobei $k = \frac{6}{5}$ für den Rechteckquerschnitt (h,b beliebig) (3.16)

und $k = \frac{10}{9}$ für den Kreisquerschnitt (r beliebig)

3.4 Torsion eines geraden Stabes mit Kreis- oder Kreisringquerschnitt

Wird eine zylindrische Welle durch ein Torsionsmoment M_T beansprucht, so bleiben aus Symmetriegründen alle Querschnitte eben, Querschnittsdurchmesser bleiben gerade, die Querschnitte verdrehen sich gegeneinander; achsenparallele Gerade gehen in Schraubenlinien konstanter Steigung über. Als Verdrehwinkel Ψ zweier Querschnitte im Abstand l ergibt sich

$$\Psi = \frac{M_T}{GJ_p}\,l \qquad (3.17)$$

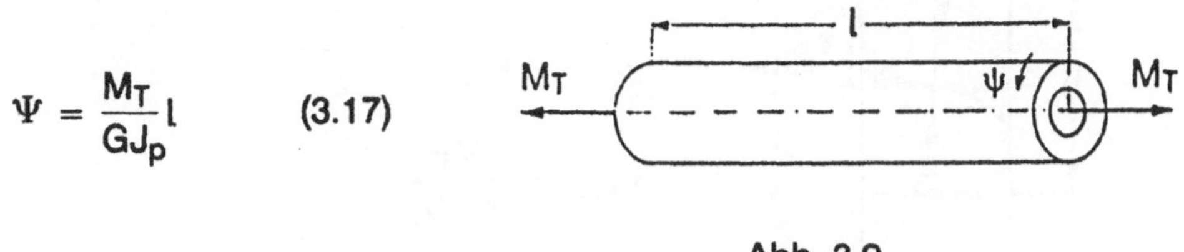

Abb. 3.9

worin G den sog. Schubmodul (N/m^2) des Materials bedeutet
und J_p das polare Flächenträgheitsmoment des Querschnittes

$$J_p = \int_{r_i}^{r_a} r^2\,dA = \frac{\pi}{2}\,(r_a^4 - r_i^4) \quad \text{für den Kreisringquerschnitt}$$

bzw.

$$J_p = \frac{\pi}{2}\,r_a^4 \quad \text{für den Vollkreisquerschnitt}$$

Das Torsionsmoment entspricht dabei einer über den Querschnitt radial linearen Schubspannungsverteilung:

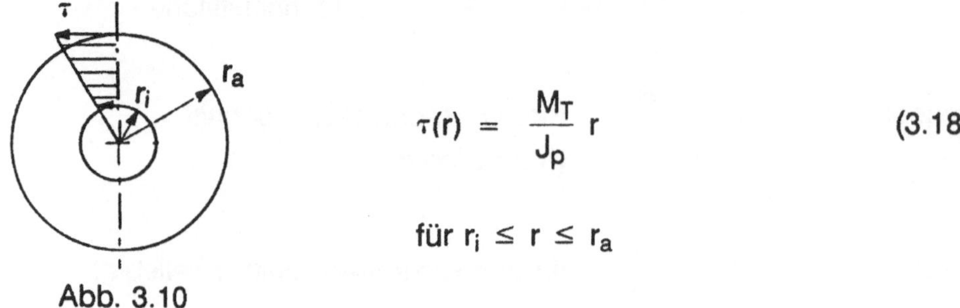

Abb. 3.10

$$\tau(r) = \frac{M_T}{J_p} r \qquad (3.18)$$

für $r_i \leq r \leq r_a$

Die maximale Schubspannung, für die ein zulässiger Wert je nach Material nicht überschritten werden darf, tritt am Außenradius auf:

$$\tau_{max} = \frac{M_T}{J_p} r_a \qquad (3.19)$$

Für andere Querschnittsformen als Kreis und Kreisring gelten die obigen Formeln nicht, weil sich die Querschnitte verwölben. Man ersetzt in obigen Formeln J_p durch J_T ("Torsionswiderstand"), und entnimmt die entsprechenden Werte für diverse Querschnittsformen aus Tabellen, z.B.: für einen Stab mit Rechteckquerschnitt:

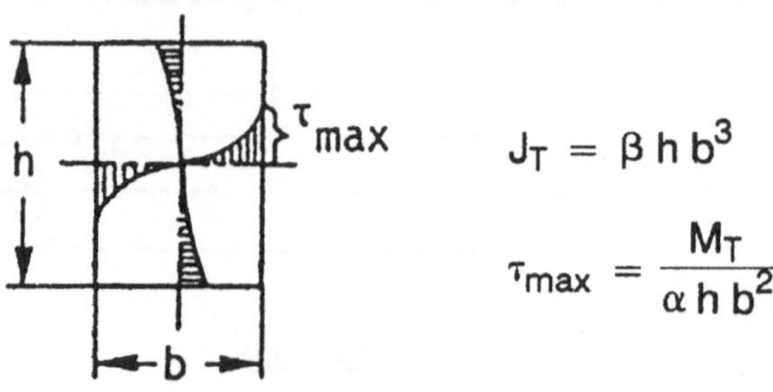

$$J_T = \beta h b^3$$

$$\tau_{max} = \frac{M_T}{\alpha h b^2}$$

h/b	1	1,25	1,5	2	2,5	3
α	0,208	0,221	0,231	0,246	0,258	0,267
β	0,140	0,172	0,196	0,229	0,249	0,263

h/b	4	5	6	8	10	∞
α	0,282	0,292	0,299	0,307	0,312	0,333
β	0,281	0,291	0,299	0,307	0,312	0,333

Das Programm "Torsion einer Welle" zeigt anschaulich den Zusammenhang zwischen den Längen, den Durchmessern, dem Werkstoff, dem Torsionsmoment und den sich ergebenden Verdrehungen von Wellen.

3.5 Fachwerke

Unter Fachwerk versteht man eine Tragkonstruktion aus Profilstäben. Es ersetzt Massivträger bei geringerem Werkstoffaufwand. Die Stäbe sind miteinander verschweißt oder es dienen Knotenbleche als Verbindungselemente, an denen die Stabenden durch Nietung oder Schweißung befestigt sind. Üblicherweise werden sehr schlanke Stäbe (größte Querschnittsabmessung sehr klein gegen Stablänge) verwendet. Somit können die durch Biegemomente und Querkräfte hervorgerufenen Querschnittsspannungen als klein gegenüber den durch die Zug- und Druckkräfte hervorgerufenen Spannungen angesehen werden. Man erreicht damit die bestmögliche Werkstoffausnutzung, weil bei Zug- und Druckbeanspruchung, im Gegensatz zur Biegebeanspruchung, der ganze Stabquerschnitt gleichmäßig bis an die zulässige Spannungsgrenze ausgenutzt werden kann. Bei der Bemessung auf Druck beanspruchter Stäbe ist die Gefahr des Knickens zu beachten[1)].

Zur Ermittlung dieser Zug- oder Druckkräfte reicht es im allgemeinen aus, die Stabkräfte des zugehörigen "Idealen Fachwerkes" zu ermitteln, bei dem

1) die Stäbe an ihren Enden durch reibungsfreie Gelenke miteinander verbunden sind ("Knoten"),
2) die Stabachsen aller Stäbe eines Knotens einander in einem Punkte treffen,
3) alle äußeren Kräfte (Belastungen und Auflagerkräfte) nur in den Knoten angreifen.

---

1) Z.B.: F. Ziegler, Technische Mechanik der festen und flüssigen Körper, Springer-Verlag Wien, New York, 1985, ab S. 404.
H. Parkus, Mechanik der festen Körper, Springer-Verlag Wien, New York.

Wir wollen nun ein Verfahren kennenlernen, mit dem man die Zug- und Druckkräfte in den Stäben (Stabkräfte) ermitteln kann, die sie infolge der Belastungen des Fachwerkes aufzunehmen haben. **Wir betrachten hier nur statisch bestimmt gestützte ebene Fachwerke.** Die Anzahl der Stäbe sei s, die Anzahl der Knoten sei k. Wenn das gesamte Fachwerk im Gleichgewicht sein soll, muß jeder seiner Teile im Gleichgewicht sein, d.h. für jeden Knoten müssen die Stabkräfte und eine eventuell am Knoten angreifende Belastung oder Auflagerkraft ein Gleichgewichtssystem bilden. Jeder Fachwerksknoten bildet also ein zentrales ebenes Kraftsystem, welches sich im Gleichgewicht befinden muß. Die je 2 skalaren Gleichgewichtsbedingungen für jeden Knoten bilden dann ein lineares, inhomogenes System von 2 k Gleichungen, in denen s unbekannte Stabkräfte und z unbekannte Auflagerkomponenten enthalten sind. Ist $s + z = 2k$, dann hat dieses Gleichungssystem eine eindeutige Lösung – das Fachwerk ist statisch bestimmt. Die s Stabkräfte und die z Auflagerkraftkomponenten sind für eine gegebene Belastung aus den Gleichgewichtsbedingungen allein berechen- und/oder graphisch ermittelbar. Ist $s > 2k - z$, dann ist das Fachwerk innerlich statisch unbestimmt – es sind überzählige Stäbe vorhanden. Ist $s < 2k - z$, dann ist das Fachwerk unterbestimmt oder beweglich; ebenso wenn die Koeffizienten-Determinante = 0. Dreiecksfachwerke, die dadurch entstehen, daß man an ein Stabdreieck (3 Stäbe, 3 Knoten) jeweils 2 Stäbe mit einem Gelenk anfügt, sind innerlich statisch bestimmt.

3.5.1 Der Cremonaplan

Der Cremonaplan (benannt nach dem italienischen Physiker L. CREMONA) dient zur graphischen Bestimmung aller Stabkräfte in der Weise, daß die Gleichgewichts-Kräftepolygone für jeden Knoten so angeordnet werden, daß jede Stabkraft genau einmal vorkommt. Bevor mit der Konstruktion des Cremonaplanes begonnen werden kann, ist ein Umlaufsinn (auch Kraftfolgesinn) festzulegen, der von nun ab immer beizubehalten ist. Zunächst ist der Kräfteplan der äußeren Kräfte zu konstruieren, wodurch sich die Auflagerkräfte ergeben. Von diesem Krafteck geht die Aufzeichnung des Cremonaplanes aus. Als nächstes suchen wir einen Knoten mit nicht mehr als 2 unbekannten Stabkräften und zeichnen für diesen das Krafteck. Dadurch erhalten wir die beiden unbekannten Stabkräfte mit ihren Richtungen. Zeigt eine sich ergebende Kraft vom Knoten, ist sie eine Zugkraft, zeigt eine sich ergebende Kraft in den Knoten hinein, handelt es sich um eine Druckkraft. Für die Fortsetzung des Verfahrens zeichnen wir nun die entsprechenden Pfeile an den

Knoten in das Fachwerk ein und jeweils umgekehrt an den Knoten an den anderen Stabenden. Aus diesen Pfeilen im Fachwerk sehen wir jeweils, welche Stabkräfte schon ermittelt sind und in welchem Sinn wir beim nächsten Knoten das Kräftepolygon zu durchlaufen haben. So wird Knoten um Knoten fortgefahren, bis die letzte Stabkraft bestimmt ist und sich der Cremonaplan schließt. Dies ist eine gute Kontrolle für die Richtigkeit des Verfahrens.

Wenn keine Stäbe überkreuzt sind, sind die hinreichenden Bedingungen dafür, daß ein solcher Cremonaplan für ein ebenes Fachwerk gezeichnet werden kann (in dem jede Stabkraft genau einmal vorkommt) folgende:

1) Das Fachwerk muß statisch bestimmt sein.

2) Die Belastungen und die Stützkräfte dürfen nur in den Knoten der Berandung angreifen. Sie sind wegen des Kraftfolgesinnes so einzuzeichnen, daß ihre Vektoren **außerhalb** des Fachwerkes liegen:

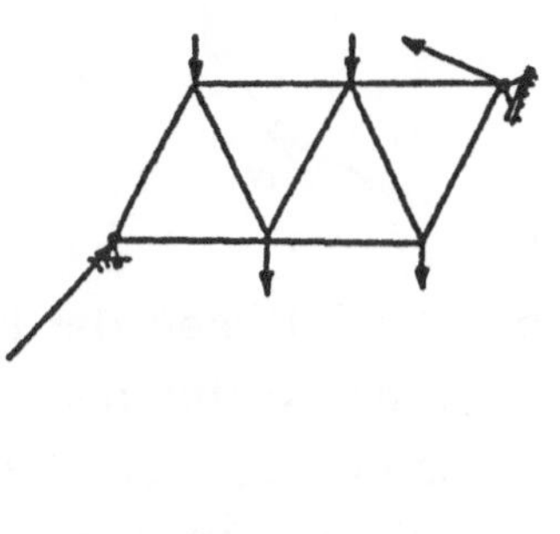

näherungsweiser Ersatz:

$$P_1 l_1 = P_2 l_2$$

$$P_1 + P_2 = P$$

$$P_1 = \frac{l_2}{l_1 + l_2} P \qquad (3.20)$$

$$P_2 = \frac{l_1}{l_1 + l_2} P$$

3) Eventuell vorhandene Innenknoten dürfen nicht belastet sein. Sind sie es doch, dann muß man vor dem Zeichnen des Cremonaplanes die Belastung durch einen in ihrer Richtung eingesetzten Stab und ein Gelenk (oder mehrere Stäbe und Gelenke, wenn dabei mehrere Stäbe getroffen werden) bis an die Berandung des Fachwerkes herausführen. Dadurch ändern sich die Stabkräfte des ursprünglichen Fachwerkes nicht:

z.B.: a) b) $S = P \quad U' = U'' = U$

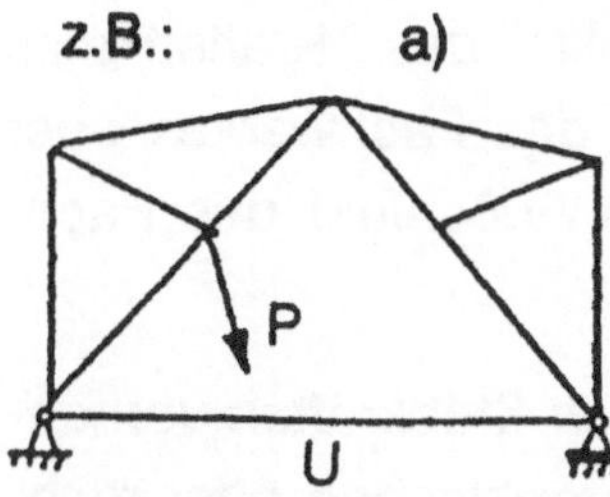

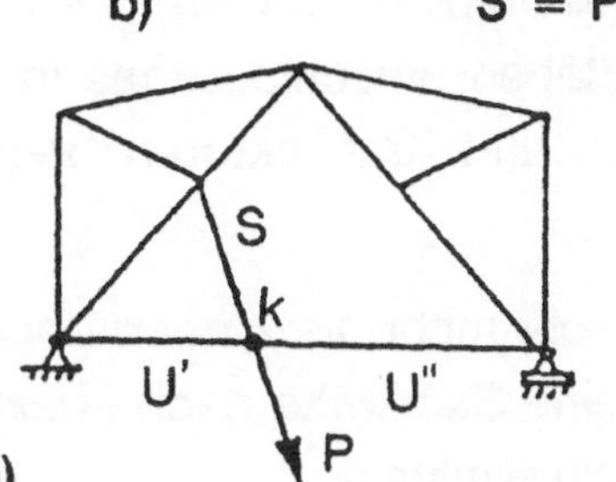

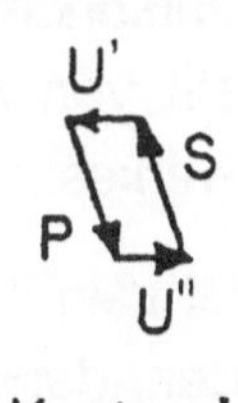

Knoten k

b) gibt richtige Lösung für a)

4) Die anfängliche Ermittlung der Stützkräfte ist nicht immer nötig bzw. nicht immer möglich, aber stets günstig, da in diesem Falle Kontrollen auftreten.

5) Werden die Stützkräfte vorher ermittelt, ist darauf zu achten, daß diese und die Belastungen im Kräfteplan vor dem Beginn des Zeichnens der Kräftepolygone des Cremonaplanes in einem einheitlichen Umlaufsinn bezüglich des ganzen Fachwerkes angeordnet sind. Hiezu ist eventuell Umordnung nötig:

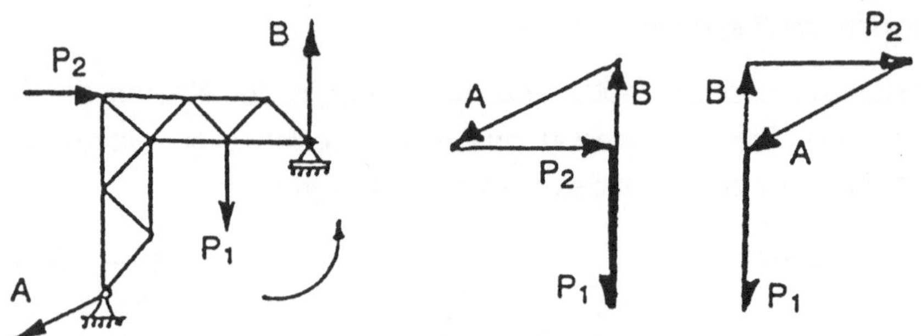

6) Das Zeichnen der Kräftepolygone für die einzelnen Knoten kann nur bei einem Knoten mit nicht mehr als 2 noch unbekannten Stabkräften begonnen werden. Stets den gewählten Umlaufsinn beibehalten. Pfeile nach den sich im Kräfteplan ergebenden Durchlaufungsrichtungen bei dem betreffenden Knoten im Lageplan eintragen, beim anderen Knoten desselben Stabes umgekehrt. Die Pfeile im Lageplan zeigen, welche Stabkräfte bereits ermittelt wurden, und geben den Durchlaufsinn für das Zeichnen des nächsten Kräftepolygones an, für welches wieder nicht mehr als noch 2 unbekannte Stabkräfte auftreten dürfen. Für jeden Knoten stets mit der im gewählten Umlaufsinn ersten bekannten Kraft beginnen. Durchlaufsinn im Kräfteplan nach dem bei dem betreffenden Knoten eingezeichneten Pfeil.

7) Kontrolle: Reziprozität:
Jedem Knoten des Fachwerkes entspricht ein geschlossenes Kräftepolygon im Kräfteplan. Jedem "Knotenpunkt" des Kräfteplanes entspricht ein von Stäben umschlossenes Innenfeld des Fachwerkes oder ein von Außenstäben und Kraftvektoren begrenztes Außenfeld des Fachwerkes.

8) Ist kein Knoten mit nicht mehr als 2 noch unbekannten Stabkräften vorhanden, dann sind einzelne Stabkräfte nach speziellen graphischen oder rechnerischen Verfahren zu ermitteln.

Graphisch kann dies z.B. durch einen sog. Culmannschnitt erfolgen, das ist ein Schnitt, der das Fachwerk in zwei getrennte Teile zerlegt und nicht mehr als 3 Stäbe mit noch unbekannten Stabkräften schneidet, deren Richtungen nicht durch einen gemeinsamen Schnittpunkt gehen. Die 3 unbekannten Stabkräfte sind so zu bestimmten, daß sie mit den Belastungen, Auflagerkräften und den bekannten Stabkräften der eventuell geschnittenen weiteren Stäbe für einen der beiden Teile ein Gleichgewichtssystem ergeben.

Dazu steht uns der Satz "4 Kräfte sind im Gleichgewicht ..." auf S. 13 zur Verfügung.

Oder man verwendet die "Methode des unbestimmten Maßstabes": Man beginnt den Cremonaplan bei einem unbelasteten dreistäbigen Knoten in beliebiger Größe. Sobald die erste bekannte Belastung oder Auflagerkraft eintritt, ist der Maßstab und die Orientierung bestimmt.

Rechnerisch: man berechnet eine Stabkraft mit Hilfe eines Schnittes, der dem Culmannschnitt entspricht; diese Methode heißt "Ritterschnitt".

Culmann- bzw. Ritterschnitte kann man auch zur Bestimmung einzelner Stabkräfte verwenden.

9) In Fachwerken gibt es, je nach Belastung, unter bestimmten Voraussetzungen Stäbe, die unbelastet sind, wir nennen sie "Nullstäbe". Ihre Erkennung erleichtert die graphische und rechnerische Ermittlung der übrigen Stabkräfte. Solche Stäbe dürfen selbstverständlich nicht aus dem tatsächlichen Fachwerk entfernt werden, weil dieses sonst Freiheitsgrade bekommt bzw. diese Stäbe bei anderen Belastungen Kräfte aufzunehmen haben.

Nullstaberkennung: aus den Gleichgewichtsbedingungen des betreffenden Knotens ersehen wir sofort, daß die mit 0 bezeichneten Stäbe kräftefrei sein müssen:

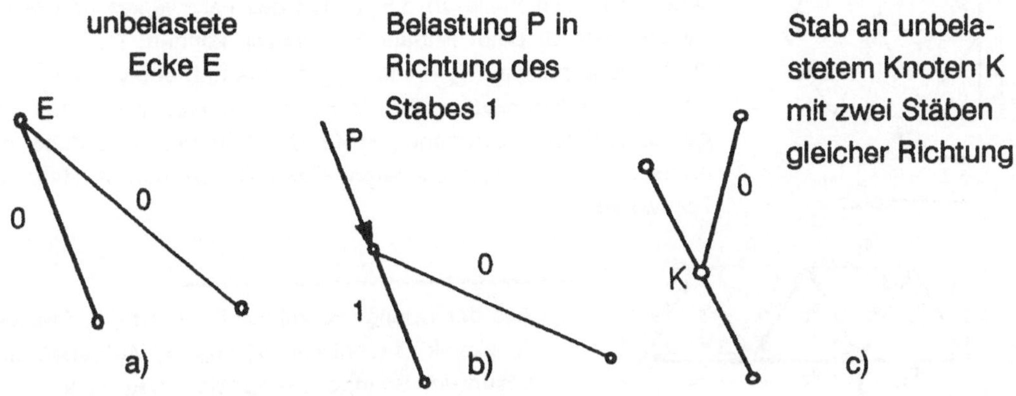

Beispiel: Fachwerk aus gleichseitigen Dreiecken, Cremonaplan[1)]

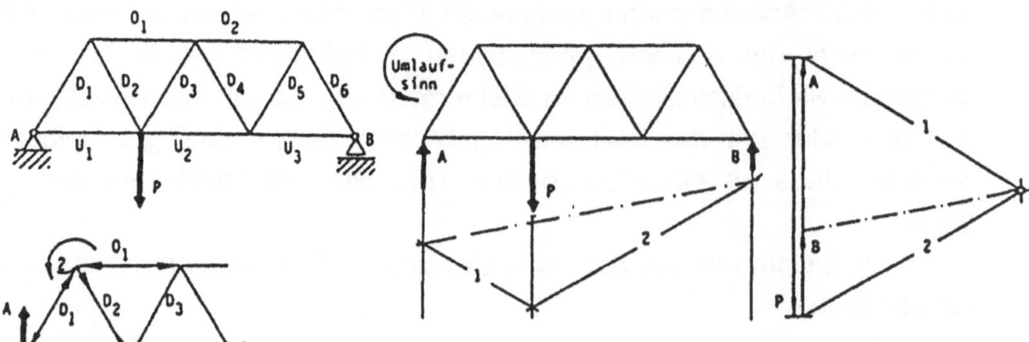

Ermittlung der Auflagerkräfte A und B mit Hilfe des Seilecks oder rechnerisch aus den Gleichgewichtsbedingungen:

$$A = 2P/3 \qquad B = P/3$$

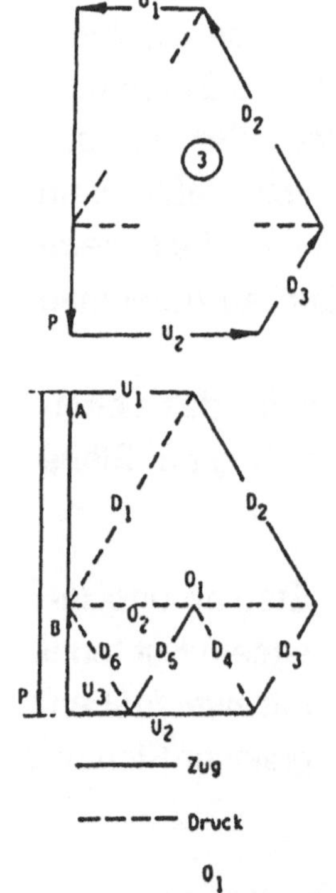

Man wählt nun einen Umlaufsinn (Kräftefolgesinn), durch den die Aufeinanderfolge der Belastungen und Auflagerkräfte im Cremonaplan festgelegt wird. Zum obigen Kräfteplan gehört der beim Fachwerk angegebene Umlaufsinn. Dieser ist für das Zeichnen der Kräftepolygone für jeden Knoten beizubehalten. Man beginnt bei einem Knoten mit nicht mehr als zwei unbekannten Stabkräften, z.B. hier beim Auflager A als Knoten 1: im gewählten Umlaufsinn folgen am Knoten 1 die Kräfte in der Reihenfolge $A\uparrow$, $U_1 \rightarrow$, $D_1 \swarrow$. Dies gibt das Kräftedreieck ① für den Knoten 1. Wir sehen: die auf den Knoten 1 wirkende Stabkraft U_1 zeigt vom Knoten 1 weg (Zug), die auf den Knoten 1 wirkende Stabkraft D_1 zeigt zum Knoten 1 (Druck, strichliert gezeichnet). Für die Fortsetzung des Verfahrens zeichnen wir nun die entsprechenden Pfeile am Knoten 1 ein, und jeweils umgekehrt bei den Knoten an den anderen Stabenden. Knoten 2: der Pfeil beim Knoten 2 im Fachwerk zeigt, daß wir mit $D_1 \nearrow$ beginnen müssen. In der Reihenfolge des Umlaufsinnes schließen $D_2 \searrow$ und $O_1 \leftarrow$ das Kräftedreieck ② für den Knoten 2. Wir zeichnen wieder die entsprechenden Pfeile an die Knoten des Fachwerkes und sehen daraus, daß wir beim Knoten 3 fortsetzen können: $D_2 \nwarrow$, $U_1 \leftarrow$, $P\downarrow$. Dann müssen $U_2 \rightarrow$ und $D_3 \nearrow$ das Kräftepolygon ③ für den Knoten 3 schließen. Die Fortsetzung dieses Verfahrens gibt den abgebildeten Cremonaplan für alle Stabkräfte und dabei die im letzten Bild eingezeichneten Hilfspfeile an den Knoten des Fachwerkes.

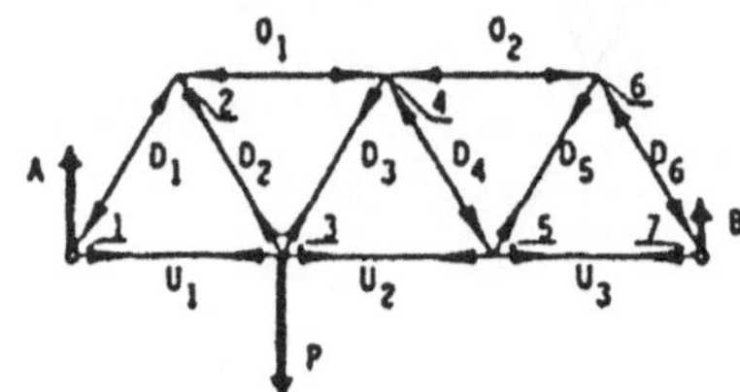

1) Aus der Übungssammlung P. Lugner, K. Desoyer, A. Novak, Technische Mechanik, Aufgaben und Lösungen, Springer-Verlag Wien, New York.

4. Kinematik

In der Kinematik entwickeln wir Gleichungen, mit denen sich die Ortsveränderungen von Körpern und Körperpunkten beschreiben und berechnen lassen. Die Ursachen der Ortsveränderung, also die einwirkenden Kräfte, werden in der Kinematik nicht untersucht. Üblicherweise betrachtet man zunächst nur einen bewegten Punkt.

Die augenblickliche Lage eines frei beweglichen Punktes im Raum erfordert die Angabe der Augenblickswerte von drei voneinander unabhängigen skalaren Größen (Lagekoordinaten). Diese Lagekoordinaten können beispielsweise als kartesische Koordinaten, als Zylinderkoordinaten oder als Kugelkoordinaten angegeben werden. Ein frei beweglicher Punkt im Raum besitzt also 3 Freiheitsgrade. Liegt der Punkt auf einer gegebenen Fläche, sind zur Festlegung seiner Lage nur noch 2 skalare Größen notwendig. Ein Punkt in einer Fläche besitzt 2 Freiheitsgrade. Liegt ein Punkt auf einer gegebenen Kurve im Raum, so besitzt dieser Punkt nur noch 1 Freiheitsgrad.

Allgemein gilt: Unter der Anzahl der Freiheitsgrade eines Systems versteht man die Anzahl der voneinander unabhängigen skalaren Größen (Lagekoordinaten), die zur Festlegung der Lage des ganzen Systems notwendig und hinreichend sind.

4.1 Begriff der Geschwindigkeit

Bewegt sich ein Punkt auf einer Bahnkurve von A nach B, so legt er in der Zeit Δt den Weg Δs zurück. Wege (Wegabschnitte) werden mit dem Buchstaben s bezeichnet (vom lateinischen spacium), Zeiten (Zeitabschnitte) mit dem Buchstaben t (lateinisch: tempus). Der griechische Buchstabe Δ steht für Differenz, weil Weg- und Zeitabschnitte Differenzen von Längen und Zeiten sind. Als "mittlere Geschwindigkeit" v_m des Punktes auf einem Wegstück Δs bezeichnet man

$$v_m = \frac{\Delta s}{\Delta t} \tag{4.1}$$

worin Δt das benötigte Zeitintervall bedeutet. Dieser Begriff ist zum Beispiel von Autorennen geläufig.

Die Bezeichnung v rührt vom lateinischen "velocitas" = Geschwindigkeit her. Um die augenblickliche Geschwindigkeit des Punktes zu bestimmen, müßte man die Wegdifferenz Δs sehr klein machen. Dieser "sehr kleine" Weg ds wird in der "sehr kleinen" Zeit dt zurückgelegt, und man kann somit für die Momentangeschwindigkeit definieren:

$$v(t) = \lim_{\Delta t \to 0} \frac{\Delta s}{\Delta t} = \frac{ds}{dt} \tag{4.2}$$

gesprochen "ds nach dt".

Ableitungen nach der Zeit werden oft auch mit einem Punkt über der betreffenden Größe gekennzeichnet. Für die augenblickliche Geschwindigkeit v(t) schreibt man somit auch

$$v(t) = \dot{s}(t)$$

Die Einheit der Geschwindigkeit ist Meter/Sekunde.

Dieser Begriff der augenblicklichen Geschwindigkeit läßt sich in einem graphischen Fahrplan, einem Diagramm Weg s über der Zeit t, bequem anschaulich erfassen – er war seinerzeit der Zugang NEWTONs zur Erfin-

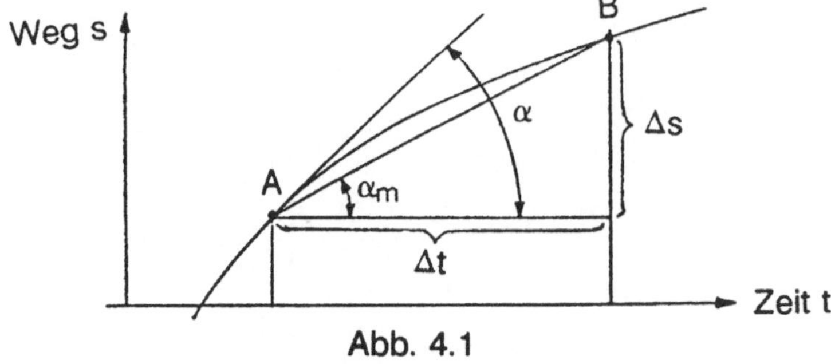

Abb. 4.1

dung der Differential- und Integralrechnung, ohne die sich eine theoretische Physik nicht hätte entwickeln können und ohne die es auch nicht möglich ist, alle Grundlagen der Mechanik exakt zu formulieren.

Die mittlere Geschwindigkeit v_m auf dem Wegstück Δs ist

$$v_m = \frac{\Delta s}{\Delta t}$$

also durch den Neigungswinkel α_m der Sekante AB veranschaulicht. Läßt man nun im Diagramm den Bildpunkt B gegen den Bildpunkt A gehen, also $\Delta t \to 0$, dann geht die Sekante AB in die Tangente im Bildpunkt A über. Deren Neigungswinkel α ist somit ein Maß für die augenblickliche Geschwindigkeit v zur Zeit t, der Winkel im Dreieck ABC, wenn dieses "verschwindet".

Die mittlere Geschwindigkeit auf dem Wegstück Δs ist also proportional tan α_m, die augenblickliche Geschwindigkeit zur Zeit t ist proportional tan α in einem solchen Diagramm.

Ist die Geschwindigkeit v konstant (Abb. 4.2), dann gilt einfach

$$s(t) = vt + s_0 \qquad (4.3)$$

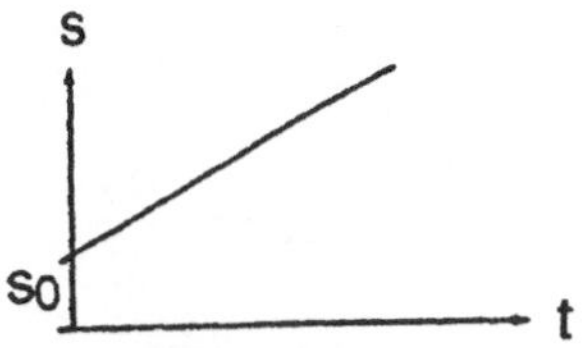

s
s_0
t

Abb. 4.2

d.h. der bis zu einem beliebigen Zeitpunkt t zurückgelegte Weg ist Geschwindigkeit v mal Zeit t plus einem eventuell bis zum Zeitpunkt $t = 0$ bereits zurückgelegten Weg s_0. (Man sieht aus (4.3): für $t = 0$ ist $s = s_0$.)

Da die Geschwindigkeit nicht nur einen Betrag, sondern auch Richtung und Orientierung hat, betrachtet man sie bei krummlinigen Bewegungen zweckmäßig als Vektor $\vec{v}(t)$. Er ist stets tangentiell an die Bahnkurve.

4.2 Begriff der Beschleunigung

Der Geschwindigkeitsvektor $\vec{v}$ ändert im Laufe einer krummlinigen Bewegung seine Richtung und kann dabei auch seinen Betrag (seine Größe) ändern.

Als Beschleunigungsvektor $\vec{a}$ (vom lateinischen acceleratio = Beschleunigung) bezeichnet man nun die zeitliche Änderung des Geschwindigkeitsvektors (nach Größe **und** Richtung):

$$\vec{a} = \lim_{\Delta t \to 0} \frac{\Delta \vec{v}}{\Delta t} = \frac{d\vec{v}}{dt} \tag{4.4}$$

Im Rahmen dieser Einführung kann nur das Ergebnis einer solchen Betrachtung angegeben werden, das später auch für das Verständnis kinetischer Zusammenhänge von entscheidender Bedeutung ist: bei krummlinigen Bewegungen kann man den Beschleunigungsvektor $\vec{a}$ zweckmäßig in zwei Komponenten zerlegt darstellen:

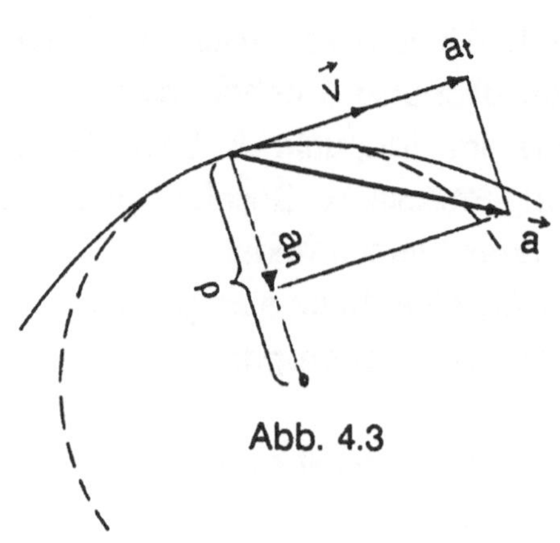

Abb. 4.3

Durch eine Beschleunigungskomponente in Richtung der augenblicklichen Bahntangente, die sogenannte "Tangentialbeschleunigung" a_t

$$a_t = \frac{dv}{dt} \quad \text{mit} \quad v = \frac{ds}{dt} \tag{4.5}$$

und eine dazu normal stehende Beschleunigungskomponente, die stets zum Krümmungsmittelpunkt auf der Hauptnormalen n der Bahnkurve im betreffenden Punkt der Bahn zeigt, die sogenannte "Normalbeschleunigung"

$$a_n = \frac{v^2}{\rho} \tag{4.6}$$

ρ .. Krümmungsradius der Bahnkurve an der betreffenden Stelle

Diese Darstellung kann besonders für Bewegungen in einer Ebene zweckmäßig sein, z.B. Kurvenfahrt mit einem Kraftfahrzeug.

Für den Spezialfall der Bewegung auf einem Kreis ist ρ = konst. = r. Auch wenn v = konst. ist, hat diese Bewegung die Normalbeschleunigung

$$a_n = \frac{v^2}{\rho} \tag{4.7}$$

weil sich der Geschwindigkeitsvektor dreht.

In diesem Sinne können nur geradlinige Bewegungen unbeschleunigt sein. Dies ist wichtig, weil, wie wir später in der Kinetik erörtern, für jede Beschleunigung eines materiellen Körpers eine resultierende Kraft notwendig ist.

Von gleichförmiger Bewegung spricht man, wenn $a_t = 0$ ist, somit $v =$ konst. Die Maßeinheit für die Beschleunigung ist 1 m/s^2.

Geradlinige Bewegung: Bei geradliniger Bewegung ist $a_n = 0$ und man kann den Index t bei a_t einsparen. Die ganze Beschleunigung hat dann die Richtung der Geraden und man hat einfach

$$a = \frac{dv}{dt} \qquad (4.8)$$

Spezialfälle:

- Unbeschleunigte geradlinige Bewegung:

$$a = 0 \qquad v = \text{konst.} \qquad s = v\,t + s_0 \qquad (4.9)$$

- Gleichförmig beschleunigte geradlinige Bewegung:

$$a = \text{konst.} \qquad v = a\,t + v_0 \qquad s = \frac{a\,t^2}{2} + v_0 t + s_0 \qquad (4.10)$$

v_0 .. Geschwindigkeit zur Zeit $t = 0$
s_0 .. Weg zur Zeit $t = 0$

Zeigt die Beschleunigung gegen die Geschwindigkeit, dann spricht man von verzögerter Bewegung, die Geschwindigkeit wird kleiner.

Setzt man t aus (4.10.2) $t = \dfrac{v - v_0}{a}$ in (4.10.3) ein, so erhält man den Zusammenhang zwischen v und s in der Form

$$s = \frac{(v - v_0)^2}{2\,a} + \frac{v_0}{a}(v - v_0) + s_0 \qquad (4.11)$$

Speziell für $s_0 = 0$ und $v_0 = 0$ hat man daraus

$$s = \frac{v^2}{2\,a} \qquad \text{oder} \qquad v = \sqrt{2as} \qquad (4.12)$$

z.B. freier Fall ohne Luftwiderstand: $v = \sqrt{2gh}$

In vielen Fällen ist es zweckmäßig, die allgemeine räumliche Bewegung eines Punktes durch die drei geradlinigen Bewegungen seiner Projektionen auf kartesische Koordinatenachsen x, y, z darzustellen und seine Geschwindigkeit und Beschleunigung ebenfalls in Komponenten nach diesen Achsen zu zerlegen (Abb. 4.4)

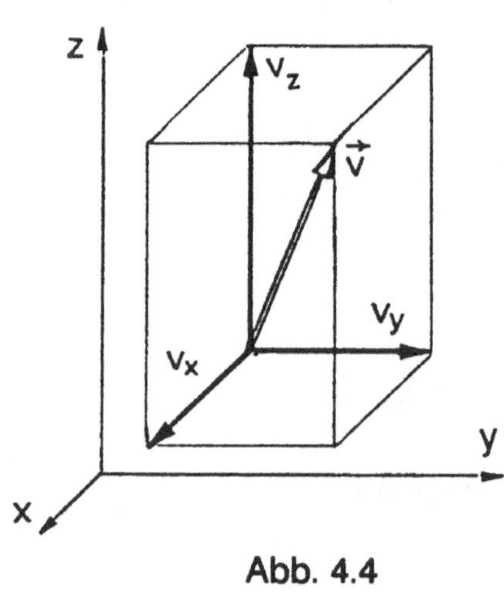

Abb. 4.4

Man hat dann

$$v_x = \frac{dx}{dt} \qquad a_x = \frac{dv_x}{dt}$$

$$v_y = \frac{dx}{dt} \qquad a_y = \frac{dv_y}{dt} \qquad (4.13)$$

$$v_z = \frac{dx}{dt} \qquad a_z = \frac{dv_z}{dt}$$

Man kann dies auch als Zusammensetzung von drei gleichzeitig ausgeführten geradlinigen Bewegungen auffassen.

4.3 Zusammengesetzte Bewegungen

Zusammengesetzte Bewegungen entstehen durch Überlagerung von Einzelbewegungen. Die Einzelbewegungen können dabei gleichförmig oder ungleichförmig sein; sie können in beliebiger Richtung zueinander verlaufen. Man findet den Ort eines Körperpunktes bei zusammengesetzter Bewegung, indem man die Einzelbewegungen gedanklich gleichzeitig ausführt.

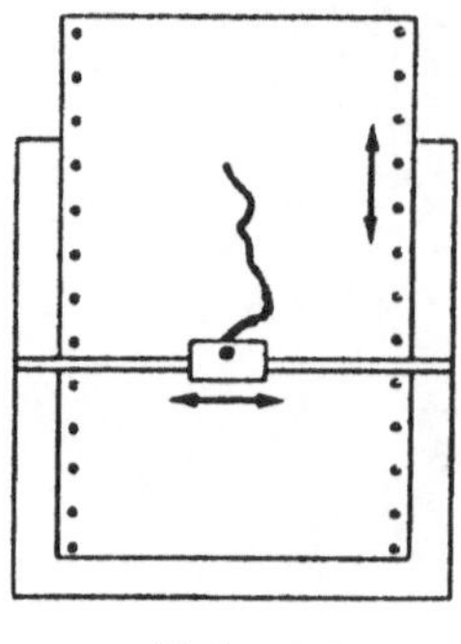

Abb. 4.5

Als Beispiel kann ein Plotter dienen, der einen Schreibstift beliebig in y-Richtung, das Papier in x-Richtung bewegen kann. Durch unterschiedliche Vorschubgeschwindigkeiten in den beiden Richtungen ist es möglich, beliebige Kurven y(x) zu zeichnen.

Zwei Einzelbewegungen überlagern sich hier zu einer resultierenden (zusammengesetzten) Bewegung.

Als weitere Beispiele für zusammengesetzte Bewegungen können der waagrechte Wurf und der schiefe Wurf, beide einfachheitshalber hier ohne Luftwiderstand gerechnet, angesehen werden:

4.3.1 Waagrechter Wurf

Ein Körper, z.B. eine Kugel, bewegt sich auf horizontaler Unterlage in x-Richtung mit konstanter Geschwindigkeit v_x. Sobald die Kugel die Unterlage verlassen hat, unterliegt sie den Gesetzen des freien Falles. Der gleichförmigen Bewegung in x-Richtung überlagert sich eine gleichmäßig beschleunigte Bewegung in y-Richtung.

Man hat

$$v_x = \text{konst.} \Rightarrow x = v_x t \qquad (4.14)$$

$$v_y = g\,t \Rightarrow y = g\frac{t^2}{2} \qquad (4.15)$$

mit der konstanten Fallbeschleunigung g.

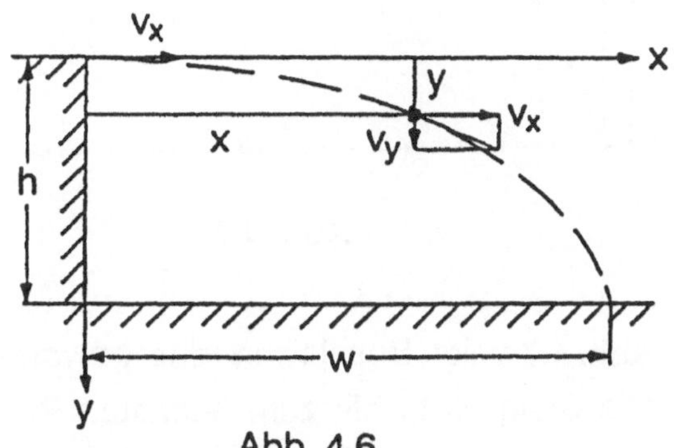

Abb. 4.6

Setzt man t aus (4.14) in (4.15) ein, so ergibt sich die Gleichung für die Wurfparabel

$$y = \frac{g}{2}\frac{x^2}{v_x^2} \qquad (4.16)$$

für zeitlich zusammengehörige Werte von y und x, und speziell der Zusammenhang zwischen Fallhöhe h und Wurfweite w :

$$h = \frac{g}{2}\frac{w^2}{v_x^2} \qquad (4.17)$$

4.3.2 Schiefer Wurf

Der Körper wird hier mit einer Anfangsgeschwindigkeit v_0 unter dem Steigungswinkel α schräg nach oben abgeworfen. Zur Entwicklung der Gesetzmäßigkeiten ist es zweckmäßig, die Abwurfgeschwindigkeit v_0 in ihre beiden Komponenten $v_{x,0}$ und $v_{y,0}$ zu zerlegen. Wie beim waagrechten Wurf bleibt während des Bewegungsablaufes die Geschwindigkeit v_x in x-Richtung konstant. Die Geschwindigkeit in y-Richtung nimmt, nach den Gesetzen des vertikalen Wurfes, laufend bis 0 ab (maximale Höhe h_{max}), um dann unter gleichen Bedingungen wieder auf ihren Anfangswert im Niveau $y = 0$ zuzunehmen.

Man hat also

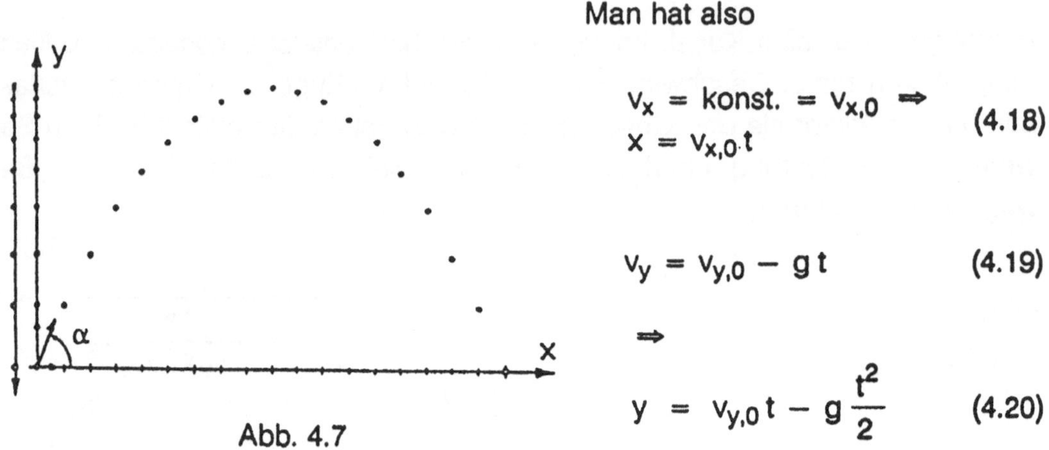

Abb. 4.7

$$v_x = \text{konst.} = v_{x,0} \Rightarrow x = v_{x,0}\, t \qquad (4.18)$$

$$v_y = v_{y,0} - g\,t \qquad (4.19)$$

$$\Rightarrow$$

$$y = v_{y,0}\, t - g\,\frac{t^2}{2} \qquad (4.20)$$

Abb. 4.7 zeigt Positionen des geworfenen Körpers in gleichen Zeitintervallen. Die Steigzeit t_h bis zum höchsten Punkt der Bahn erhält man aus (4.19) für $v_y = 0$ zu

$$t_h = \frac{v_{y,0}}{g} \qquad (4.21)$$

und damit aus (4.20) die Steighöhe h zu

$$h = v_{y,0} t_h - \frac{g}{2} t_h^2 \quad \Rightarrow \quad h = \frac{v_{y,0}^2}{2g} \qquad (4.22)$$

Setzt man t aus (4.18) in (4.20) ein, so erhält man die Gleichung der Wurfparabel:

$$y(x) = \frac{v_{y,0}}{v_{x,0}}\, x - \frac{g}{2} \left(\frac{x}{v_{x,0}} \right)^2 \qquad (4.23)$$

Die Wurfweite w ergibt sich aus (4.23) als x-Wert zu $y = 0$:

$$w = \frac{2\, v_{x,0}\, v_{y,0}}{g} \qquad (4.24)$$

Mit $v_{x,0} = v_0 \cos\alpha \qquad v_{y,0} = v_0 \sin\alpha$

$$2 \sin\alpha \cos\alpha \equiv \sin 2\alpha$$

wird
$$w = \frac{v_0^2}{g} \sin 2\alpha$$

Bei gegebener Abwurfgeschwindigkeit v_0 hängt die Wurfweite w somit nur noch vom Steigungswinkel α ab. Da der Sinus eines Winkels nicht größer als 1 werden kann, wird die größte Wurfweite also erreicht, wenn $\sin 2\alpha = 1$, somit für $2\alpha = 90°$, also für $\alpha = 45°$.

Liegt der Abschußpunkt in der Höhe H über dem Zielpunkt im Horizontalabstand W, so liefert (4.23) die Bedingung

$$-H = \frac{v_{y,0}}{v_{x,0}} W - \frac{g}{2} \left(\frac{W}{v_{x,0}}\right)^2$$

Mit $\frac{v_{y,0}}{v_{x,0}} = \tan\alpha$ und $v_{x,0} = v_0 \cos\alpha$

erhält man nach Wahl des Abschußwinkels α für die nötige Abschußgeschwindigkeit v_0 den Zusammenhang

$$v_0 = \sqrt{\frac{g}{2(H + W \tan\alpha)}} \cdot \frac{W}{\cos\alpha}$$

Das Programm "Schiefer Wurf" benützt und veranschaulicht diese Gleichungen.

4.4 Drehbewegung eines Körpers um eine feste Drehachse

In jedem Schnitt des Körpers normal auf die Drehachse d hat man für jeden Durchmesser dasselbe Bild: hat sich der Körper um einen beliebigen Winkel φ verdreht, dann hat ein Körperpunkt P_1 im Abstand r_1 von der Drehachse den Weg $s_1 = r_1 \varphi$ zurückgelegt, ein Punkt P_2 im Abstand r_2 von der Drehachse den Weg $s_2 = r_2 \varphi$ (Abb. 4.8).

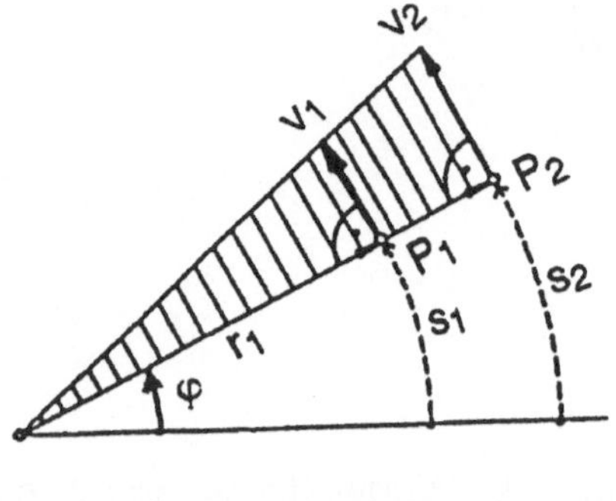

Abb. 4.8

Die Geschwindigkeiten v_1 bzw. v_2 sind also :

$$v_1 = \frac{ds_1}{dt} = r_1 \frac{d\varphi}{dt}$$

$$v_2 = \frac{ds_2}{dt} = r_2 \frac{d\varphi}{dt}$$

Die zeitliche Änderung des Drehwinkels φ nennt man die Winkelgeschwindigkeit ω

$$\omega = \frac{d\varphi}{dt} \tag{4.25}$$

Man sieht: die Geschwindigkeit v eines Körperpunktes in beliebigem Abstand r von der Drehachse ist

$$v = r\,\omega \tag{4.26}$$

und tangential an die Kreisbahn.

Der Begriff W'nkelgeschwindigkeit ω ist einheitlich für den ganzen Körper.

4.4.1 Gleichförmige Drehung

Ist die Winkelgeschwindigkeit ω konstant (gleichförmige Drehung), dann wächst der Drehwinkel proportional mit der Zeit

$$\varphi = \omega\, t \tag{4.27}$$

Die Umlaufdauer T erhält man daraus für den vollen Winkel $\varphi = 2\pi$

$$2\pi = \omega T \quad \Rightarrow \quad T = \frac{2\pi}{\omega} \quad \text{mit} \quad \pi = 3{,}14159.. \tag{4.28}$$

oder: konstante Winkelgeschwindigkeit bedeutet die Anzahl der Umdrehungen in 2π Sekunden, oder die 2π-fache Anzahl der Umdrehungen pro Sekunde: $\omega = 2\pi n$.

oder: konstante Winkelgeschwindigkeit ist Drehwinkel im Bogenmaß dividiert durch hiefür benötigte Zeit

$$\omega = \frac{\Delta\varphi}{\Delta t} \tag{4.29}$$

Die Einheit für die Winkelgeschwindigkeit ist rad/s (Radiant je Sekunde).

1 Radiant ist der Zentriwinkel eines Kreisbogens, bei dem Bogenlänge s und Radius r gleich sind.

$$1\,\text{rad} = \frac{360^\circ}{2\pi} = 57{,}296^\circ \qquad 1^\circ = \frac{2\pi}{360^\circ}\,\text{rad} = 0{,}017453\,\text{rad} \tag{4.30}$$

Ist die Winkelgeschwindigkeit ω nicht konstant, dann entspricht der augenblickliche Wert $\omega(t)$ dem Wert, den die Winkelgeschwindigkeit nach den obigen Definitionen hätte, wenn sie ab diesem Augenblick konstant bliebe.

Der Winkelgeschwindigkeit ω kann man einen Vektor $\vec{\omega}$ zuordnen, dessen Betrag gleich dem Betrag von ω ist, der in die Drehachse gelegt wird und so orientiert, daß sich der Körper, von der Spitze des Vektors $\vec{\omega}$ aus gesehen, gegen den Uhrzeigersinn dreht (Rechte-Hand-Regel) Abb. 4.9.

Bei gleichzeitigen Drehungen eines Körpers können die Winkelgeschwindigkeitsvektoren vektoriell addiert werden.

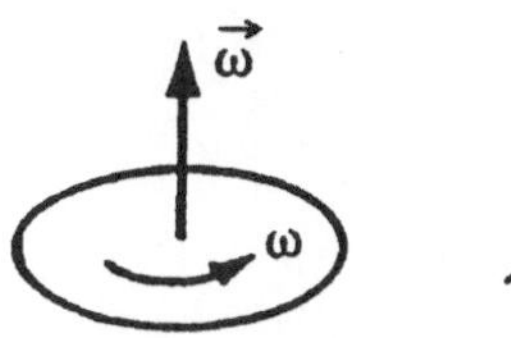

Abb. 4.9

4.4.2 Winkelbeschleunigung

Analog dazu, daß man unter Beschleunigung $\vec{a}$ die zeitliche Änderung des Geschwindigkeitsvektors $\vec{v}$ versteht, bezeichnet man die zeitliche Änderung des Winkelgeschwindigkeitsvektors $\vec{\omega}$ als Winkelbeschleunigung $\dot{\vec{\omega}}$. Bei fester Drehachse fallen diese beiden Vektoren zusammen in die Drehachse, bei der allgemeinen räumlichen Bewegung eines Körpers im allgemeinen nicht.

Die allgemeine räumliche Bewegung eines Körpers kann durch den Augenblickswert der Geschwindigkeit $\vec{v}_S$ seines Schwerpunktes und den Augenblickswert $\vec{\omega}$ seiner Drehung beschrieben werden.

Die momentane Beschleunigung $\vec{a}_S$ des Schwerpunktes und die momentane Winkelbeschleunigung $\dot{\vec{\omega}}$ werden in der Kinetik mit der auf den Körper wirkenden Summe der Kräfte und dem resultierenden Drehmoment $\vec{M}_S$ dieser Kräfte bezüglich des Schwerpunktes S in Zusammenhang gebracht.

5. Kinetik

5.1 Trägheitsgesetz, Inertialsysteme

Bisher haben wir Bewegungen von Punkten und starren Körpern beschrieben, ohne nach deren Ursachen zu fragen. Es ist die Aufgabe der Kinetik (auch Dynamik genannt), den Zusammenhang zwischen den auf einen Körper wirkenden Kräften und der sich unter dem Einfluß dieser Kräfte einstellenden Bewegung herzustellen. Geschichtlich gesehen war es **Galileo GALILEI** (1564-1642), der endlich erkannte, daß die vor ihm hauptsächlich und mit viel Mißerfolgen erörterten Fragen nach dem WARUM mechanischer Vorgänge in der Natur zunächst der quantitativen Formulierungen des WIE bedürfen. GALILEI beobachtete Pendelschwingungen (Luster der Kathedrale in Pisa) und erkannte die Notwendigkeit systematischen Experimentierens. Er machte Versuche mit Fadenpendeln (mit Kugeln als Pendelkörper), führte Fallversuche am Schiefen Turm von Pisa mit gleich großen Kugeln aus verschiedenen

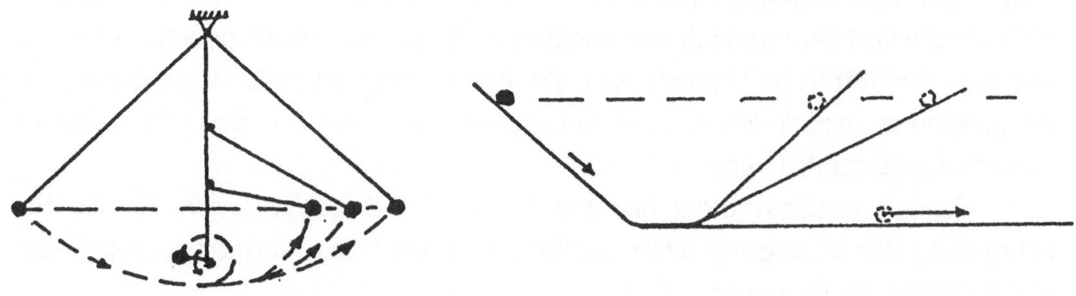

Abb. 5.1

Materialien durch und untersuchte quantitativ die Rollbewegung von Kugeln auf schiefen Ebenen und die Fallbewegung. Er erkannte, daß Kugeln von Pendeln und Kugeln auf schiefen Ebenen bis etwa in die Höhe, aus der sie losgelassen werden, aufsteigen. Abweichungen führte er bereits damals schon vollkommen richtig auf Bewegungswiderstände zurück und erkannte, daß die Kugel in der horizontalen Ebene schließlich durch Bewegungswiderstände zum Stillstand gebracht wird, ohne Bewegungswiderstände weiterliefe. Und so wird GALILEI die erste begründete Formulierung des "Trägheitsgesetzes" zugeschrieben.

Isaac NEWTON (1643-1727) formulierte es in seinem 1687 in London erschienenem Hauptwerk "Philosophiae naturalis principia mathematica" in folgender Weise als Axiom 1:

> "*Jeder Körper verharre in seinem Zustand der Ruhe oder der gleichförmigen, geradlinigen Bewegung, wenn er nicht durch einwirkende Kräfte gezwungen wird, diesen Zustand zu ändern*".

Diese Aussage erscheint uns heutzutage zunächst vielleicht trivial, weil man alle Ursachen für die Änderung des Bewegungszustandes eines Körpers (auch z.B. die Einwirkung eines Magneten auf eine vorbeibewegte Eisenkugel) als Kräfte bezeichnet. Weiters könnte man einem beliebig bewegten starren Körper ein Koordinatensystem stets so nachführen, daß er in diesem ruht oder sich geradlinig translatorisch mit konstanter Geschwindigkeit bewegt. Aber die Aussage "kräftefrei" ist sinnvoll, weil alle Kraftwirkungen zwischen Körpern mit entsprechend großer Entfernung unmeßbar klein werden. Das Koordinatensystem muß materiell verankert sein.

Da aus heutiger Sicht hier die Frage des Bezugssystems für die Beschreibung der Bewegung offen geblieben ist, wird das Trägheitsgesetz heute üblicherweise so formuliert:

> "*Es gibt Bezugssysteme, in denen sich alle starren Körper, die in beliebigen Richtungen translatorisch (= drehungsfrei) in Bewegung gesetzt und dann kräftefrei belassen werden, so bewegen, daß alle Körperpunkte gerade Bahnen mit konstanter Geschwindigkeit beschreiben*".

Diese Systeme nennen wir "Inertialsysteme" (vom lateinischen inertia = Trägheit), die materiellen Träger solcher Systeme nennt man "Fundamentalkörper". Alle Systeme, die sich geradlinig, gleichförmig, drehungsfrei gegen ein solches Inertialsystem bewegen, sind auch Inertialsysteme.

Vorbehaltlich einer späteren quantitativen Formulierung sei vorweggenommen, daß die Sonne wegen ihrer gegenüber der Summe der Massen aller Planeten und deren Monde etwa 700-fach größeren Masse die Anforderungen an einen solchen "Fundamentalkörper" in bester Näherung erfüllt. Ein im Sonnenmittelpunkt verankertes Koordinatensystem, dessen Achsen stets zu denselben "Fixsternen" zeigen, heißt "**heliozentrisches Inertialsystem**".

Die Erde erfüllt die Anforderungen an einen solchen Fundamentalkörper offenbar nicht, (Rotation, Umlauf um die Sonne, Einflüsse des Mondes), doch in Anbetracht der geringen Winkelgeschwindigkeit der Erde (bezüglich des heliozentrischen Inertialsystems ist $\omega_E = 7{,}29.10^{-5}s^{-1}$) ist der Fehler, den wir begehen, wenn wir sie samt Rotation als Bezugskörper im Sinne eines Inertialsystems zugrunde legen, im allgemeinen bei Anwendungen im Maschinenbau vernachlässigbar klein. Die Erddrehung macht sich z.B. bei Schüssen über weite Entfernungen und bei weiträumigen Luft- und Wasserströmungen bemerkbar, die Wirkungsweise des Kreiskompasses beruht auf der Erdrotation, Ebbe und Flut sind durch Sonne und Mond verursacht.

In der Definition des "Gewichtes" eines Körpers für Berechnungen im Bezugssystem rotierende Erde wird die Erdrotation berücksichtigt.

Zunächst legen wir für die weiteren Betrachtungen stets ein Inertialsystem zugrunde oder sind uns bewußt, daß die Erde nicht ganz exakt als Ersatz für ein solches dienen kann.

5.2 Impulssatz, Kinetische Grundgleichung, Schwerpunktsatz

Es erhebt sich nun die Frage, wie sich ein Körper benimmt, wenn auf ihn eine resultierende Kraft F wirkt. Wie schon erwähnt, erforschte GALILEI als erster die Beziehungen zwischen Kräften und Bewegungen der Körper experimentell. Für den freien Fall unter Bedingungen, bei denen der Lufwiderstand noch keine wesentliche Rolle spielt, fand er, daß der Fallweg s dem Quadrat der Zeit t proportional ist:

$$s = k\,t^2 = \frac{g}{2}t^2 \tag{5.1}$$

g .... Fallbeschleunigung, gleich für alle Körper am gleichen Ort (Normwert $g_n = 9{,}80665\ m/s^2$)

woraus in heutiger Schreibweise folgt:

$$v = \frac{ds}{dt} = g\,t \quad \text{.... Geschwindigkeit prop. der Zeit} \qquad (5.2)$$

und

$$a = \frac{dv}{dt} = g \quad \text{.... Beschleunigung konstant} \qquad (5.3)$$

Bei konstanter Kraft, Gewicht G, ist die Beschleunigung konstant:

$$G = m\,g \qquad (5.4)$$

Der Proportionalitätsfaktor heißt Masse m.

Durch Experimente auf der schiefen Ebene variierte GALILEI die treibende Kraft und kam zu der Erkenntnis, daß die Beschleunigung proportional der Kraft ist.

$$m\,a = F \qquad (5.5)$$

Dies gilt für die geradlinige translatorische Bewegung eines "starren" Körpers. NEWTON fand die Erweiterung auf die krummlinige Bewegung. Sein Axiom 2 lautet:

"*Die Änderung der Bewegungsgröße sei der einwirkenden Kraft proportional und erfolge in Richtung der geraden Linie, in der diese Kraft einwirkt.*" [1)]

Dabei definiert NEWTON als "quantitas motus":

"*Die Größe der Bewegung wird durch die Größe der Geschwindigkeit und die Menge der Materie vereint gemessen*".

Wir sagen heute dazu Bewegungsgröße oder Impuls $\vec{p}$

$$\vec{p} = m\,\vec{v} \qquad (5.6)$$

---

1) "Mutationem motus proportionalem esse vi motrici impressae, et fieri secundum lineam rectam qua vis illa imprimitur."

für einen "Massenpunkt" und für die translatorische Bewegung eines starren Körpers,

$$\vec{p} = \int \vec{v}\,dm = m\,\vec{v}_M \tag{5.7}$$

für beliebige Bewegungszustände beliebiger Massenverteilungen, wobei $\vec{v}_M$ die Geschwindigkeit des Massenmittelpunktes bedeutet, der für nicht allzu subtile Zwecke mit dem Punkt übereinstimmt, den wir üblicherweise Schwerpunkt S nennen.

In heutiger Schreibweise wäre also NEWTONs Axiom 2 zu schreiben:

$$\frac{d\vec{p}}{dt} = \vec{F} \tag{5.8}$$

der "Impulssatz", der ganz allgemein für beliebige Masseverteilungen gilt (auch für Flüssigkeits- und Gasströmungen):

"Die zeitliche Änderung des Impulses ist gleich der resultierenden Kraft".

Alle zeitlichen Änderungen sind dabei auf ein Intertialsystem zu beziehen (oder in ein solches umzurechnen).

Aus der Sicht der Summe aller NEWTONschen Publikationen ist ausführlich diskutiert worden, wie weit sich NEWTON der allgemeinen Tragweite seiner Formulierung bewußt war. Wir wollen hier nicht weiter darauf eingehen, sondern festhalten, daß **Galileo GALILEI** (1564-1642), **Johannes KEPLER** (1571-1630), **Christian HUYGENS** (1629-1695), **Robert HOOKE** (1635-1703), **Isaac NEWTON** (1643-1727), **Leonhard EULER** (1707-1783) zweifellos zu den geistigen Vätern der wesentlichsten Grundlagen der Mechanik gehören, wobei diese Liste keinen Anspruch auf Vollständigkeit erhebt. EULER hat im weiteren insbesondere die Kinetik des starren Körpers ausgebaut.

Mit (5.6) gibt (5.8)

$$\frac{d}{dt}\left(m\,\vec{v}\right) = \vec{F} \tag{5.9}$$

Experimente an schnellen Teilchen und theoretische Überlegungen haben etwa um die Jahrhundertwende (im Rahmen der speziellen Relativitätstheorie) gezeigt, daß (5.9) bis zur asymptotischen Erreichung der Lichtgeschwindigkeit c gilt, wenn man m durch

$$m = \frac{m_0}{\sqrt{1 - \left(\frac{v}{c}\right)^2}} \tag{5.10}$$

m_0 .... "Ruhmasse", körpereigene Konstante

ersetzt, somit

$$\frac{d}{dt}\left(\frac{m_0 \vec{v}}{\sqrt{1 - \left(\frac{v}{c}\right)^2}}\right) = \vec{F} \tag{5.11}$$

Solange man $(v/c)^2$ gegen 1 vernachlässigen kann – und das ist immerhin etwa bis v = 60 000 km/s, da die Lichtgeschwindigkeit c im Vakuum etwa 300.000 km/s ist – ist $m \approx m_0 =$ konst. und

$$\frac{d}{dt}(m\vec{v}) = m\frac{d\vec{v}}{dt} = m\vec{a}$$

somit

$$m\vec{a} = \vec{F} \tag{5.12}$$

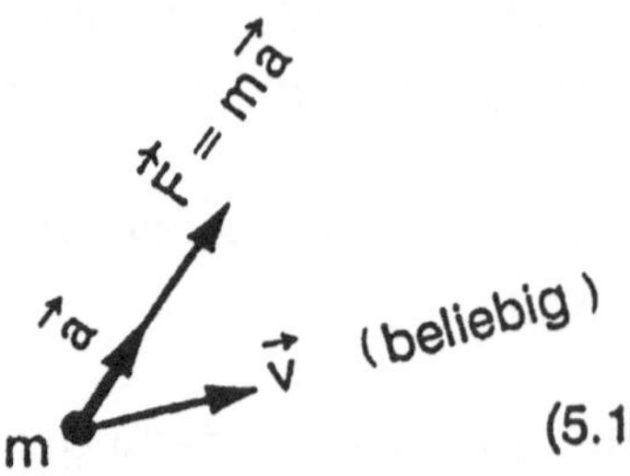

die **"kinetische Grundgleichung der klassischen Mechanik"**.

$\vec{a}$ bedeutet zunächst die auf ein Inertialsystem bezogene Beschleunigung eines translatorisch bewegten "starren Körpers" oder eines "Massenpunktes". Ohne rechnerischen Beweis, nur durch (5.7) angedeutet, sei festgestellt, daß (5.12) auch für die Beschleunigung $\vec{a}_M$ des Massenmittelpunktes einer beliebigen Massenverteilung konstanter Gesamtmasse (z.B. einer Elektrolokomotive) gilt:

$$m\vec{a}_M = \vec{F} \tag{5.13}$$

$\vec{F}$ ist die vektorielle Summe aller auf diese wirkenden Kräfte, die von **anderen** Körpern herrühren.

> *Für beliebige Masseverteilung der konstanten Gesamtmasse m gilt, wie Erfahrung und Experiment stets bestätigen:* **Masse mal Beschleunigung des Massenmittelpunktes ist gleich der vektoriellen Summe aller auf diese Masse wirkenden Kräfte** *(die von anderen Körpern herrühren),*

oder:

Die Beschleunigung des Massenmittelpunktes eines beliebigen Körpers ist dieselbe wie die eines Massenpunktes derselben Masse, an dem alle Kräfte angreifen, die auf den Körper wirken.

Man schreibt in (5.13) meist $\vec{a}_S$ anstelle von $\vec{a}_M$ und nennt (5.13) den "Schwerpunktsatz". Streng genommen ist aber der Massenmittelpunkt M gemeint. Seine Koordinaten sind

$$x_M = \frac{1}{m} \int x \, dm$$

$$y_M = \frac{1}{m} \int y \, dm \qquad (5.14)$$

$$z_M = \frac{1}{m} \int z \, dm$$

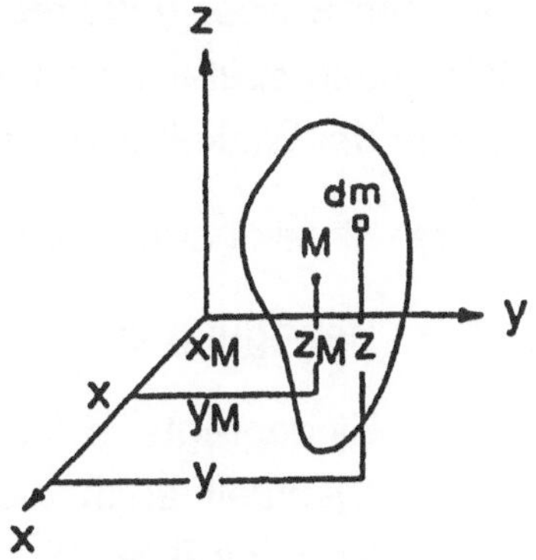

Abb. 5.2

Dieselben Bestimmungsgleichungen hat man für den Schwerpunkt S eines Körpers im üblichen Sinne, wenn der Körper so klein gegen die Erde ist, daß das Schwerefeld über sein Volumen als homogenes Parallelkraftfeld angesehen werden kann.

Wenn man von der Geschwindigkeit bzw. Beschleunigung eines Körpers spricht, der eine allgemeine Bewegung mit Rotation ausführt, meint man im allgemeinen Geschwindigkeit bzw. Beschleunigung seines Schwerpunktes bei unexakter Ausdrucksweise.

Man kann die allgemeine räumliche Bewegung eines starren Körpers aus einer krummlinigen Translation mit der Schwerpunktsgeschwindigkeit $\vec{v}_S$ und einer Drehung mit der Winkelgeschwindigkeit $\vec{\omega}$ um dessen Schwerpunkt zusammengesetzt denken.

Für die Beschleunigung $\vec{a}_S$ des Schwerpunktes haben wir soeben den "Schwerpunktsatz" formuliert:

$$m \vec{a}_S = \vec{F} \qquad (5.15)$$

in kartesischen Komponenten:
$$\begin{cases} m\, a_{S,x} = F_x \\ m\, a_{S,y} = F_y \\ m\, a_{S,z} = F_z \end{cases}$$

Dies sind 3 skalare Gleichungen. Da der freie starre Körper im Raum aber 6 Freiheitsgrade hat, fehlen uns noch weitere 3 skalare Gleichungen oder eine vektorielle Gleichung. Ohne Herleitung sei zunächst nur erwähnt, daß es der "Drallsatz" ist, z.B. in der Form

$$\frac{d\vec{L}_S}{dt} = \vec{M}_S \qquad \text{oder} \qquad \frac{d\vec{L}_0}{dt} = \vec{M}_0 \tag{5.16}$$

Die zeitliche Änderung des Drallvektors bezüglich des Schwerpunktes S ist gleich der vektoriellen Summe aller Momente der Kräfte bezüglich des Schwerpunktes S oder entsprechendes für einen Fixpunkt 0 in einem Inertialsystem. Wir gehen später darauf ein. Er liefert uns letztlich einen Zusammenhang zwischen der Winkelbeschleunigung $\dot{\vec{\omega}}$ und der Momentensumme $\vec{M}$.

In der Kinetik haben wir zwei Hauptaufgaben:

I) Bewegung eines Körpers gegeben, Kräfte und Momente gesucht

II) Eingeprägte Kräfte und Momente gegeben, Bewegung gesucht und eventuell auch die "Bedingungskräfte" die dabei auftreten, wenn der Körper z.B. auf Schienen geführt ist, also nicht alle 6 Freiheitsgrade hat.

Ein klassisches Beispiel zur Fragestellung I), zugleich die erste Feuerprobe der Newtonschen kinetischen Grundgleichung (5.12) war Newtons Herleitung des Gravitationsgesetzes aus dem Fahrplan der Planetenbewegung, den Keplerschen Gesetzen.

5.3 Die Keplerschen Gesetze und das Newtonsche Gravitationsgesetz; Satellitenbahnen

Johannes KEPLER (1571-1630) wurde 1594 Mathematiklehrer an der Stiftsschule in Graz. 1600 ging er zu Tycho de BRAHE nach Prag, der ausführliche astronomische Beobachtungen an Planeten, insbesondere am Planeten Mars, durchführte. Nachdem 1543 Nikolaus KOPERNIKUS das heliozentrische Weltbild – die Sonne und nicht die Erde ist das Zentrum des Planetensystems – formuliert hatte, gelang es Kepler, auf dieser Basis und durch Auswertung der Messungen Tycho de Brahes, seine drei Gesetze über die Bewegung der Planeten um die Sonne zu formulieren:

1. (1609): Die Bahnen der Planeten sind Ellipsen, in deren einem Brennpunkt die Sonne steht
2. (1609): Die Verbindungslinie Sonne – Planet überstreicht in gleichen Zeiten gleiche Flächen ("Flächensatz")
3. (1619): Die Quadrate der Umlaufdauern der Planeten verhalten sich zueinander so wie die Kuben der großen Halbachsen der Bahnellipsen.

Kepler hat auch eine dynamische Erklärung der Planetenbewegung gegeben, in der er von der Vorstellung ausging, daß diese durch eine von der Sonne ausgehende Kraft verursacht werde. Die quantitative Formulierung, wie diese für Sonne und Planeten jeweils gegengleichen Gravitationskräfte von der jeweiligen Entfernung abhängen, konnte Newton etwa 50 Jahre später herleiten – das NEWTONsche Gravitationsgesetz (Seite 75).

Wie bei vielen berühmten Naturwissenschaftlern wurden Keplers Leistungen erst nach seinem Tode richtig erkannt. Heute trägt die Universität Linz seinen Namen.

Wir wollen hier zunächst die drei KEPLERschen Gesetze in mathematische Form bringen. Diese Aussagen gelten bezüglich des heliozentrischen Inertialsystems – ein Achsenkreuz im Sonnenmittelpunkt verankert, dessen Achsen sich nicht gegen den Fixsternhimmel verdrehen. Von Störungen der Trägheitsbewegung der Sonne durch ihre Planeten und deren Monde und von gegenseitigen Störungen dieser wird abgesehen.

Zu 1.: Gleichung der Ellipse in Polarkoordinaten bezüglich eines Brennpunktes (Abb. 5.3):

$$r(\varphi) = \frac{p}{1 + \varepsilon \cos \varphi} \qquad 0 < \varepsilon < 1$$

mit $p = \frac{b_E^2}{a_E}$ .... Ellipsenparameter

a_E .... große Ellipsenhalbachse

b_E .... kleine Ellipsenhalbachse

$\varepsilon = \frac{\sqrt{a_E^2 - b_E^2}}{a_E}$ ... numerische Exzentrizität

Als Spezialfall ist für $\varepsilon = 0$ die Kreisbahn $r = p =$ konst. enthalten.

$\varepsilon = 1$ ... Parabel $\qquad \varepsilon > 1$ ... Hyperbel

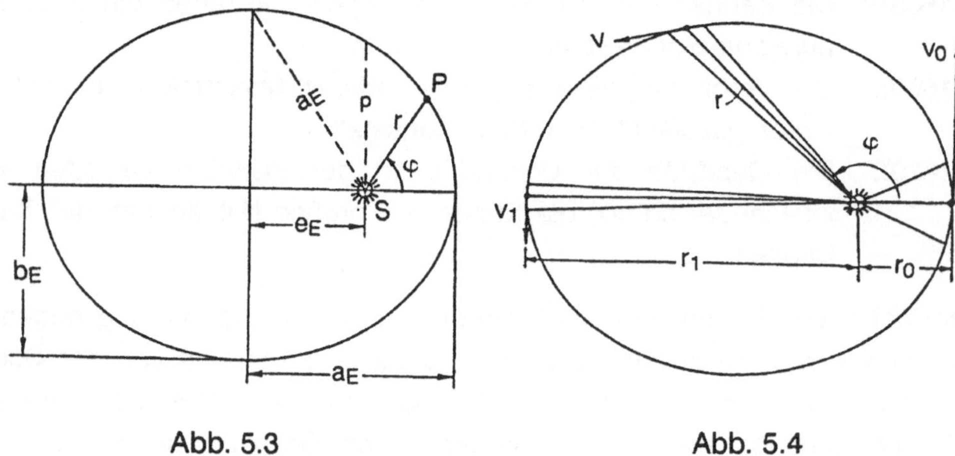

Abb. 5.3

Abb. 5.4

zu 2.: Das zweite KEPLERsche Gesetz, in mathematische Form gebracht, lautet:

$$r^2 \frac{d\varphi}{dt} = C = r_0 v_0 = r_1 v_1$$

Der Planet bewegt sich in Sonnennähe schneller, in Sonnenferne langsamer (Abb 5.4). Die Konstante C ist für verschiedene Planeten verschieden.

zu 3.:

$$\frac{T_i^2}{T_k^2} = \frac{a_{E,i}^3}{a_{E,k}^3}\text{, daraus } \frac{a_{E,i}^3}{T_i^2} = \frac{a_{E,k}^3}{T_k^2} = K$$

Die Konstante K ist gleich für alle Planeten der Sonne.

Diese drei Gesetze gelten, mit anderen Zahlenwerten für die C und für K, auch für die Erdsatelliten bezüglich eines im Erdmittelpunkt mitgeführten Koordinatensystems, dessen Achsen sich gegen den Fixsternhimmel nicht verdrehen, wenn man von den Störungen durch den Mond absieht.

Satellitenbahnen:

Für das Programm "KEPLERsche Gesetze" soll hier noch ein Satellitenstart betrachtet werden. Ein Erdsatellit habe antriebslos in einer Entfernung r_0 vom Erdmittelpunkt speziell die dazu senkrechte Geschwindigkeit v_0 nach Abb. 5.5. Je nachdem, wie groß nun v_0 ist, wird sich eine elliptische oder kreisförmige Bahn des Satelliten um den Erdmittelpunkt einstellen oder eine Ellipse, die in die Erdatmosphäre führt, in der der Satellit hoffentlich weitgehend verdampft. Ist v_0 entsprechend groß, dann stellt sich eine Hyperbelbahn, im Grenzfall eine Parabelbahn bezüglich der Erde ein. Der Satellit kommt dann im allgemeinen nicht mehr in Erdnähe zurück, er wird von der Sonne in eine elliptische Bahn eingefangen oder, wenn v_0 entsprechend groß ist, verläßt er unser Sonnensystem auf einer bezüglich der Sonne hyperbolischen Bahn. Auch die entsprechenden Bewegungen in umgekehrter Richtung treten bei aus dem Weltraum kommenden Brocken auf.

Für den Zusammenhang zwischen p, ε, r_0, v_0 ergibt die Rechnung (bei Verwendung des Schwerpunktsatzes und des Gravitationsgesetzes)

$$p = \frac{r_0^2 v_0^2}{\kappa m_E}, \qquad \varepsilon = \frac{r_0 v_0^2}{\kappa m_E} - 1 \qquad (5.17), \quad (5.18)$$

Darin bedeutet $m_E = 5{,}975.10^{24}$ kg die Masse der Erde

und
$$\kappa = 6{,}6720.10^{-11} \frac{Nm^2}{(kg)^2} = 6{,}6720.10^{-11} \frac{m^3}{kg.s^2} \qquad (5.19)$$

die universelle Gravitationskonstante (siehe Gravitationsgesetz Seite 75).

Für $\varepsilon = 0$ ergibt sich aus (5.18) die Geschwindigkeit v_{Kr}, die zu einer Kreisbahn des Satelliten um die Erde führt:

$$v_{Kr} = \sqrt{\frac{\kappa m_E}{r_0}} \qquad (5.20)$$

Eine Ellipsenbahn ($0 < \varepsilon < 1$) wird sich einstellen für

$$v_{Kr} < v_0 < \sqrt{2}\, v_{Kr}$$

Der Spezialfall der Parabel ($\varepsilon = 1$) tritt auf für

$$v_0 = v_{Par} = \sqrt{2}\, v_{Kr} = \sqrt{\frac{2\kappa m_E}{r_0}} \qquad (5.21)$$

und eine bezüglich der Erde hyperbolische Bahn ($\varepsilon > 1$), wenn

$$v_0 > \sqrt{\frac{2\kappa m_E}{r_0}}$$

Ist $0 < v_0 < v_{Kr}$ stellt sich bezüglich der Erde eine elliptische Bahn ein, jedoch ist dann der Erdmittelpunkt im anderen Brennpunkt (z.B. strichlierte Ellipse in Abb. 5.5)

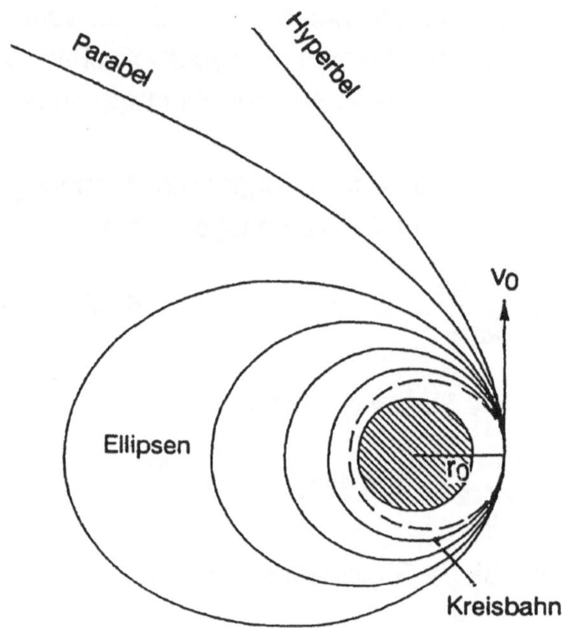

Abb. 5.5

Für Kreisbahnen beträgt die Umlaufdauer

$$T_{Kr} = \frac{2\, r_0\, \pi}{v_{Kr}} \tag{5.22}$$

Die Gleichung (5.20) für die Kreisbahngeschwindigkeit erhält man auch direkt aus der kinetischen Grundgleichung und dem Gravitationsgesetz:

$$m\,\frac{v_{Kr}^2}{r_0} = \kappa\,\frac{m\, m_E}{r_0^2} \quad \Rightarrow \quad v_{Kr} = \sqrt{\frac{\kappa m_E}{r_0}}$$

Mit (5.22) ergibt sich der Zusammenhang zwischen r_0 und der Umlaufdauer T zu

$$T = \frac{2\pi}{\sqrt{\kappa m_E}}\, r_0 \sqrt{r_0} \tag{5.23}$$

Mit dem Wert $r_E = 6371$ km für den mittleren Erdradius und $r_0 = r_E + h$ erhält man z.B. die in der folgenden Tabelle angegebenen Werte:

Höhe h über der Erdoberfläche	Kreisbahngeschwindigkeit v_{Kr}	Umlaufdauer (Siderisch)	Fluchtgeschwindigkeit v_{Par}
(km)	(km/s)		(km/s)
0 (ohne Atmosph.)	7,91	84,34 Min.	11,19
282	7,74	90 Min.	10,95
766	7,47	100 Min.	10,57
1688	7,03	2 h	9,95
35803	3,07	23,941 h[1)]	4,35

Wie schon vorne erwähnt war es NEWTON, der aus der Kinematik der Planetenbewegung um die Sonne, den KEPLERschen Gesetzen, mit Hilfe seiner kinetischen Grundgleichung die die Bewegungen verursachenden Gravitationskräfte berechnete.

Das NEWTONsche Gravitationsgesetz lautet:

$$F_{i,k} = F_{k,i} = \kappa \frac{m_i m_k}{r_{i,k}^2} \qquad (5.24)$$

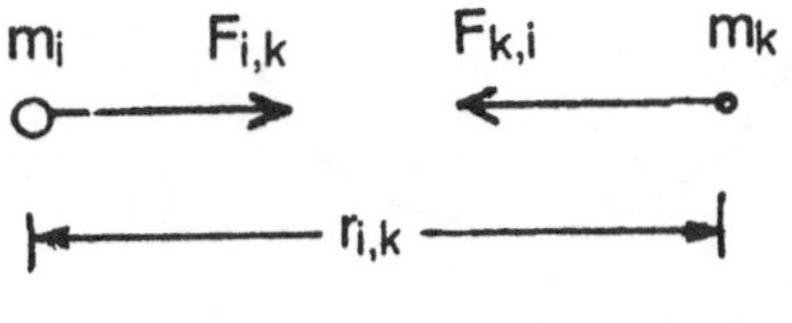

m_i $F_{i,k}$ $F_{k,i}$ m_k

$r_{i,k}$

Abb. 5.6

Die Gravitationskräfte, die zwei Himmelskörper der Massen m_i und m_k aufeinander ausüben, sind gegengleich und proportional dem Produkt der beiden Massen, dividiert durch das Quadrat der Entfernung. Dieses Gesetz gilt auch für Kugeln aus homogenem Material oder mit kugelsymmetrischer Dichteverteilung bis zur Berührung ihrer Oberflächen.

Der Proportionalitätsfaktor, hier κ genannt, ist die universelle Gravitationskonstante

$$\kappa = 6{,}6720.10^{-11} \frac{Nm^2}{(kg)^2} = 6{,}6720.10^{-11} \frac{m^3}{kg.s^2} \qquad (5.25)$$

---

1) Synchron mit der Erddrehung,

$$23{,}941\ h = \frac{2\pi}{\omega_E}$$

Winkelgeschwindigkeit der Erde $\omega_E = 7{,}290.10^{-5}$ rad/s.

Ihr Zahlenwert wurde erstmalig experimentell mit einer Torsionsdrehwaage von Henry CAVENDISH 1798 bestimmt. Er erzielte mit damaligen Mitteln bereits einen Wert, der gegenüber dem heute verwendeten nur um 0,6 % zu hoch lag![1)]

Die Gravitationskraft eines kugelförmigen Himmelskörpers nimmt also außerhalb seiner Masse mit $1/r^2$ ab; in der doppelten Entfernung vom Mittelpunkt hat sie nur noch 1/4 des Wertes an der Oberfläche, in der Entfernung $3r_0$ nur noch 1/9, in der Entfernung $r = 10\,r_0$ nur noch 1/100 = 1 % des Wertes an der Oberfläche (Abb. 5.7).

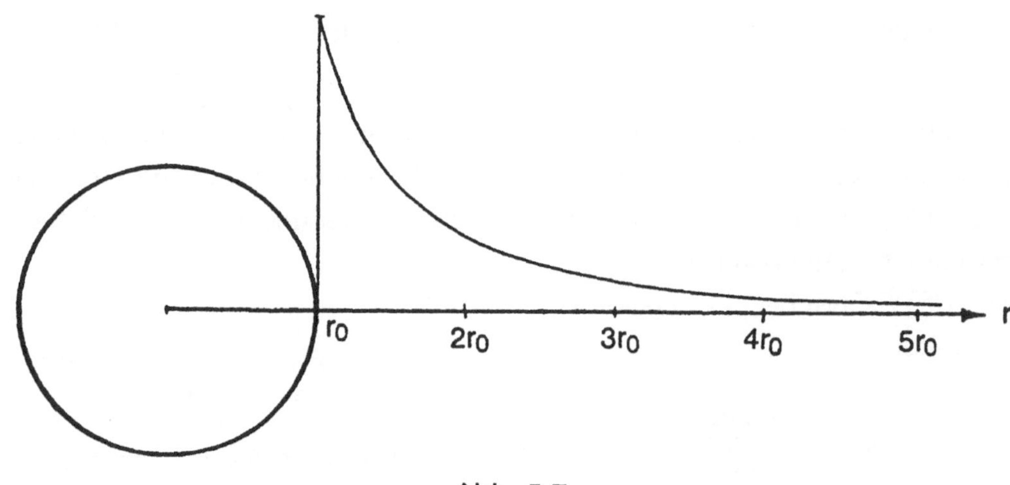

Abb. 5.7

Die Abbildung 5.7 zeigt die Abnahme der Gravitationskraft mit der Entfernung vom Mittelpunkt einer kugelförmigen Masse mit kugelsymmetrischer Dichteverteilung.

Mit Hilfe des Gravitationsgesetzes und der kinetischen Grundgleichung kann man aus den Bahndaten Massen von Himmelskörpern berechnen, z.B. für die Sonne, wenn wir, hier der Einfachheit halber, die Bahn eines Trabanten als Kreisbahn voraussetzen, Geschwindigkeit v und Entfernung r kennen:

$$m\,\frac{v^2}{r} = \kappa\,\frac{m\,m_S}{r^2} \quad \Rightarrow \quad m_S = \frac{r\,v^2}{\kappa} \qquad (5.26)$$

---

1) Henry CAVENDISH, (1731 - 1810), Experiments to determine the density of the earth; Philos. Trans. Roy. Soc., London 1798, p. 469 - 526.
Carl RAMSAUER, Grundversuche der Physik in historischer Darstellung, 1. Band: Von den Fallgesetzen bis zu den elektrischen Wellen, Springer-Verlag Berlin 1953.

oder mit Hilfe der Umlaufdauer

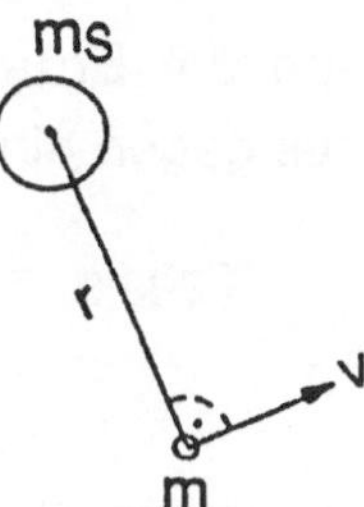

$$T = \frac{2r\pi}{v} \quad \Rightarrow \quad m_S = \frac{4\pi^2}{\kappa} \frac{r^3}{T^2}$$

Wir sehen, daß die Masse m des Trabanten nicht bekannt zu sein braucht.

Wir orientieren uns ein wenig über die Größenordnung der Gravitationskräfte zwischen Sonne, Erde und Mond und der Beschleunigungen, die sie sich gegenseitig erteilen:

Sonne	Erde	Mond
$m_S = 1{,}97.10^{30}$ kg	$m_E = 5{,}975.10^{24}$ kg	$m_M = m_E/81$

mittlere Entfernung:

$r_{E,S} = 1{,}497.10^{11}$ m = = 8,32 Lichtminuten	$r_{M,E} = 3{,}844.10^8$ m = = 384400 km = 1,28 Lichtsekunden

Nach dem Gravitationsgesetz erhalten wir für die Gravitationskraft zwischen Sonne und Erde:

$$F_{E,S} = \frac{6{,}672.10^{-11}\,.\,1{,}97.10^{30}\,.\,5{,}975.10^{24}}{(1{,}497.10^{11})^2}\,\mathrm{N} = 3{,}504.10^{22}\,\mathrm{N} \approx$$

$$\approx 3{,}574.10^{18}\,\mathrm{Mp}^{1)}$$

und für die Kraft zwischen Erde und Mond

$$F_{M,E} = \frac{6{,}672.10^{-11}\,.\,(5{,}975.10^{24})^2}{81.(3{,}844.10^8)^2}\,\mathrm{N} \approx 2.10^{20}\,\mathrm{N} \approx 2{,}04.10^{16}\,\mathrm{Mp}$$

Für die Beschleunigung des Erdmittelpunktes durch die Sonne ergibt sich

$$a_{E,S} = 5{,}86.10^{-3}\,\mathrm{m/s^2}$$

und für die Beschleunigung des Erdmittelpunktes durch den Mond

$$a_{E,M} = 3{,}35.10^{-5}\,\mathrm{m/s^2},$$

für die Beschleunigung des Mondmittelpunktes durch die Erde das 81-fache.

---

1) 1 Mp (Megapond) ist die alte, aber sehr anschauliche Bezeichnung für das Normgewicht von 1 Tonne = 1000 kg Masse.

Die von der Erde allein verursachte Beschleunigung $a_{S,E}$ des Sonnenmittelpunktes gegen ein "echtes Inertialsystem" erhalten wir aus

$$m_S a_{S,E} = F_{S,E} \quad \text{mit obigen Werten und} \quad F_{S,E} = F_{E,S} \quad \text{zu}$$

$$\mathbf{a_{S,E} = 1{,}78.10^{-8}\ m/s^2}$$

Zum Abschluß dieses Kapitels noch ein Zahlenbeispiel:

Wir legen m = 1 kg Masse auf die Erde (als volumengleiche Kugel mit Radius $r_E = 6371\ \text{km} = 6{,}371.10^6\ \text{m}$ gerechnet) und erhalten für die Gravitationskraft:

$$F_{m,E} = F_{E,m} = \kappa \frac{m_E m}{r_E^2} = \frac{6{,}672.10^{-11} \,.\, 5{,}975.10^{24}.1}{(6{,}371.10^6)^2}\ \text{N} =$$

$$= \mathbf{9{,}8215\ N} = 1{,}0015\ \text{kp}$$ (Kilopond, die alte Krafteinheit, die nicht mehr verwendet werden soll)

Als "Normgewicht" von 1 kg Masse ist 1 kp = 9,80665 N gewählt worden.

5.4 Schwingungen

Zur Fragestellung II der Kinetik: Kräfte gegeben, Bewegung gesucht:

Auf eine Masse m wirke eine Rückstellkraft – symbolisiert durch die Federkraft – die stets zur Gleichgewichtslage x = 0 zeigt, und eine Dämpfungskraft – symbolisiert durch den Hydraulikzylinder – die stets gegen die jeweilige Bewegungsrichtung der Masse zeigt. Es stellt sich bei dieser Anordnung eine aperiodische Bewegung oder eine gedämpfte Schwingung ein.

5.4.1 Der lineare Schwinger

Von einem linearen Schwinger spricht man, wenn

die Rückstellkraft proportional der Auslenkung ist – lineare Feder
$F_F = -cx$

und die Dämpfungskraft 0 oder proportional der Geschwindigkeit $\dot{x}$ ist
$F_D = -k\dot{x}$

Nach der kinetischen Grundgleichung: Masse mal Beschleunigung ist Summe der Kräfte, haben wir

$$m\ddot{x} = -k\dot{x} - cx$$

oder

$$m\ddot{x} + k\dot{x} + cx = 0 \tag{5.27}$$

Die Bewegung der Masse wird in diesem Fall also durch die lineare Differentialgleichung (5.27) zweiter Ordnung mit konstanten Koeffizienten beschrieben.

Darin ist

m (kg) .... die Masse

$x(t)$ (m) .... die Wegkoordinate

$\dot{x}(t)$ (m/s) .... die Geschwindigkeit

$\ddot{x}(t)$ (m/s^2) .... die Beschleunigung

c (N/m) .... die Federkonstante

k (Ns/m) ...... der Dämpfungsbeiwert

5.4.2 Ungedämpfte Schwingung

Für $k=0$ ergibt sich zunächst die Differentialgleichung, in welcher der geschwindigkeitsproportionale Term fehlt:

$$m\ddot{x} + cx = 0$$

Die allgemeine Lösung dieser Gleichung ist

$$x(t) = C_1 \cos \omega t + C_2 \sin \omega t = A \cos (\omega t - \varepsilon) \tag{5.28}$$

mit

$$\omega = \sqrt{\frac{c}{m}}, \quad A = \sqrt{C_1^2 + C_2^2}, \quad \cos \varepsilon = \frac{C_1}{A}, \quad \sin \varepsilon = \frac{C_2}{A}$$

Die beiden Konstanten C_1 und C_2 bleiben beliebig wählbar.

Die Masse führt in diesem Fall eine ungedämpfte Schwingung mit der Kreisfrequenz ω und der Amplitude A aus. Die Schwingungsdauer ist

$$T = \frac{2\pi}{\omega} = 2\pi\sqrt{\frac{m}{c}}$$

Die Konstanten C_1 und C_2 dienen zur Anpassung der allgemeinen Lösung an die speziellen "Anfangsbedingungen":

Für die Anfangsbedingungen $x = x_0$ (Anfangsauslenkung x_0) und $\dot{x} = v_0$ (Anfangsgeschwindigkeit v_0) zur Zeit $t = 0$ ergibt sich im speziellen

$$C_1 = x_0, \qquad C_2 = v_0/\omega$$

somit

$$x(t) = x_0 \cos \omega t + \frac{v_0}{\omega} \sin \omega t = \tag{5.29}$$

$$= \sqrt{x_0^2 + \left(\frac{v_0}{\omega}\right)^2} \cos(\omega t - \varepsilon)$$

5.4.3 Der lineare Schwinger mit geschwindigkeitsproportionaler Dämpfung

Es ist üblich, die Gleichung (5.27) durch die Masse m zu dividieren, die Abkürzung

$$\frac{k}{m} = 2\lambda \tag{5.30}$$

einzuführen, sowie

$$\frac{c}{m} = \omega^2 \tag{5.31}$$

wie in (5.28) zu verwenden. Man hat dann

$$\ddot{x} + 2\lambda\dot{x} + \omega^2 x = 0 \tag{5.32}$$

Der Lösungsansatz $x = C\,e^{\alpha t}$ liefert mit $\dot{x} = C\alpha\,e^{\alpha t}$, $\ddot{x} = C\alpha^2\,e^{\alpha t}$ die Bedingung

$$C(\alpha^2 + 2\lambda\alpha + \omega^2) \equiv 0 \tag{5.33}$$

mit den beiden Lösungen

$$\alpha_1 = -\lambda + \sqrt{\lambda^2 - \omega^2} \qquad \alpha_2 = -\lambda - \sqrt{\lambda^2 - \omega^2} \tag{5.34}$$

Man hat somit als allgemeine Lösung von (5.32):

$$x(t) = C_1\,e^{\alpha_1 t} + C_2\,e^{\alpha_2 t} \tag{5.35}$$

für $\lambda^2 \neq \omega^2$.

Wir haben nun drei Fälle zu unterscheiden:

a) $\lambda > \omega > 0$ "starke Dämpfung" — es ergibt sich eine aperiodische Bewegung
b) $\lambda = \omega > 0$ "aperiodischer Grenzfall" — (aperiodische Bewegung)
c) $\omega > \lambda > 0$ "schwache Dämpfung" — es ergibt sich eine gedämpfte Schwingung

Für die allgemeinen Anfangsbedingungen wie vorhin

$$x = x_0, \quad \dot{x} = v_0 \quad \text{zur Zeit } t = 0 \tag{5.36}$$

ergibt sich als Lösung für den Fall a) die aperiodische Bewegung

$$x(t) = e^{-\lambda t}\left[x_0 \frac{e^{\sigma t} + e^{-\sigma t}}{2} + \frac{v_0 + \lambda x_0}{\sigma} \frac{e^{\sigma t} - e^{-\sigma t}}{2}\right]$$

$$= e^{-\lambda t}\left[x_0 \cosh(\sigma t) + \frac{v_0 + \lambda x_0}{\sigma} \sinh(\sigma t)\right] \tag{5.37}$$

mit

$$\sigma = \sqrt{\lambda^2 - \omega^2} > 0$$

Für den Grenzfall b) ergibt sich daraus für $\sigma \to 0$

$$x(t) = [\, x_0 + (\, v_0 + \lambda x_0 \,)\, t \,]\, e^{-\lambda t} \tag{5.38}$$

Der Fall c) liefert die gedämpfte Schwingung

$$x(t) = e^{-\lambda t}\left[x_0 \cos \mu t + \frac{v_0 + \lambda x_0}{\mu} \sin \mu t\right] =$$

$$= A\, e^{-\lambda t} \cos(\mu t - \varepsilon) \tag{5.39}$$

mit

$$\mu = \sqrt{\omega^2 - \lambda^2} > 0$$

$$A = \sqrt{x_0^2 + \left(\frac{v_0 + \lambda x_0}{m}\right)^2}$$

$$\tan \varepsilon = \frac{v_0 + \lambda x_0}{\mu x_0}$$

Es handelt sich um eine mit der Zeit abklingende Schwingung (Abb. 5.8) mit der konstanten Schwingungsdauer

$$T = \frac{2\pi}{\mu} = \frac{2\pi}{\sqrt{\omega^2 - \lambda^2}} = \frac{2\pi}{\sqrt{\frac{c}{m} - \left(\frac{k}{2m}\right)^2}} \tag{5.40}$$

Diese Schwingungsdauer ist je nach Dämpfung größer als die Schwingungsdauer T_0 der zugehörigen ungedämpften Schwingung

$$T_0 = \frac{2\pi}{\omega} = 2\pi\sqrt{\frac{m}{c}} \tag{5.41}$$

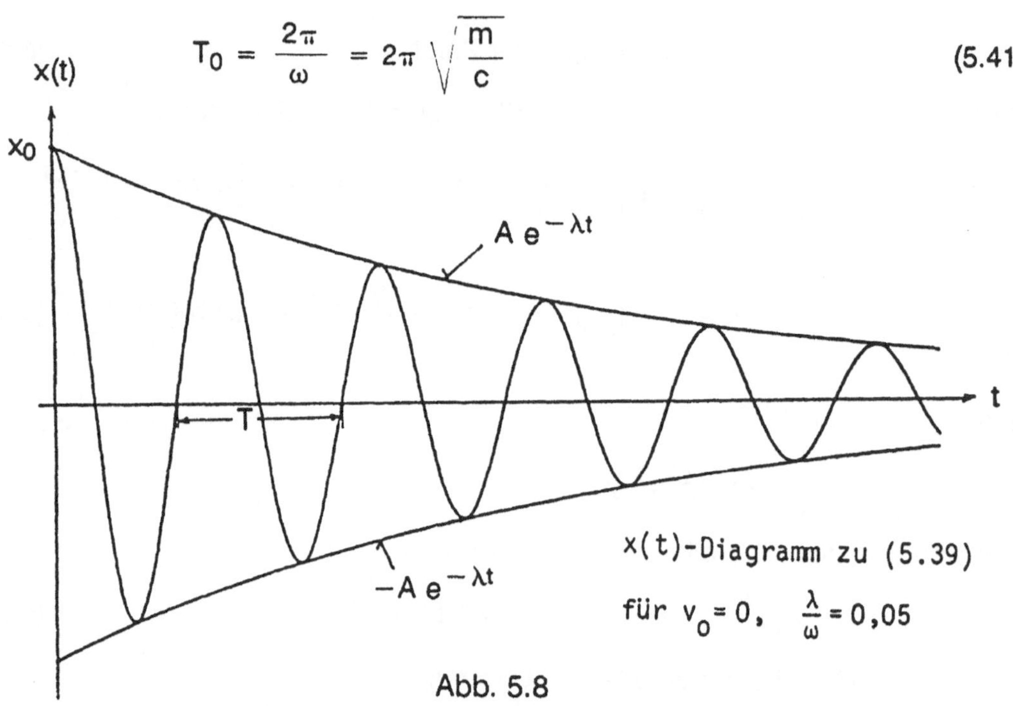

Abb. 5.8

5.4.4 Erzwungene Schwingungen

Wir betrachten noch den Fall, daß ein linearer Schwinger durch eine zeitlich periodische Erregerkraft zu erzwungenen Schwingungen angeregt wird:

$$m\ddot{x} + k\dot{x} + c\,x = F\cos\Omega t \tag{5.42}$$

m, k, c wie vorne,
F = konst. . . . Amplitude der Erregerkraft
Ω = konst. . . , Kreisfrequenz der Erregerkraft

Wir dividieren wieder durch m und führen wieder die Abkürzungen

$$\frac{k}{m} = 2\lambda \qquad \frac{c}{m} = \omega^2 \tag{5.43}$$

ein:

$$\ddot{x} + 2\lambda\dot{x} + \omega^2 x = \frac{F}{m}\cos\Omega t \tag{5.44}$$

Wir bekommen eine Lösung dieser Gleichung durch den Ansatz

$$x_E(t) = K_1 \cos\Omega t + K_2 \sin\Omega t \tag{5.45}$$

mit

$$K_1 = \frac{\omega^2 - \Omega^2}{(\omega^2 - \Omega^2)^2 + (2\lambda\Omega)^2}\,\frac{F}{m}$$

$$K_2 = \frac{2\lambda\Omega}{(\omega^2 - \Omega^2)^2 + (2\lambda\Omega)^2}\,\frac{F}{m} \tag{5.46}$$

unter der Voraussetzung

$$(\omega^2 - \Omega^2)^2 + (2\lambda\Omega)^2 \neq 0 \tag{5.47}$$

Diese ist für $\lambda \neq 0$ stets erfüllt.

Die rechte Seite von (5.44) können wir aber auch in der Form

$$0 + \frac{F}{m}\cos\Omega t$$

schreiben. Es muß also auch die Gleichung (5.32) erfüllt sein, die zu (5.44) gehörige "homogene Differentialgleichung". Wir haben demgemäß für die drei vorne behandelten Fälle die allgemeine Lösung von (5.32) zu (5.45) hinzuzufügen und dann erst die beiden freien Konstanten C_1, C_2 dieser Lösungen so zu bestimmen, daß die allgemeinen Anfangsbedingungen (5.36) erfüllt sind. Man erhält nach längerer Rechnung

für den Fall a) $\lambda > \omega > 0$ der starken Dämpfung

$$x(t) = e^{-\lambda t}\left[C_1 e^{\sigma t} + C_2 e^{-\sigma t}\right] + K_1 \cos\Omega t + K_2 \sin\Omega t$$

mit (5.48)

$$\sigma = \sqrt{\lambda^2 - \omega^2}$$

$$C_1 = \frac{1}{2\sigma}\left[(\lambda + \sigma)(x_0 - K_1) + (v_0 - K_2\Omega)\right]$$

$$C_2 = \frac{1}{2\sigma}\left[(-\lambda + \sigma)(x_0 - K_1) - (v_0 - K_2\Omega)\right]$$

Für den Grenzfall b) $\lambda = \omega > 0$ erhalten wir

$$x(t) = e^{-\lambda t}\,[C_1 + C_2 t] + K_1 \cos \Omega t + K_2 \sin \Omega t \tag{5.49}$$

mit

$$C_1 = x_0 - K_1 \qquad C_2 = v_0 + \lambda(x_0 - K_1) - K_2 \Omega$$

Für den Fall c) $\omega > \lambda > 0$ der schwachen Dämpfung ergibt sich

$$x(t) = e^{-\lambda t}\,[C_1 \cos \mu t + C_2 \sin \mu t] + K_1 \cos \Omega t + K_2 \sin \Omega t \tag{5.50}$$

mit

$$\mu = \sqrt{\omega^2 - \lambda^2}$$

$$C_1 = x_0 - K_1$$

$$C_2 = \frac{1}{\mu}\,[v_0 + (x_0 - K_1) - K_2 \Omega]$$

In allen drei Fälle steht der Faktor $e^{-\lambda t}$ in der Lösung der homogenen Differentialgleichung. Dieser Anteil klingt also, wenn $\lambda > 0$ ist, mit der Zeit ab, es bleibt schließlich die von den Anfangsbedingungen unabhängige stationäre periodische Bewegung

$$x_E(t) = K_1 \cos \Omega t + K_2 \sin \Omega t \equiv A_E (\cos \Omega t - \eta) \tag{5.51}$$

als von der zeitlich periodischen Erregerkraft erzwungene Schwingung über. Diese Vorgänge können durch entsprechende Wahl der Daten ins zugehörige Programm auf dem Bildschirm sichtbar gemacht werden.

Wesentlich ist noch die Betrachtung, in welcher Weise die Amplitude A_E der erzwungenen Schwingung (5.51) von der erzwingenden Kreisfrequenz Ω und der Dämpfungszahl λ abhängt.

Aus (5.51) erhält man zunächst

$$A_E = \sqrt{K_1^2 + K_2^2}$$

$$\sin \eta = \frac{2\lambda\Omega}{\sqrt{D}} \qquad \cos \eta = \frac{\omega^2 - \Omega^2}{\sqrt{D}} \tag{5.52}$$

mit

$$D = (\omega^2 - \Omega^2)^2 + (2\lambda\Omega)^2$$

Mit K_1 und K_2 nach (5.48) kann man diese Abhängigkeit in der folgenden dimensionslosen Form rechnerisch und graphisch darstellen:

$$\frac{A_E}{F/c} = \frac{1}{\sqrt{\left[1 - \left(\frac{\Omega}{\omega}\right)^2\right]^2 + 4\left(\frac{\lambda}{\omega}\right)^2\left(\frac{\Omega}{\omega}\right)^2}} \tag{5.53}$$

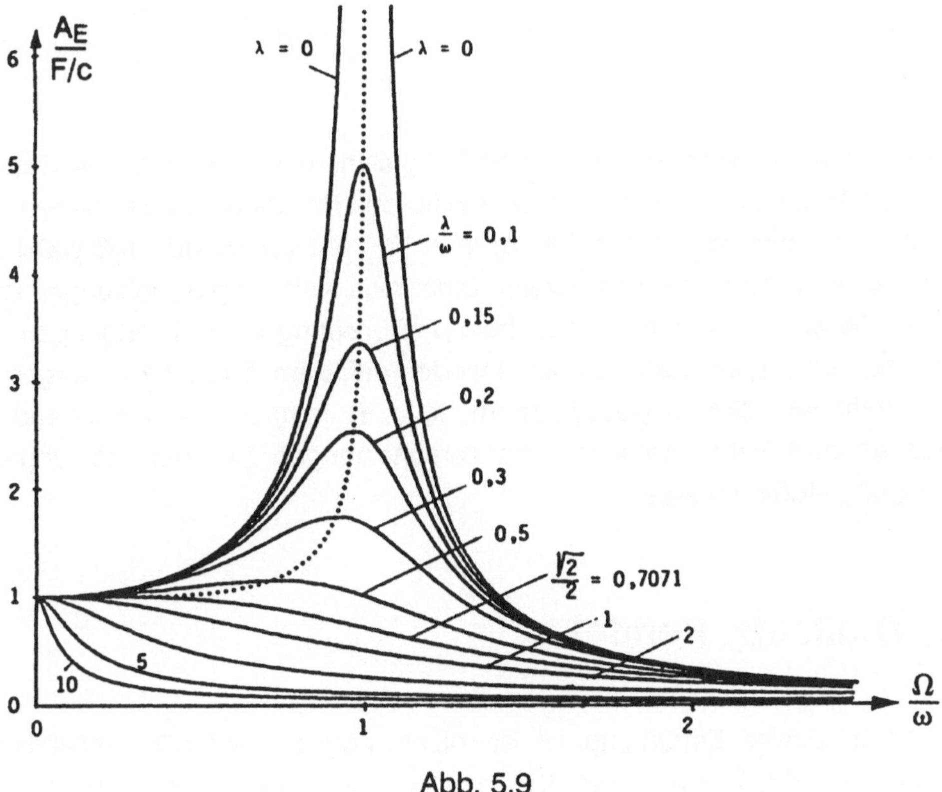

Abb. 5.9

Es läßt sich errechnen, daß die Amplitude A_E der erzwungenen Schwingung bei fixem Wert F/c am größten wird ("Amplitudenresonanz"), wenn

$$\Omega = \omega\sqrt{1 - 2\left(\frac{\lambda}{\omega}\right)^2} \tag{5.54}$$

F/c bedeutet die statische Auslenkung des Schwingers unter der Wirkung einer Kraft F = konst. Man nennt deshalb die im Diagramm über Ω/ω aufgetragenen Werte von $\frac{A_E}{F/c}$ die "Vergrößerungsfunktion".

Wir sehen aus der Abb. (5.9):

Die Maximalwerte der erzwungenen Amplitude A_E sind umso größer, je kleiner die Dämpfung ist. Diese Maximalwerte liegen auf der punktiert eingetragenen Kurve. Für diese Maxima ergibt sich

$$\left(\frac{A_E}{F/c}\right)_{max} = \begin{cases} \dfrac{1}{2\dfrac{\lambda}{\omega}\sqrt{1-\left(\dfrac{\lambda}{\omega}\right)^2}} & \text{für } \dfrac{\lambda}{\omega} < \dfrac{\sqrt{2}}{2} = 0{,}7071 \\ 1 & \text{für } \dfrac{\lambda}{\omega} \geq \dfrac{\sqrt{2}}{2} = 0{,}7071 \end{cases} \tag{5.55}$$

Je größer λ/ω ist, umso kleiner werden bei gleichem Wert von Ω/ω die Schwingungsamplituden A_E. Dies läßt sich mit Hilfe des Programmes **Schwingungen** am Bildschirm deutlich zeigen, indem man k entsprechend groß wählt und wartet, bis die Lösung der homogenen Differentialgleichung abgeklungen ist.

In diesem Programm werden freie und erzwungene Schwingungen desselben Systems gleichzeitig nebeneinander auf dem Bildschirm dargestellt. Durch Verändern der Eingabedaten m, k, c, Ω können die vorstehend geschilderten drei Fälle sowie Resonanzerscheinungen bei der erzwungenen Schwingung studiert werden.

5.5 Drallsatz, Pendel

Im Rahmen dieser Einführung ist es nicht möglich, auf alle wesentlichen Aspekte des Drallsatzes, der für die Rotationsbewegung von Körpern zuständig ist, einzugehen.

Unter dem Drallvektor $\vec{L}_A$ einer beliebigen Masseverteilung bezüglich eines beliebigen, beliebig bewegten Punktes A, versteht man

$$\vec{L}_A = \int_m \vec{r} \times \dot{\vec{r}}\, dm \tag{5.56}$$

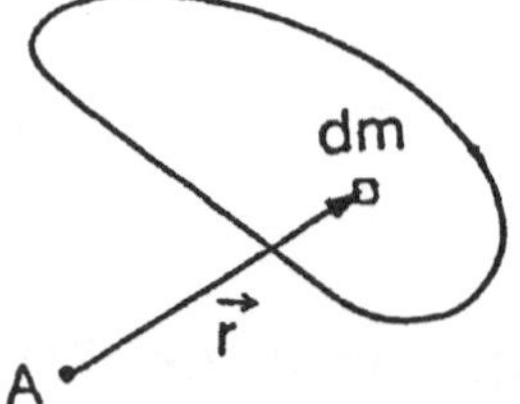

Abb. 5.10

Ist nun A ein Fixpunkt in einem Inertialsystem oder der Schwerpunkt S der Masse, dann gilt der Drallsatz in der Form

$$\frac{d\vec{L}_A}{dt} = \vec{M}_A \qquad (5.57)$$

die zeitliche Änderung des Drallvektors ist gleich der vektoriellen Summe der Drehmomente aller Kräfte, die von anderen Körpern auf die Masse wirken.

Für einen beliebigen starren Körper drückt sich der Drallvektor L_A bezüglich eines beliebigen körperfesten Punktes A, speziell in kartesischen Komponenten angeschrieben, wie folgt durch die Trägheitsmomente und Deviationsmomente des Körpers[1)] und die Komponenten seines Winkelgeschwindigkeitsvektors ω aus:

$$\begin{aligned} L_{A,x} &= I_x\omega_x - I_{xy}\omega_y - I_{xz}\omega_z \\ L_{A,y} &= -I_{yx}\omega_x + I_y\omega_y - I_{yz}\omega_z \\ L_{A,z} &= -I_{zx}\omega_x - I_{zy}\omega_y + I_z\omega_z \end{aligned} \qquad (5.58)$$

Der Übersicht halber legen wir die z-Achse in die Drehachse, sodaß $\omega_x = \omega_y = 0,\ \omega = \omega_z$. (5.58) gibt dann

$$L_{A,x} = -I_{xz}\,\omega, \qquad L_{A,y} = -I_{yz}\,\omega, \qquad L_{A,z} = I_z\,\omega \qquad (5.59)$$

Wir sehen: der Drallvektor liegt dann und nur dann in der Drehachse, wenn die zugehörigen Deviationsmomente I_{xz} und I_{yz} null sind. Man nennt eine Achse, die diese Bedingungen erfüllt, "Trägheitshauptachse". Durch jeden Punkt jedes Körpers gehen drei aufeinander orthogonal stehende Trägheitshauptachsen. Die zugehörigen Trägheitsmomente heißen "Hauptträgheitsmomente". Man nennt einen Körper, dessen Schwerpunkt auf der Drehachse liegt und dessen Drehachse Trägheitshauptachse ist, "statisch und dynamisch ausgewuchtet". In diesem Fall werden die Lager nicht "gebeutelt". Deshalb nennt man die Deviationsmomente auch "Schlottermomente".

(5.59) zeigt, daß aber die Komponente des Drallvektors in der z-Achse stets $I_z\omega$ ist, Trägheitsmoment um die Drehachse mal Winkelgeschwindigkeit. Beim starren Körper mit fester Drehachse ist I_z = konst., der Drallsatz nimmt die einfache Form an:

$$I_z \frac{d\omega}{dt} = M_z \qquad (5.60)$$

---

1) Siehe "Massengeometrie" im Anhang, S. 207.

Trägheitsmoment des Körpers um die Drehachse mal Winkelbeschleunigung ist gleich der Summe der Drehmomente um diese Drehachse.

Beispiel zum Programm "Pendel":

Ein Körper sei reibungsfrei drehbar um eine horizontale Drehachse 0 gelagert. Vernachlässigt man die Luftreibung, so liefert der Drallsatz (5.60)

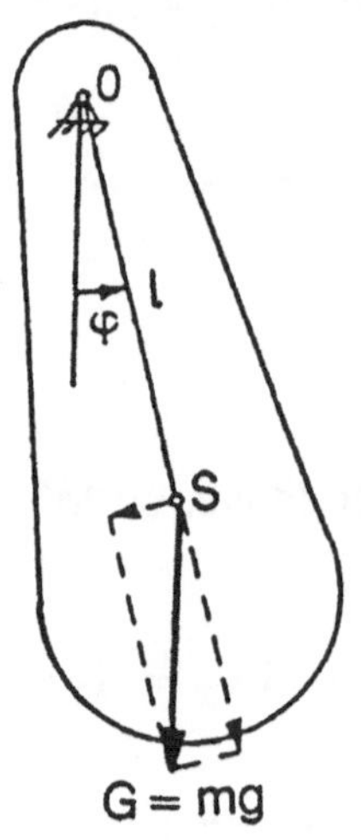

Abb. 5.11

$$I_0 \frac{d\omega}{dt} = -\, mgl \sin\varphi \tag{5.61}$$

worin I_0 das Trägheitsmoment des Körpers um diese Drehachse bedeutet. Nach Einführung des Trägheitsradius i_0 gemäß

$$I_0 = m i_0^2 \tag{5.62}$$

und mit

$$\omega = \frac{d\varphi}{dt} = \dot{\varphi} \tag{5.63}$$

erhalten wir die Differentialgleichung

$$\ddot{\varphi} + g \frac{l}{i_0^2} \sin\varphi = 0 \tag{5.64}$$

Für kleine Ausschlagwinkel φ_{max} können wir näherungsweise $\sin\varphi$ durch φ ersetzen und gelangen zu dem Typus der bereits im Abschnitt 5.4 – Schwingungen – betrachteten einfachen Differentialgleichung

$$\ddot{\varphi} + \frac{gl}{i_0^2} \varphi = 0 \tag{5.65}$$

Sie stellt eine harmonische Schwingung

$$\varphi = \varphi_{max} \sin\left(\frac{\sqrt{gl}}{i_0} t\right)$$

dar mit der Schwingungsdauer

$$T = 2\pi \frac{i_0}{\sqrt{gl}} = 2\pi \sqrt{\frac{I_0}{mgl}} \tag{5.66}$$

Für Ausschlagwinkel φ_{max}, die größer als etwa 90° sind, ist diese Näherung nicht mehr zulässig. Aus (5.64) erhält man noch einfach den Zusammenhang zwischen ω und φ :

Mit

$$\ddot{\varphi} = \frac{d\omega}{dt} = \frac{d\omega}{d\varphi}\frac{d\varphi}{dt} = \frac{d\omega}{d\varphi}\,\omega$$

liefert (5.64)

$$\omega\, d\omega = -\frac{gl}{i_0^2}\sin\varphi\, d\varphi$$

Durch Integration wird

$$\frac{\omega^2}{2} = \frac{gl}{i_0^2}\cos\varphi + C \tag{5.67}$$

Wir unterscheiden nun zwei Fälle:

a) Pendel nicht überschlagend, φ_{max} gegeben,
b) Pendel überschlagend, ω_{max} oder ω_{min} gegeben.

Im Falle a) liefert (5.67)

$$0 = \frac{gl}{i_0^2}\cos\varphi_{max} + C$$

als Gleichung für C und somit

$$\omega(\varphi) = \sqrt{\frac{2gl}{i_0^2}(\cos\varphi - \cos\varphi_{max})} = \frac{d\varphi}{dt} \tag{5.68}$$

Diese Gleichung gibt uns zu jedem Winkel φ die augenblickliche Winkelgeschwindigkeit ω. In der Form

$$dt = \frac{\sqrt{2gl}}{i_0}\frac{d\varphi}{\sqrt{\cos\varphi - \cos\varphi_{max}}} \tag{5.69}$$

geschrieben zeigt sie uns anschaulich gesprochen, daß das Pendel im Bereich $0 \leq \varphi \leq \varphi_{max}$ zu einem Winkelintervall $d\varphi$ ein umso größeres Zeitintervall dt benötigt, je größer der Winkel φ ist. Die Integration von (5.69) liefert den Zusammenhang $t(\varphi)$.

Die Schwingungsdauer T ist

$$T = 4 \frac{\sqrt{2gl}}{i_0} \int_{\varphi=0}^{\varphi_{max}} \frac{d\varphi}{\sqrt{\cos\varphi - \cos\varphi_{max}}} \tag{5.70}$$

Das Integral führt nicht auf elementare Grundfunktionen, aber wir sehen, daß die Schwingungsdauer proportional

$$\frac{\sqrt{2gl}}{i_0}$$

ist und irgendwie von φ_{max} abhängt. Für das obige Integral gibt es Tabellen. Abb. 5.12 zeigt das Resultat, das Verhältnis der Schwingungsdauer T zu der Schwingungsdauer

$$T_0 = 2\pi \frac{i_0}{\sqrt{gl}}$$

für kleine Ausschlagwinkel:

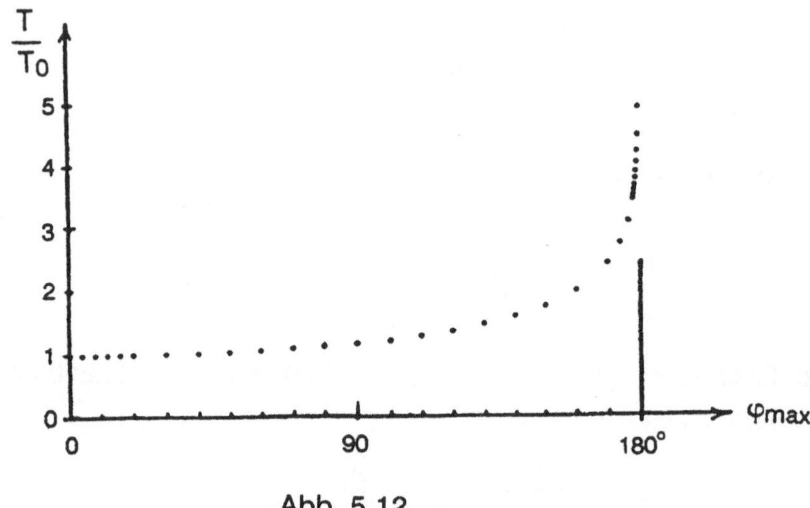

Abb. 5.12

Die Schwingungsdauer nimmt also mit größer werdendem Ausschlagwinkel φ_{max} erheblich zu. Das zugehörige Programm zeigt dies am Bildschirm.

Fall b) Das überschlagende Pendel oder unwuchtig laufende Schwungrad. In diesem Fall haben wir aus (5.67) für $\varphi = \pi$ (vertikale Lage nach oben)

$$\frac{\omega_{min}^2}{2} = -\frac{gl}{i_0^2} + C$$

als Gleichung für C und somit den Zusammenhang

$$\omega(\varphi) = \sqrt{\omega_{min}^2 + \frac{2gl}{i_0^2}(1 + \cos\varphi)} = \frac{d\varphi}{dt} \tag{5.71}$$

zwischen φ und ω. Im Bereich $0 \leq \varphi \leq \pi$ wird ω mit wachsendem Winkel φ kleiner. Die Integration von (5.71) liefert $t(\varphi)$. Für die Umlaufdauer T haben wir aus (5.71)

$$T = 2\int_{\varphi=0}^{\pi} \frac{d\varphi}{\sqrt{\omega_{min}^2 + \frac{2gl}{i_0^2}(1 + \cos\varphi)}} \tag{5.72}$$

Das Ergebnis ist in Abb. 5.13 graphisch dargestellt, als Verhältnis der Umlaufdauer T zur Schwingungsdauer

$$T_0 = 2\pi \frac{i_0}{\sqrt{gl}}$$

für kleine Schwingungen über einem von ω_{min}^2 abhängigen dimensionslosen Ausdruck, der sich bei der Integration anbietet:

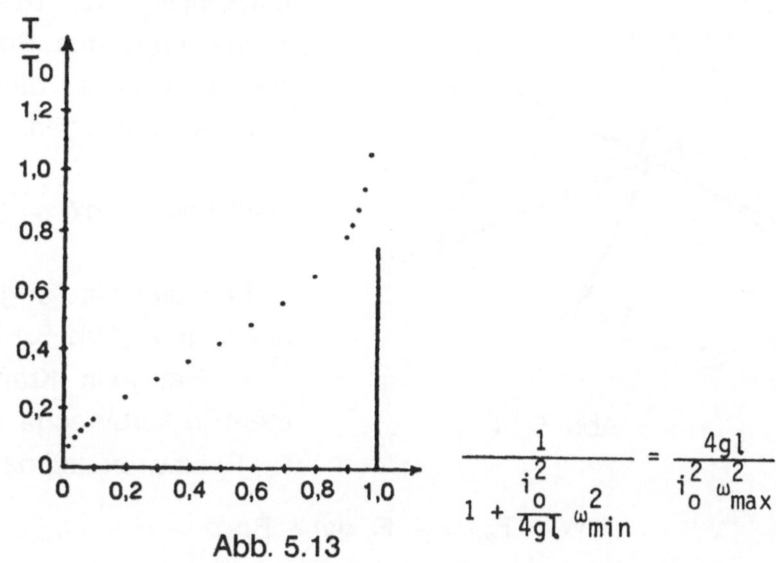

Abb. 5.13

Die Umlaufdauer wird umso größer, je kleiner die Winkelgeschwindigkeit ω_{min} in der oberen Lage des Pendels ist (Abb. 5.13). Besonders lang wird die Umlaufdauer, wenn das Pendel oben fast stehenbleibt. Diese aufrechte Gleichgewichtslage ist instabil.

In der Beschreibung zum Programm **Überschlagendes Pendel** finden Sie Wertekombinationen, die zum Fast–Überschlag, zum Stillstand nach oben bzw. zu sehr kleinen Werten von ω_{min} führen – schauen Sie sich das an – numerisch - experimentell auf dem Bildschirm. Bitte zu warten, bis sich das Pendel auf dem Bildschirm zügig echtzeitproportional bewegt.

Die Gleichungen (5.68) und (5.71) erhält man auch unmittelbar aus dem Arbeitssatz (Seite 96).

Das Programm **Pendeluhr** veranschaulicht den Zusammenhang zwischen den Daten eines Pendels und dessen Schwingungsdauer für kleine Ausschlagwinkel. Die entsprechenden Zusammenhänge für große Ausschlagwinkel und Überschlag sind im Programm **Überschlagendes Pendel** enthalten.

5.6 Arbeit W (Work), Leistung P (Power), Bewegungsenergie oder kinetische Energie E_{kin}, Arbeitssatz

"Arbeit ist Kraft mal Weg" gilt nur für eine Kraft, die jeweils in die Wegrichtung zeigt und deren Betrag konstant ist. Ansonsten müssen wir vom Arbeitsdifferential dW, dem Zuwachs der Arbeit längs des Bogenelementes ds der Bahnkurve des Angriffspunktes der Kraft, ausgehen:

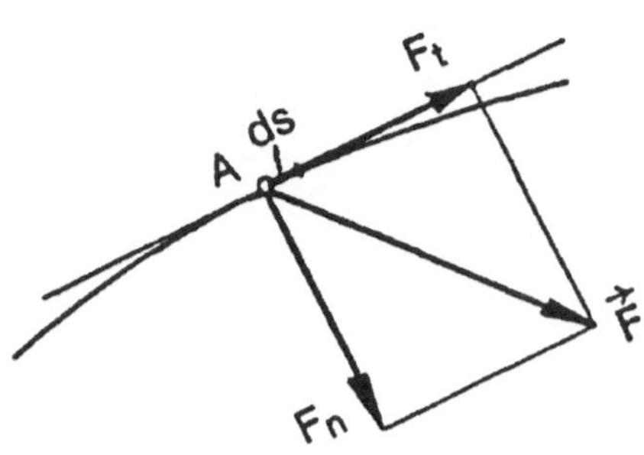

Abb. 5.14

Definition: $$dW = F_t\,ds \tag{5.73}$$

F_t bedeutet die Tangentialkomponente der Kraft $\vec{F}$ (Abb. 5.14).

Hat man Kraft und Bogenelement in kartesische Komponenten F_x, F_y, F_z bzw. dx, dy, dz zerlegt, dann ist

$$dW = F_x\,dx + F_y\,dy + F_z\,dz \tag{5.74}$$

Die x-Komponente der Kraft leistet Arbeit längs des Wegstückchens dx, die y-Komponente längs dy und die z-Komponente längs dz.

Koordinatenfrei läßt sich dW als inneres Produkt[1)] des Kraftvektors mit dem Zuwachs des Ortsvektors anschreiben:

$$dW = \vec{F} \cdot d\vec{r} \tag{5.75}$$

Die gesamte Arbeit auf einem vorgegebenen Weg erhält man durch Summation aller Anteile dW, also durch Integration längs dieses Weges. In Sonderfällen, wie z.B. Bewegung im Schwerefeld ohne Gleitreibung, hängt die Arbeit nur von der Lage des Anfangs- und Endpunktes dieses Weges ab, nicht aber von der speziellen Form des Weges dazwischen. Man kann dann den Begriff der potentiellen Energie einführen.

Die Einheit der Arbeit ergibt sich aus der Definition (5.73) zu Krafteinheit mal Längeneinheit, im internationalen Einheitensystem also zu Newton mal Meter. Ein Newtonmeter heißt auch ein Joule oder eine Wattsekunde:

$$1\ \mathrm{Nm} = 1\ \mathrm{J} = 1\ \mathrm{Ws} \tag{5.76}$$

Begriff der Leistung P (Power): während sich Arbeit stets auf ein Wegstück bezieht, ist die Leistung einer Kraft ein Augenblickswert, die zeitliche Zuwachsrate der Arbeit:

Definition: $$P = \frac{dW}{dt} \tag{5.77}$$

Mit dW nach (5.73) bzw. (5.74) wird

$$P = F_t v = F_x v_x + F_y v_y + F_z v_z = \vec{F} \cdot \vec{v} \tag{5.78}$$

Leistung ist Tangentialkomponente der Kraft mal Geschwindigkeit des Angriffspunktes – oder koordinatenfrei ausgedrückt – das skalare Produkt von Kraftvektor und Geschwindigkeitsvektor. Die Leistung eines Drehmomentes ist:

$$P = M_d \omega = \vec{M} \cdot \vec{\omega} \tag{5.79}$$

Drehmoment um die Drehachse mal Winkelgeschwindigkeit oder - koordinatenfrei ausgedrückt - das skalare Produkt von Momentenvektor und Winkelgeschwindigkeitsvektor.

---

1) Vgl. Anhang A3, S. 213.

Die Einheit der Leistung ist nach der Definition (5.77) Arbeitseinheit durch Zeiteinheit, im internationalen Einheitensystem somit ein Newtonmeter je Sekunde oder ein Joule je Sekunde oder ein Watt:

$$1 \text{ Nm/s} = 1 \text{ J/s} = 1 \text{ W} \tag{5.80}$$

Ein früher verwendetes Leistungsmaß ist die Pferdestärke

$$\begin{aligned} 1 \text{ PS} = 75 \text{ kp.m/s} &= 75.9{,}80665 \text{ Nm/s} = \\ &= 735{,}50 \text{ W} = \\ &= 0{,}7355 \text{ kW} \end{aligned} \tag{5.81}$$

Aus (5.77) ersieht man, daß Arbeit auch als Zeitintegral über die jeweilige Leistung ausgedrückt werden kann:

$$W = \int P(t)\, dt \tag{5.82}$$

Auf diese Art bildet der Stromzähler die Summe, die schließlich als Betrag auf der Rechnung des Elektrizitätswerkes aufscheint.

Ein weiterer wichtiger Begriff in diesen Zusammenhängen ist die Bewegungsenergie oder kinetische Energie eines bewegten Körpers:

Definition: *Die kinetische Energie eines Massenpunktes oder eines translatorisch (= drehungsfrei) mit der Geschwindigkeit v bewegten starren Körpers der Masse m ist*

$$E_{kin} = \frac{m}{2} v^2 \tag{5.83}$$

ein Augenblickswert, Einheit wie die der Arbeit:

$$1 \text{ kg.} \left(\frac{m}{s}\right)^2 = 1 \text{ kg.m}/_{s^2} \text{ .m} = 1 \text{ Nm} \tag{5.84}$$

Leitet man (5.83) nach der Zeit ab, so wird

$$\frac{dE_{kin}}{dt} = \frac{m}{2} 2v \frac{dv}{dt} \tag{5.85}$$

Mit Hilfe der kinetischen Grundgleichung im tangentialer Richtung

$$m \frac{dv}{dt} = F_t \tag{5.86}$$

wird aus (5.85)

$$\frac{dE_{kin}}{dt} = F_t v = P = \frac{dW}{dt} \tag{5.87}$$

der **Leistungssatz**: die zeitliche Änderung der kinetischen Energie eines starren Körpers ist gleich der Summe der Leistungen der auf ihn wirkenden Kräfte. Aus (5.87) sieht man weiters

$$dE_{kin} = dW$$

der differentielle Zuwachs an kinetischer Energie ist gleich dem Arbeitsdifferential, somit gilt für zwei Zustände 1,2

$$E_{kin,2} - E_{kin,1} = W\Big|_1^2 \tag{5.88}$$

Differenz der kinetischen Energie ist gleich der Arbeit, der "Arbeitssatz".

Geht man von (5.83) für ein Massenelement aus und summiert über einen starren Körper für beliebige Bewegung, dann erhält man

$$E_{kin} = \frac{m}{2} v_S^2 + I_d \frac{\omega^2}{2} \tag{5.89}$$

wobei v_S die Geschwindigkeit des Massenmittelpunktes (Schwerpunktes S) des betreffenden Körpers bedeutet, I_d dessen Massenträgheitsmoment um die momentane Drehachse d durch den Massenmittelpunkt und ω die momentane Winkelgeschwindigkeit (Abb. 5.15). Die Leistung der Kräfte ist

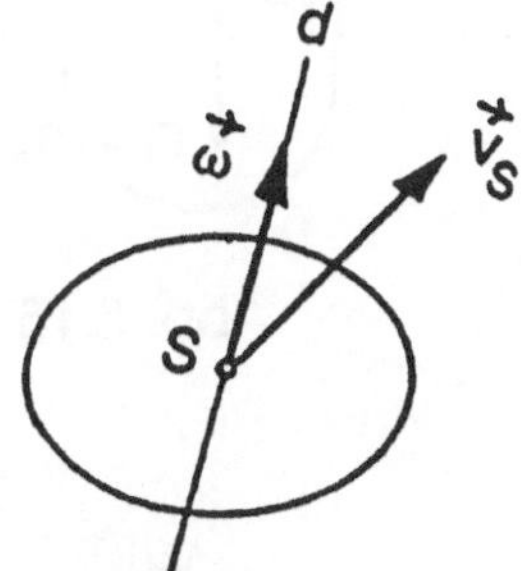

Abb. 5.15

$$P = \vec{F}.\vec{v}_S + \vec{M}_S.\vec{\omega} \tag{5.90}$$

wobei $\vec{F}$ die vektorielle Summe aller Kräfte bedeutet und $\vec{M}_S$ die vektorielle Summe aller Drehmomente der Kräfte bezüglich des Massenmittelpunktes.

Mit den Ausdrücken (5.89) und (5.90) gilt auch für die allgemeine räumliche Bewegung eines starren Körpers der Leistungssatz in der Form

$$\frac{dE_{kin}}{dt} = P \tag{5.91}$$

und der Arbeitssatz

$$E_{kin,2} - E_{kin,1} = W\Big|_1^2 \tag{5.92}$$

Dreht sich der Körper um eine feste Drehachse 0, so ist seine kinetische Energie

$$E_{kin} = I_0 \frac{\omega^2}{2}$$

wobei der Schwerpunkt nicht auf der Drehachse liegen muß.

Beispiel zum Arbeitssatz:

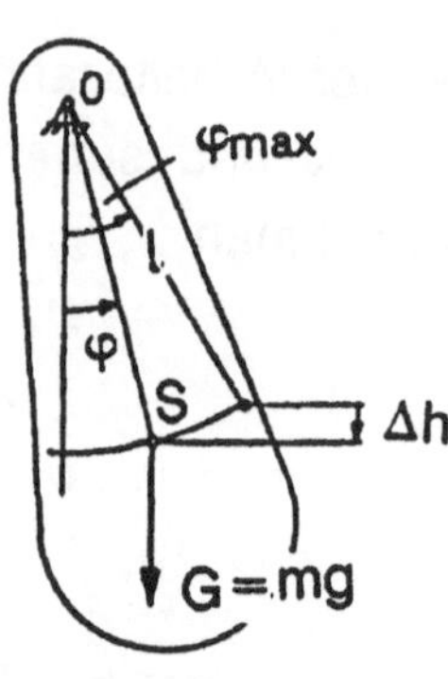

Abb. 5.16

Pendel, reibungsfrei, nicht überschlagend (auf Diskette)

$$E_{kin} = I_0 \frac{\omega^2}{2}$$

$$\omega = 0 \qquad \text{für} \qquad \varphi = \varphi_{max}$$

Die Arbeit der Schwerkraft über den Winkelbereich von $\varphi = \varphi_{max}$ bis φ zwischen φ_{max} und 0 ist Gewicht mal Höhendifferenz des Schwerpunktweges:

$$W\Big|_{\varphi_{max}}^{\varphi} = G.\Delta h = mg\,(l\cos\varphi - l\cos\varphi_{max})$$

Der Arbeitssatz liefert somit

$$I_0\,\frac{\omega^2(\varphi)}{2} - 0 = mgl\,(\cos\varphi - \cos\varphi_{max})$$

und mit Einführung des Trägheitsradius i_0 gemäß $I_0 = m i_0^2$

$$\omega(\varphi) = \frac{1}{i_0} \sqrt{2gl\,(\cos\varphi - \cos\varphi_{max})}$$

wie (5.68).

Für das überschlagende Pendel ist $\varphi_{max} = \pi$, aber $\omega|_{\varphi=\pi} = \omega_{min} > 0$. Der Arbeitssatz liefert damit

$$I_0 \frac{\omega^2(\varphi)}{2} - I_0 \frac{\omega_{min}^2}{2} = mgl\,(\cos\varphi + 1)$$

und mit $I_0 = m i_0^2$, somit den Zusammenhang wie (5.71):

$$\omega^2(\varphi) = \omega_{min}^2 + \frac{2gl}{i_0^2}(1 + \cos\varphi)$$

und für $\varphi = 0$

$$\omega_{max}^2 = \omega_{min}^2 + \frac{4gl}{i_0^2}$$

Zum Abschluß dieses Abschnittes noch drei Beispiele zum Arbeitssatz:

1a) Welche kinetische Energie hat eine Masse von 10 Tonnen, die sich translatorisch mit 130 km/h bewegt?

Wir müssen zunächst alle Angaben auf Kilogramm, Meter und Sekunde bringen:

$$10\text{ t} = 10000\text{kg},\ 130\text{ km/h} = \frac{130.1000}{3600}\text{ m/s} = 36{,}111\text{ m/s}$$

$$E_{kin} = \frac{m}{2}v^2 = \frac{10000}{2}\,36{,}11^2\text{ kg}\left(\frac{m}{s}\right)^2 = \mathbf{6520000\ Nm}$$

1b) Welche konstante Bremskraft F ist notwendig, um diese Masse auf einem Weg von s = 100 m zum Stillstand zu bringen?

Der Arbeitssatz liefert

$$E_{kin} = F.s \ \ldots\ 6520000 = F\,.\,100 \quad\Rightarrow\quad \mathbf{F = 65200\ N}$$

2a) Ein zylindrisches Schwungrad, Masse m = 500 kg, Radius r = 0,2 m, rotiert mit n = 10 Umdrehungen je Sekunde. Wie groß ist die Bewegungsenergie?

$$E_{kin} = I_0 \frac{\omega^2}{2} \quad \text{mit} \quad I_0 = m\frac{r^2}{2} = 500\ \frac{0{,}2^2}{2}\ \text{kg.m}^2 = 10\ \text{kg.m}^2$$

und $\omega_1 = n_1.2\pi = 10.2.3{,}14159 = 62{,}83\ \text{s}^{-1}$ wird

$$\mathbf{E_{kin} = 19739\ Nm}$$

2b) Wie viele Umdrehungen macht dieses Schwungrad bis zum Stillstand, wenn ein konstantes Bremsmoment M_{Br} = 25 Nm wirkt?

Der Arbeitssatz gibt für den gesamten Drehwinkel φ bis zum Stillstand

$$E_{kin} = M_{Br}\,\varphi \Rightarrow \varphi = \frac{19739}{25}\ \text{rad} = 789{,}57\ \text{rad} =$$

$$= \frac{789{,}57}{2\pi}\ \text{Umdrehungen} = \mathbf{125{,}7\ Umdrehungen}$$

3) Man ermittle mit dem Arbeitssatz, wie beim freien Fall ohne Luftwiderstand die Geschwindigkeitszunahme von der durchfallenen Höhe h und der Anfangsgeschwindigkeit v_1 abhängt.

$$E_{kin_2} - E_{kin_1} = G.h \Rightarrow \frac{mv_2^2}{2} - \frac{mv_1^2}{2} = mg.h$$

$$v_2 = \sqrt{v_1^2 + 2gh}$$

$$\Delta v = v_2 - v_1 = \sqrt{v_1^2 + 2gh} - v_1$$

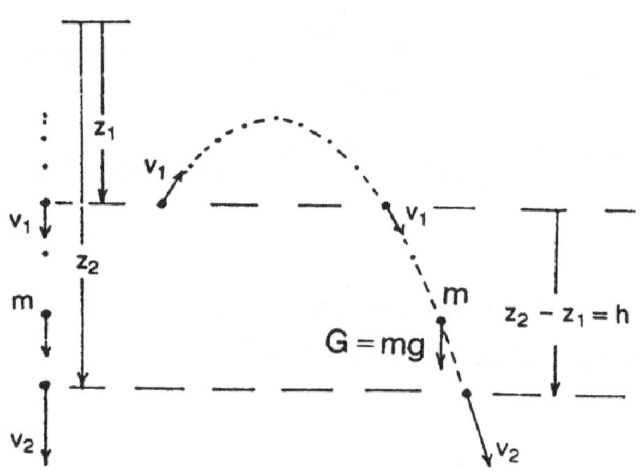

Abb. 5.17

Speziell für $v_1 = 0$ (ohne Anfangsgeschwindigkeit):

$$v = \sqrt{2gh}$$

Dieselben Zusammenhänge gelten auch für den schiefen Wurf ohne Luftwiderstand (Abb. 5.17).

5.7 Stoßvorgänge

Von einem Stoßvorgang spricht man, wenn die Oberflächen zweier Körper aufeinander treffen. Sind die Körper dabei geführt oder gelagert, treten im allgemeinen auch Stoßkräfte zwischen den Körpern und den Führungen bzw. Lagern auf. Es handelt sich um kurzzeitige, im allgemeinen große Kräfte – groß in dem Sinn, daß dabei meist in der Umgebung der Stoßstelle die Fließgrenze der Materialien überschritten wird, sodaß bleibende Verformungen auftreten. Von der Stoßstelle laufen Verformungswellen in die beiden Körper hinein und werden an den Oberflächen reflektiert. Es handelt sich um physikalisch und mathematisch schwierige kinetische Berührprobleme. Um zu einer hinreichend einfachen und praktisch brauchbaren Formulierung zu kommen, treffen wir diverse idealisierende Annahmen. Wir vernachlässigen die Verformungswellen und sehen die Körper bis auf die Umgebung der Stoßstellen als starr an. Dadurch können wir, bei nicht allzu großen Verformungen, näherungsweise die Schwerpunkte als körperfest ansehen.

Auch bei Stoßvorgängen gilt das dritte NEWTONsche Gesetz: die Kräfte, die zwei Körper aufeinander ausüben, sind in jedem Zeitpunkt gegengleich in derselben Wirkungslinie $\vec{F}_{2,1}(t) = -\vec{F}_{1,2}(t)$. Ist die Berührung ideal reibungsfrei, dann stehen diese Kräfte normal auf die Berührebene, bei Berührung mit Reibung kann Haften oder Gleiten eintreten.

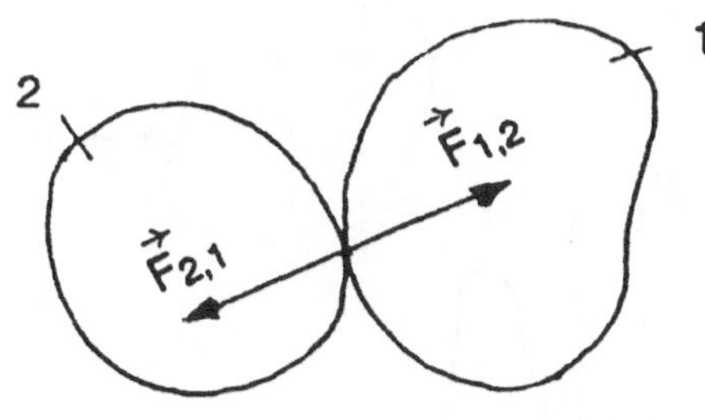

Abb. 5.18

Wir betrachten hier den Fall, daß auf die beiden Körper während der Stoßdauer nur die Kräfte an der Stoßstelle wirken.

Für die Schwerpunktsgeschwindigkeiten $\vec{v}_{S1}$ bzw. $\vec{v}_{S2}$ gelten jedenfalls die Impulssätze

$$\frac{d(m_1\vec{v}_{S1})}{dt} = \vec{F}_{1,2}(t) \tag{5.93}$$

$$\frac{d(m_2\vec{v}_{S2})}{dt} = \vec{F}_{2,1}(t) = -\vec{F}_{1,2}(t) \tag{5.94}$$

Addiert man (5.93) und (5.94), so wird

$$\frac{d}{dt}(m_1\vec{v}_{S1} + m_2\vec{v}_{S2}) = 0 \quad \Rightarrow m_1\vec{v}_{S1} + m_2\vec{v}_{S2} = \text{konst.} \tag{5.95}$$

d.h. über die Stoßdauer bleibt der Gesamtimpuls, die vektorielle Summe der beiden Impulse, konstant – auch beim Stoß mit Gleit- oder Haftreibung zwischen den Körpern und Rotationsbewegungen.

Würden wir den zeitlichen Verlauf der Stoßkräfte kennen, könnten wir aus (5.93) bzw. (5.94) die zeitlichen Verläufe der Schwerpunktsgeschwindigkeiten berechnen. Wir schreiben zunächst

$$d(m_1\vec{v}_{S1}) = \vec{F}_{12}(t)dt \quad \Rightarrow \quad m_1\vec{v}_1{}' - m_1\vec{v}_1 = \int_{t=0}^{t_E} \vec{F}_{12}(t)dt \tag{5.96}$$

$$d(m_2\vec{v}_{S2}) = -\vec{F}_{12}(t)dt \quad \Rightarrow \quad m_2\vec{v}_2{}' - m_2\vec{v}_2 = -\int_{t=0}^{t_E} \vec{F}_{12}(t)dt \tag{5.97}$$

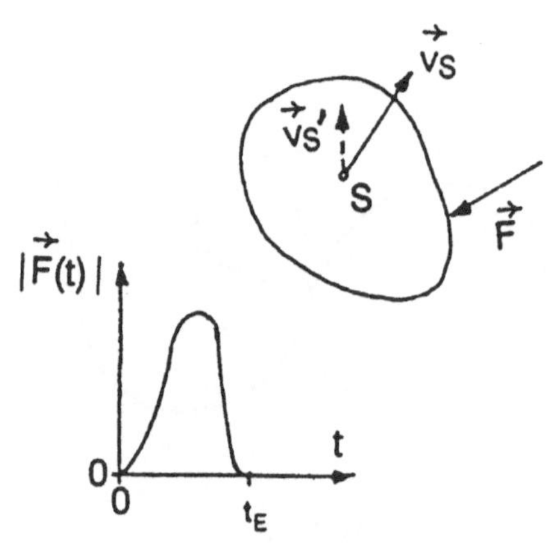

Abb. 5.19

Darin bedeuten $\vec{v}_1$, $\vec{v}_2$ die Schwerpunktsgeschwindigkeiten vor dem Stoß, $\vec{v}_1{}'$, $\vec{v}_2{}'$ diese nach dem Stoß, t_E die Stoßdauer (Zeit von der ersten Berührung der Oberflächen bis zum Ende der Stoßkraftübertragung).

Das Integral in (5.96) nennt man den "Stoßantrieb" $\vec{S}$

$$\int_{t=0}^{t_E} \vec{F}_{12}(t)dt = \vec{S} \tag{5.98}$$

Bei konstanter Kraftrichtung ist sein Betrag die "Fläche" unter der Kurve in Abb. 5.19. Man hat somit für jeden der beiden Körper die Aussage **Impulsänderung = Stoßantrieb:**

$$m_1\vec{v}_1{}' - m_1\vec{v}_1 = \vec{S} \tag{5.99}$$

$$m_2\vec{v}_2{}' - m_2\vec{v}_2 = -\vec{S} \tag{5.100}$$

Sind die Schwerpunktsgeschwindigkeiten $\vec{v}_1$ und $\vec{v}_2$ vor dem Stoß gegeben und die nach dem Stoß gesucht, so haben wir hier zwei Vektorgleichungen für die drei Unbekannten $\vec{v}_1$, $\vec{v}_2$ und $\vec{S}$, also schon für die drehungsfreie Bewegung eine Gleichung zu wenig. Die Gleichung (5.95) hilft uns hier nicht weiter, sie ist nur eine Folgerung der obigen Gleichungen.

Aus (5.99) und (5.100) folgt auch die Erhaltung des Gesamtimpulses:

$$m_1\vec{v}_1' + m_2\vec{v}_2' = m_1\vec{v}_1 + m_2\vec{v}_2 \qquad (5.101)$$

Die Impulssätze können uns zunächst nicht mehr Aussagen liefern, weil wir noch nichts über das Materialverhalten eingebracht haben.

Wir betrachten zunächst den einfachsten Fall, daß zwei sich drehungsfrei bewegende Körper so aufeinandertreffen, daß die Stoßkräfte durch ihre Schwerpunkte gehen (Abb. 5.20). Die Gleichungen (5.99) bzw. (5.100) lauten dann einfach

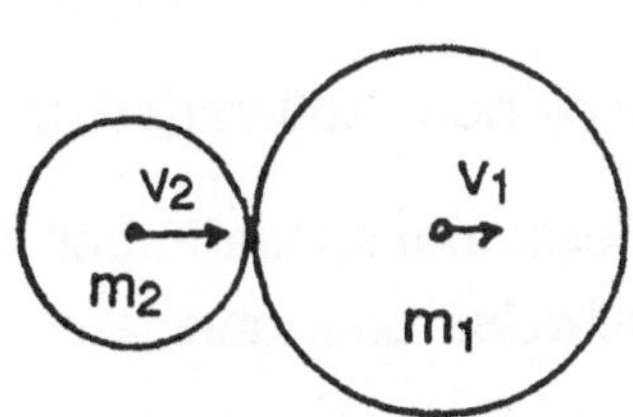

Abb. 5.20

$$m_1v_1' - m_1v_1 = S \qquad (5.102)$$

$$m_2v_2' - m_2v_2 = -S \qquad (5.103)$$

Voraussetzung: $v_2 > v_1$

Es gibt zwei Grenzfälle:

1) der vollkommen elastische Stoß: keine bleibenden Verformungen, die gesamte Bewegungsenergie bleibt erhalten. Wir haben dann diese Aussage als dritte Gleichung zu (5.102) und (5.103)

$$m_1\frac{v_1'^2}{2} + m_2\frac{v_2'^2}{2} = m_1\frac{v_1^2}{2} + m_2\frac{v_2^2}{2} \qquad (5.104)$$

2) der vollkommen unelastische Stoß: die Verformungen der beiden Körper werden nicht rückgebildet. Nach dem Stoß haben die beiden Körper dieselbe Geschwindigkeit v'. Wir haben dann als dritte Gleichung zu (5.102) und (5.103) die Gleichung

$$v_1' = v_2' = v' = \frac{m_1v_1 + m_2v_2}{m_1 + m_2} \qquad (5.105)$$

Die Wirklichkeit liegt jeweils irgendwo zwischen diesen beiden Grenzfällen. Um sie darzustellen, denken wir uns den realen Stoßvorgang in zwei Phasen geteilt:

1) Die "Kompressionsphase", Zeit $t = 0$ bis $\bar{t}$, die Verformungen werden größer bis zu einem Zeitpunkt, den wir $\bar{t}$ nennen, bis die beiden Stoßstellen und die beiden Schwerpunkte die gleiche Geschwindigkeit $\bar{v}$ haben. Die Impulssätze liefern für diese Phase

$$\begin{aligned} m_1\bar{v} - m_1 v_1 &= S_K \\ m_2\bar{v} - m_2 v_2 &= -S_K \end{aligned} \qquad (5.106)$$

wobei S_K den Stoßantrieb über diese Zeit bedeutet.

2) die "Restitutionsphase", Zeit $t = \bar{t}$ bis Stoßende t_E, die Verformungen werden teilweise oder ganz zurückgebildet. Die Impulssätze liefern hiefür

$$\begin{aligned} m_1 v_1' - m_1\bar{v} &= S_R \\ m_2 v_2' - m_2\bar{v} &= -S_R \end{aligned} \qquad (5.107)$$

wobei S_R den Stoßantrieb über diese Zeit bedeutet. Diese Phase entfällt beim vollkommen unelastischen Stoß.

Zur Beschreibung des Materialverhaltens führen wir nun die sogenannte "Stoßziffer" k ein, als Verhältnis von Stoßantrieb in der Restitutionsphase zu Stoßantrieb in der Kompressionsphase:

$$k = \frac{S_R}{S_K} \qquad 0 \le k \le 1 \qquad (5.108)$$

Damit liefern die Gleichungen (5.106) und (5.107) schließlich für unsere Fragestellung v_1, v_2 gegeben, S, v_1', v_2' gesucht, für den einfachsten Fall nach Abb. 5.20:

$$S = (1 + k)\frac{m_1 m_2}{m_1 + m_2}(v_2 - v_1) \qquad (5.109)$$

$$v_1' = v_1 + \frac{S}{m_1} = v_1 + \frac{(1 + k)\, m_2}{m_1 + m_2}(v_2 - v_1) \qquad (5.110)$$

$$v_2' = v_2 - \frac{S}{m_2} = v_2 - \frac{(1 + k)\, m_1}{m_1 + m_2}(v_2 - v_1) \qquad (5.111)$$

Für die Differenz der gesamten kinetischen Energie vor und nach dem Stoß ergibt sich damit

$$E_{kin} - E_{kin}' = \frac{m_1 v_1^2}{2} + \frac{m_2 v_2^2}{2} - \left(\frac{m_1 v_1'^2}{2} + \frac{m_2 v_2'^2}{2}\right) =$$

$$= \frac{1-k^2}{2} \frac{m_1 m_2}{m_1 + m_2} (v_2 - v_1)^2 \tag{5.112}$$

Wir sehen aus diesen Gleichungen, daß im Stoßantrieb S nur die Relativgeschwindigkeit $v_{rel} = v_2 - v_1$ vor dem Stoß vorkommt, nicht v_1 und v_2 einzeln, und daß beide Massen symmetrisch eingehen, keine bevorzugt. Die Geschwindigkeit des Körpers 1 wird durch den Stoßantrieb S vergrößert, die Geschwindigkeit des Körpers 2 verkleinert.

Für $k = 1$, den vollkommen elastischen Stoß, ist bei sonst gleichen Bedingungen der Stoßantrieb doppelt so groß wie für $k = 0$, den vollkommen unelastischen Stoß.

Die Stoßziffer k hängt leider nicht nur von beiden Materialien und der Form der Körper in der Umgebung der Stoßstellen ab – oder, auf Fahrzeuge übertragen, von den Konstruktionsdetails – sondern wesentlich auch vom Wert $v_2 - v_1$, der Relativgeschwindigkeit der Stoßstellen vor dem Stoß. Von dem Stoßvorgang z.B. Stoßstange gegen Stoßstange wissen wir, daß bei entsprechend sanfter Berührung keine oder kaum sichtbare bleibende Verformungen auftreten, nach schnellerem Auffahren hingegen die Stoßstangen nicht mehr neuwertig aussehen.

Aus Gleichung (5.112) sehen wir: Der Betrag der in bleibende Verformungsarbeit und Wärme umgesetzten kinetischen Energie hängt von der Differenz $v_2 - v_1$ zum **Quadrat** ab, die beiden Massen gehen wieder symmetrisch ein, und er ist am größten für $k = 0$ (vollkommen unelastischer Stoß); für $k = 1$, im Grenzfall vollkommen rückgebildeter Verformung, ist er Null.

Spezialfälle für die Gleichungen (5.110), (5.111) sind:

a) $k = 0$

$$\Rightarrow \quad v_1' = v_2' = \bar{v} = \frac{m_1 v_1 + m_2 v_2}{m_1 + m_2}$$

die beiden Massen bewegen sich nach dem Stoß mit derselben Geschwindigkeit.

b) $k=1,\ m_1 = m_2 \quad \Rightarrow \quad v_1' = v_2,\quad v_2' = v_1$

die Geschwindigkeiten werden ausgetauscht

c) Stoß gegen unverschiebliche Wand:

$m_1 \Rightarrow \infty \quad \Rightarrow \quad v_2' = -\,kv_2$

für $k = 1$ wird die Geschwindigkeit v_2 umgedreht,
für $k = 0$ bleibt die Masse an der Wand.

Der Fall c) bietet eine Möglichkeit zur experimentellen Bestimmung der Stoßziffer k (in Abhängigkeit von der Auftreffgeschwindigkeit v):

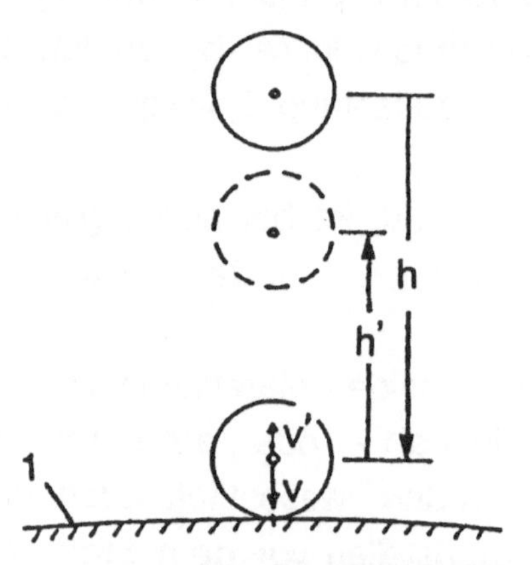

Körper 1 festgehalten
Abb. 5.21

Erste Auftreffgeschwindigkeit v nach freiem Fall über Höhe h: $v = \sqrt{2gh}$

Rücksprung: $|v'| = kv = k\sqrt{2gh}$
$= \sqrt{2gh'}$

h' .... Steighöhe

Daraus: $k = \sqrt{\dfrac{h'}{h}}$

Sie können diesen Vorgang mit Hilfe des Programmes **Springball** auf dem Bildschirm auch akustisch verfolgen.

Wir vergleichen Stoßantrieb S und ΔE_{kin} für

Fahrzeug gegen feste Wand	zwei Fahrzeuge gleicher Masse m mit gegengleichen Geschwindigkeiten vor dem Stoß
$m_2 = m \quad v_1 = 0$	$m_1 = m_2 = m$
$v_2 = v \quad m_1 \Rightarrow \infty$	$v_2 = v \quad v_1 = -v$

$$S = (1 + k)\frac{m_1 m_2}{m_1 + m_2}(v_2 - v_1) \qquad (5.109)$$

gibt

$S = (1 + k)\,mv$	$S = (1 + k)\,mv$ wie links
$v' = -kv$	$v_2' = -kv_2 = -kv$ $v_1' = -kv_1 = kv$

(5.112) $$\Delta E_{kin} = -\frac{1-k^2}{2}\,\frac{m_1 m_2}{m_1 + m_2}\,(v_2 - v_1)^2 \quad \text{gibt}$$

$\Delta E_{kin} = -(1-k^2)\,m\,\frac{v^2}{2}$	$\Delta E_{kin} = -2\,(1-k^2)\,m\,\frac{v^2}{2}$ je Fahrzeug wie links

Stoßantrieb und je Fahrzeug umgesetzte kinetische Energie sind also in beiden Fällen gleich.

Stoßen **reibungsfreie** Kugeln so zusammen, daß ihre Mittelpunktsgeschwindigkeiten vor dem Stoß nicht in der Stoßnormalen n liegen (Abb. 5.21), dann gelten die Formeln (5.109) bis (5.111) für die Komponenten der Geschwindigkeiten in Richtung der Verbindungslinie der Mittelpunkte (in Abb. 5.21 als x–Richtung bezeichnet), die Geschwindigkeitskomponenten normal zu dieser Richtung bleiben über die Stoßdauer wegen der vorausgesetzten Reibungsfreiheit – keine Kraftübertragung in der Berührebene – konstant.

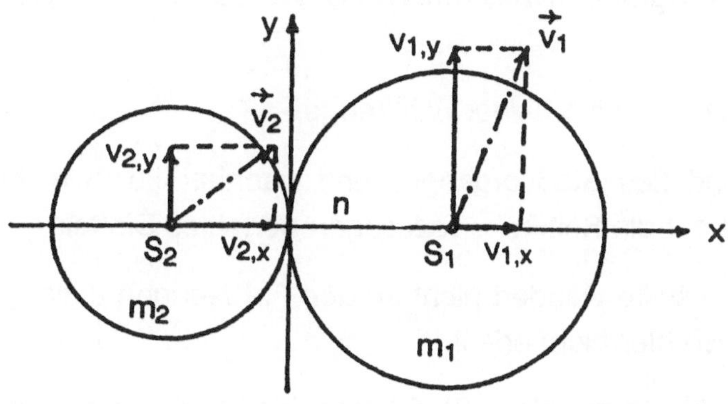

Abb. 5.22

Damit lassen sich hübsche Programme schreiben, in denen mehrere Kugeln unterschiedlicher Massen gegeneinander und gegen den "unverschieblichen" Bildrand stoßen. Solange wir reibungsfrei, ohne Unterlage und drehungsfrei rechnen, ist dies allerdings kein Simulationsmodell für Billard.

Speziell: reibungsfreier zentrischer Stoß gegen feste Wand:

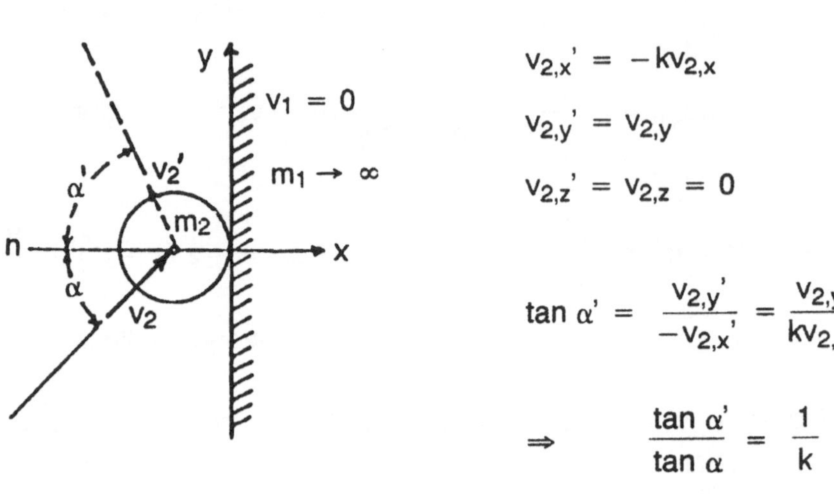

Abb. 5.23

sei $v_{2,z} = 0$

$$v_{2,x}' = -kv_{2,x}$$

$$v_{2,y}' = v_{2,y}$$

$$v_{2,z}' = v_{2,z} = 0$$

$$\tan\alpha' = \frac{v_{2,y}'}{-v_{2,x}'} = \frac{v_{2,y}}{kv_{2,x}}$$

$$\Rightarrow \quad \frac{\tan\alpha'}{\tan\alpha} = \frac{1}{k}$$

Reale Stöße im Alltagsleben sind im allgemeinen nicht zentrisch, nicht reibungsfrei und nicht drehungsfrei. Wenn die Wirkungslinie der zwischen den beiden Körpern übertragenen Stoßkräfte nicht durch den Schwerpunkt geht – exzentrischer Stoß – dann müssen wir noch die entsprechenden Drallsätze heranziehen[1)].

Im Programm **Kollision zweier Autos** ist der Einfachheit halber vorausgesetzt:

1. ebene Bewegung beider Fahrzeuge,
2. während des Stoßvorganges und nachher keine Reibungskräfte von der Straße auf die Reifen – sozusagen perfektes Glatteis,
3. die Stoßstelle wandert nicht an den Fahrzeugen entlang – Streifkollisionen sind also hier nicht erfaßt,
4. über die kurzzeitige Stoßdauer bleibt die Geometrie des Bildes zu Stoßbeginn erhalten,
5. die beiden Stoßstellen haben am Ende der Kompressionsphase dieselbe Geschwindigkeit nach Größe und Richtung ("Verhakung" oder Haftreibung).

1) Interessenten für diese Gleichungen geben die Autoren gerne Auskünfte.

Sie können mit diesem Programm auch die Sonderfälle a) und b) von Seite 103 auf dem Bildschirm laufen lassen, wenn Sie die beiden Rechtecke zentrisch zusammenstoßen lassen, wie in der Abb. 5.20, die Stoßziffer k im Bereich von 0 bis 1 wählen, und auch den Fall c), wenn Sie für die gestoßene Masse einen Zahlenwert eingeben, der sehr groß ist gegen den für die stoßende Masse.

6. Die Programme

6.1 Allgemeine Beschreibung der Programme

6.1.1 Einleitung

Zu diesem Buch gehört eine beidseitig beschriebene Diskette, auf der zu den im ersten Teil erläuterten Themenkreisen Programme als Beispiele enthalten sind. Diese Programme bilden ein Paket, dessen Bedienung nun beschrieben werden soll.

6.1.2 Die Geräte

Das Programmpaket *Mechanik am C-64* wurde, wie der Name schon sagt, für den C-64 von COMMODORE geschrieben. Die Geräteausstattung muß folgendem Mindestmaß genügen:

- Commodore C-64 oder
- Commodore 128 im C-64-Modus,
- ein Floppy-Laufwerk Commodore 1541, 1570 oder 1571,
- ein Monitor oder TV-Gerät (SW oder Farbe).

Zusätzlich ist es möglich, Hardcopies vom Bildschirm anzufertigen, wenn ein Drucker angeschlossen ist (nähere Informationen dazu etwas später).

6.1.3 Aufbau des Programmpakets

Das Programmpaket basiert auf dem Modul *GRAFIK.SYS*, das ein erweitertes BASIC zur Verfügung stellt. Dieses ist auf der Diskette gespeichert.

Die Bedienung des Programmpakets erfolgt von einem *Programmauswahlmenü*, von dem die einzelnen Programmbeispiele aufgerufen werden können, in den Programmen sind die Abläufe *menügeführt*.

6.1.4 Starten des Programmpakets

Zum Starten des Programmpakets sollten Rechner und Floppy einmal aus- und wieder eingeschaltet werden. Dann wird die Programmdiskette, Vorder- oder Rückseite ist egal, eingelegt. Als nächstes muß das *System* geladen werden. Das geschieht mit

LOAD"0:*",8,1

Nun beginnt das Laufwerk zu arbeiten und der Rechner lädt sein Betriebssystem von der Diskette (*GRAFIK.SYS* etc.). Nach einigen Sekunden fragt der Rechner, ob Sie einen Drucker angeschlossen haben, und wenn ja, welchen (Abb. 6.1).

```
!!! Bitte waehlen Sie aus !!!

1 .. 7-Nadel Drucker und IEC-Bus
     (Seikosha, NL-10, MPS 801 und
     alle Drucker, die sich mit
     CHR$(8) in den Grafikmodus
     schalten lassen)

Drucker mit Centronics Schnittstelle

2 .. SG 10/15
3 .. MPS 1000
4 .. Epson FX-85

5 .. anderer Centronics Drucker:
     Der Druckertreiber aux.drv
     kann mit 'Anpassung anderer
     Drucker' adaptiert werden !

6 .. kein Drucker
```

Abb. 6.1

Die Auswahl der einzelnen Punkte geschieht einfach durch Drücken der **Ziffer** links neben der Beschreibung des gewünschten Druckers. Was bedeuten nun die einzelnen Angaben?

- Unter **Punkt 1** werden Drucker angeboten, die sich mit CHR$(8) in den Grafikmodus umschalten lassen. Das sind im allgemeinen Drucker, die über das serienmäßige *serielle* Kabel (IEC-Bus, DIN-Buchse hinten am Rechner) angeschlossen werden. Ein Blick in das Bedienungshandbuch des Druckers bzw. des Druckerinterfaces genügt, um festzustellen, ob

Ihr Drucker zu dieser Klasse gehört. Diese Drucker verwenden zum Drucken von Grafik 7 Nadeln!

- Die **Punkte 2 bis 5** bieten sogenannte *Centronics*-Drucker an. Die meisten Drucker haben als Standardschnittstelle einen Centronicsstecker. Mit einem geeigneten Kabel (Beschreibung im Anhang) lassen sich diese Drucker vom User-Port Ihres Commodore aus ansprechen. Für drei Drucker sind die Druckertreiber schon installiert, andere lassen sich leicht installieren, indem der Druckertreiber "aux.drv" mit dem Programm *Anpassung anderer Drucker* entsprechend adaptiert wird. Näheres dazu in der entsprechenden Programmbeschreibung (die dort beschriebenen Druckerkommandos finden Sie in Ihrem Drucker- bzw. Interfacehandbuch). Im Falle, daß sich auf der gerade eingelegten Diskettenseite kein "aux.drv" befindet, reagiert das Programm folgendermaßen (Abb. 6.2):

```
Der Druckertreiber aux.drv
zur Ansteuerung eines beliebigen
Centronics Druckers existiert
auf dieser Diskettenseite nicht !

  Bitte wenden Sie die Diskette
     und druecken Sie RETURN
```

Abb. 6.2

Findet das Programm auch beim zweiten Versuch kein "aux.drv", erscheint die Aufforderung (Abb. 6.3):

```
Der Druckertreiber aux.drv
zur Ansteuerung eines beliebigen
Centronics Druckers existiert
auf dieser Diskettenseite nicht !

Findet sich der Druckertreiber
aux.drv auch auf der zweiten
Diskettenseite nicht, druecken
Sie nochmals RETURN, waehlen Sie
einen der Standard-Centronics-
Drucker und erstellen Sie mit

   'Anpassung anderer Drucker'

einen Druckertreiber des Namens
aux.drv fuer Ihren Drucker.
```

Abb. 6.3

- wollen Sie *keinen Drucker* installieren, wählen Sie **Punkt 6**, das Programmpaket weiß dann, daß ein irrtümlicher Aufruf einer Hardcopy nicht ausgeführt werden kann, und reagiert entsprechend.

Haben Sie nun den richtigen Drucker durch Drücken der entsprechenden Taste ausgewählt, wird der Druckertreiber nachgeladen.

6.1.5 Das Programmauswahlmenü

Als nächstes wird am Bildschirm ein Rahmen gezeigt, in dessen Innerem die Namen der einzelnen Programmbeispiele aufgelistet sind (Abb. 6.4).

```
M E C H A N I K     am    C 6 4
Seite A:  Bitte waehlen Sie aus ....

Zentrales ebenes Kraftsystem

Reibung (Schiefe Ebene)

Traeger auf zwei Stuetzen

Durchlauftraeger

Torsion einer Welle

Anwaehlen: Crsr↑ & Return        Ende: X
```

Abb. 6.4

Ein *Programmname* ist farblich hervorgehoben, was bedeutet, daß dieses Programm gerade ausgewählt ist und durch Betätigen der **RETURN**-Taste gestartet werden kann. Um ein anderes Programm auszuwählen, bedienen Sie sich der **CURSOR-HOCH**-Taste. Drücken Sie diese Taste allein, wird das nächste Programm ausgewählt – der vorher durch eine andere Farbe hervorgehobene Programmname nimmt die Farbe der anderen an, der nächste Programmname wird hervorgehoben. Drücken der **CURSOR-HOCH**-Taste gemeinsam mit der **SHIFT**-Taste läßt den Farbstreifen nach oben wandern. Es werden nicht alle Programmnamen zugleich angezeigt, Sie können jedoch jederzeit alle Programme aufrufen. Wollen Sie zum Beispiel das Programm

```
M E C H A N I K     am    C 6 4
Seite A:  Bitte waehlen Sie aus ....

Durchlauftraeger

Torsion einer Welle

Fachwerke

Erstellen eigener Fachwerke

Schiefer Wurf

Anwaehlen: Crsr↑ & Return        Ende: X
```

Abb. 6.5

auswählen, das dem letzten am Bildschirm angezeigten folgt, gehen Sie mit dem Cursor zu diesem und betätigen Sie die **CURSOR-HOCH**-Taste noch einmal. Die Liste wird um einen Programmnamen nach oben verschoben und das von Ihnen gewünschte Programm erscheint ausgewählt (Abb. 6.5). Dasselbe können Sie auch am oberen Rand des Rahmens machen.

Wie schon angedeutet werden die Programme mit **RETURN** gestartet, wenn die Wahl getroffen ist. Das System sucht nun auf der Diskette das entsprechende Programm, lädt es nach und startet es. Befindet sich das gewünschte Programm nicht auf der gerade *aktuellen Diskettenseite* (diese wird oben links angezeigt), fordert das System zum Wenden der Diskette auf und wartet auf die Taste **RETURN**, um fortzufahren (Abb. 6.6).

```
M E C H A N I K    am    C 6 4
Seite A:  Bitte waehlen Sie aus ....

Schiefer Wurf
Satellitenbewegung
Feder-Masse-Schwinger
Pendeluhr
Ueberschlagendes Pendel

Bitte Diskette wenden und <Return>
```

Abb. 6.6

In der Fußzeile des Rahmens wird noch die Option *Ende mit X* angeboten. Sie dient dazu, das Programmpaket zu verlassen und wieder in den normalen Betriebsmodus des C-64 zurückzukehren.

```
M E C H A N I K    am    C 6 4
Seite A:  Bitte waehlen Sie aus ....

Pendeluhr
Ueberschlagendes Pendel
Springball
Kollision zweier Autos
Anpassung anderer Drucker

Programmdiskette einlegen & <RETURN>
```

Abb. 6.7

6.1.6 Allgemeine Bemerkungen zu den Programmen

Die Programme sind, wie schon erwähnt, menügeführt. Die Auswahl der einzelnen Menüpunkte geschieht grundsätzlich auf drei Arten:

- Menüpunkte, in denen *einzelne Buchstaben revers dargestellt* sind, können durch Drücken der **entsprechenden Taste** des revers dargestellten Buchstabens aufgerufen werden (zwischen Klein- und Großbuchstaben wird nicht unterschieden).
- Menüs, in denen *einzelne Felder farblich hervorgehoben* sind, werden so behandelt, wie oben beim Programmauswahlmenü beschrieben. Die einzelnen Menüpunkte werden mit der **CURSOR-HOCH**-Taste ausgewählt und mit **RETURN** angesprungen.
- Als dritte Variante gibt es Menüs, in denen die Menüpunkte am Bildschirm mit einem *Stern- oder Pfeilcursor* angewählt werden. Dieser Cursor läßt sich mit den **CURSOR**-Tasten bewegen. Steht er an der gewünschten Stelle, kann der entsprechende Menüpunkt durch Betätigen der **RETURN**-Taste angewählt werden.

Die **HOCHPFEIL**-Taste dient generell zur *Rückkehr* in das aufrufende Menü, mit **X** können Sie das *Programm verlassen.*

In den meisten Programmen wird Ihnen, zum Kennenlernen, der Menüpunkt *Demo* angeboten. Sie haben die Möglichkeit, die Geschwindigkeit des automatischen Programmablaufes mit der **CTRL**-Taste zu verändern. **CTRL** macht den Ablauf schneller, **SHIFT/CTRL** langsamer. Sie müssen die Tasten etwas länger gedrückt halten, um einen merkbaren Effekt zu erzielen.

Abschließend noch zwei wichtige Bemerkungen:

- *Alle Eingaben* von Zahlen oder Texten müssen unbedingt mit der **RETURN**-Taste abgeschlossen werden, da der Rechner die eingegebenen Werte sonst nicht übernimmt !!!
- Die Programmdiskette darf keinesfalls validitiert werden, da sonst Teile des Programmpakets verlorengehen können !!!

Und nun viel Spaß mit den Programmen!

6.2 Zentrales ebenes Kraftsystem

Wählen Sie im *Programmauswahlmenü* das Programm *zentrales ebenes Kraftsystem* (siehe dazu auch Kapitel 2.2). Es beginnt mit folgendem Bildschirm (Abb. 6.8):

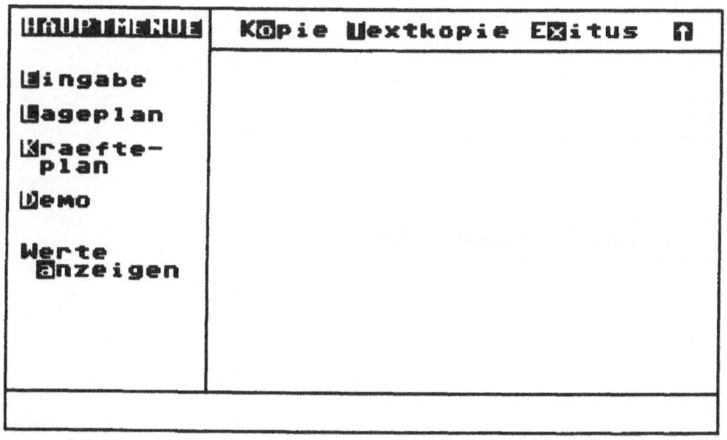

Abb. 6.8

Es stehen Ihnen im *Hauptmenü* die Punkte *Eingabe*, *Lageplan*, *Kräfteplan*, *Demo* und *Werte anzeigen* zur Verfügung. Durch Drücken der Taste **E** gelangen Sie ins *Eingabemenü* (Abb 6.9). Dieses Menü dient zur Eingabe von maximal 5 Kraftvektoren. Diese Vektoren können Sie *alle hintereinander* (Abb. 6.10) oder *einzeln* eingeben.

Sie müssen für jeden Vektor einen *Betrag* und einen *Winkel* eingeben (Abb. 6.11). Die bereits eingegebenen Vektoren können Sie jederzeit durch Drücken der Taste **A** *anzeigen* (Abb. 6.12). Die *Gesamteingabe* beenden Sie

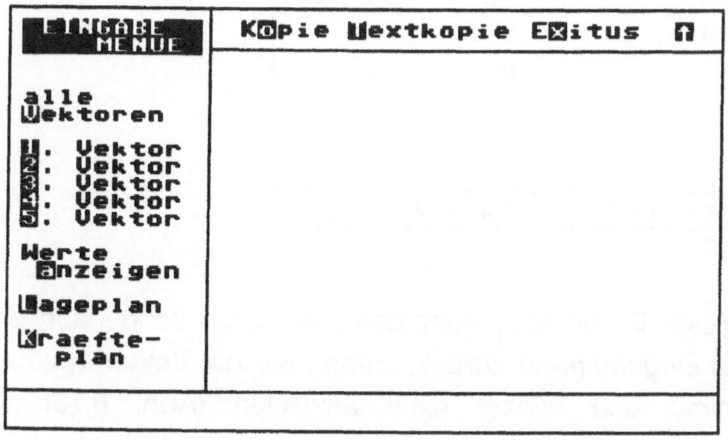

Abb. 6.9

GESAMT-
EINGABE
Eingaben mit 'RETURN' !
Betrag
in [N]
Winkel
in [Grad]
Eingabe
beenden
Werte
anzeigen
2. Vektor
Betrag: 150_

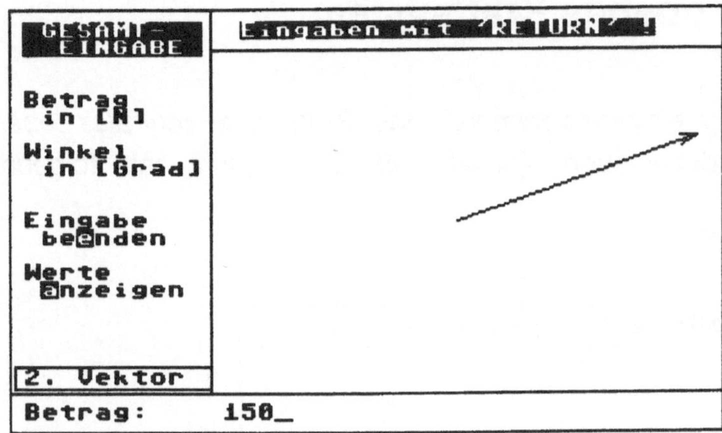

Abb. 6.10

GESAMT-
EINGABE
Eingaben mit 'RETURN' !
Betrag
in [N]
Winkel
in [Grad]
Eingabe
beenden
Werte
anzeigen
2. Vektor
Winkel: 240_

Abb. 6.11

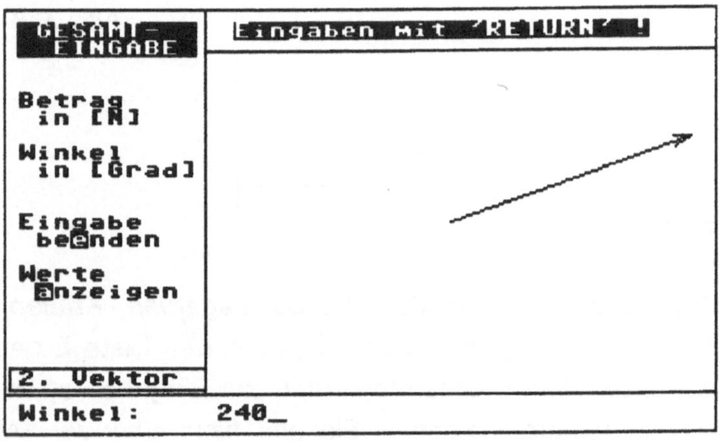

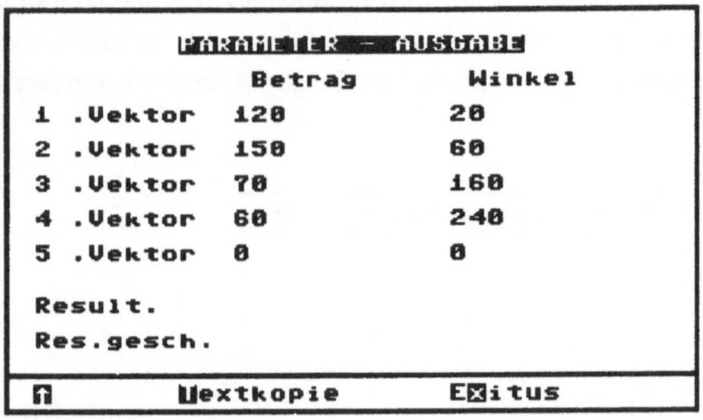

PARAMETER - AUSGABE
Betrag Winkel
1 .Vektor 120 20
2 .Vektor 150 60
3 .Vektor 70 160
4 .Vektor 60 240
5 .Vektor 0 0
Result.
Res.gesch.
Textkopie
Exitus

Abb. 6.12

entweder durch die Taste **E** vorzeitig, oder das Programm kehrt nach dem 5. Vektor selbst in das *Eingabemenü* zurück. Geben Sie die Vektoren einzeln ein, lassen sich *Betrag* und *Winkel* extra anwählen (Abb. 6.13). Die

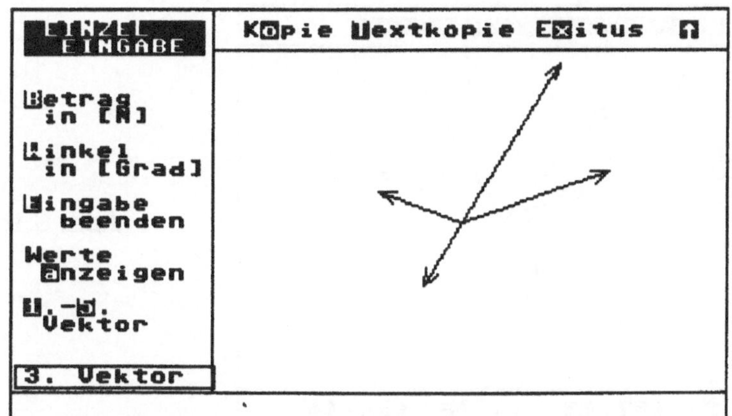

Abb. 6.13

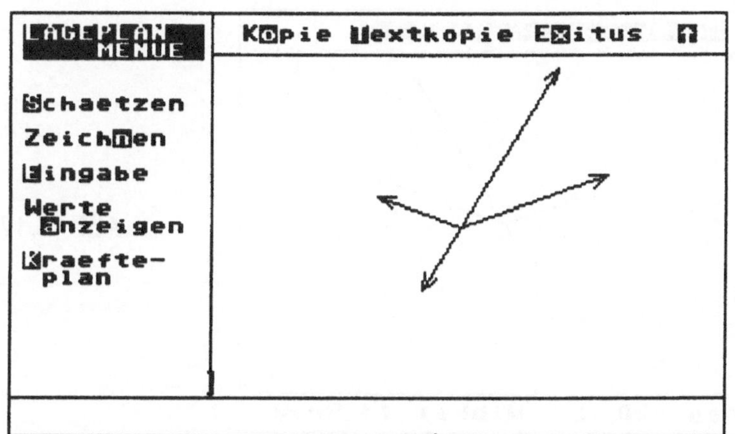

Abb. 6.14

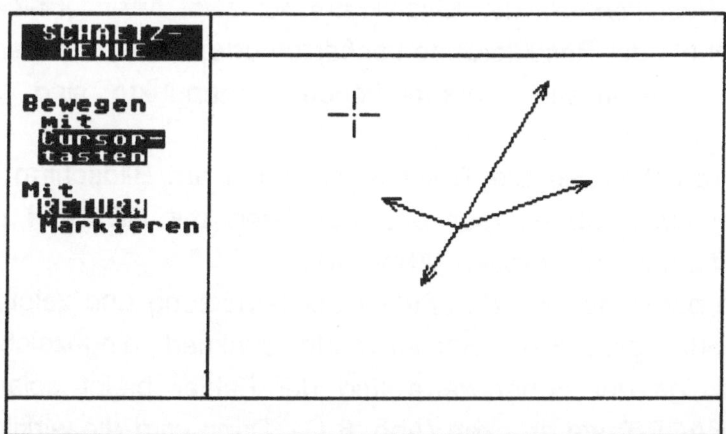

Abb. 6.15

HOCHPFEIL-Taste führt Sie zurück zum *Hauptmenü*. Drücken Sie **L** (*Lageplan*), springt das Programm ins *Lageplanmenü* (Abb. 6.14). In diesem werden die Kräfte nochmals dargestellt.

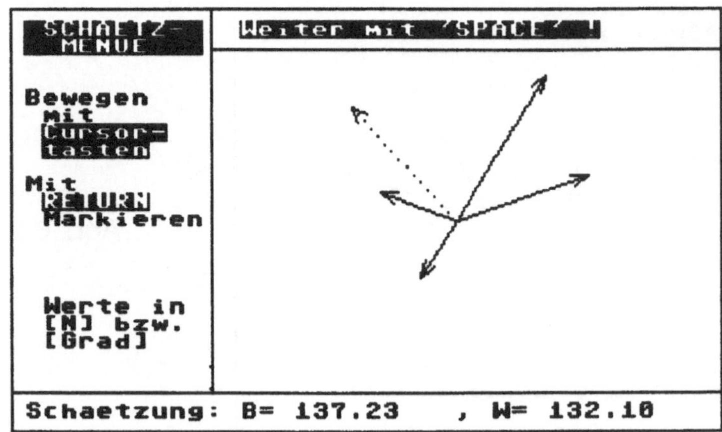

Abb. 6.16

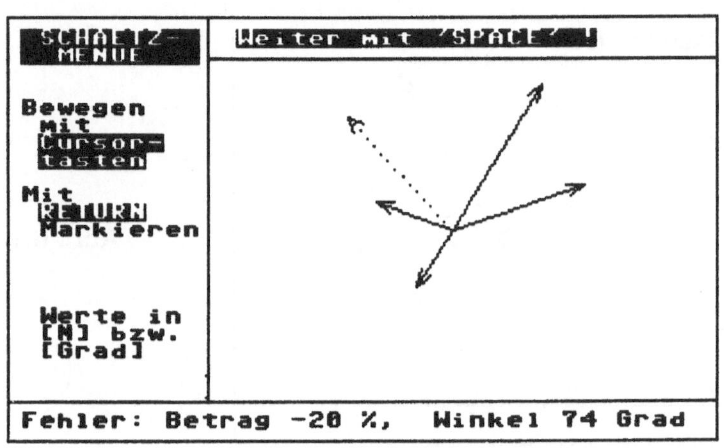

Abb. 6.17

Sie können nun die *Resultierende* der Einzelkräfte auf zwei Arten ermitteln: Sie können den Endpunkt der Resultierenden *schätzen* oder die Resultierende vom Programm *zeichnen* lassen. Entsprechende Menüpunkte sind vorgesehen.

Zum *Schätzen* drücken Sie die Taste **S**, bewegen am Bildschirm mit den **CURSOR**-Tasten einen Sterncursor und markieren mit **RETURN** den geschätzten *Endpunkt* der Resultierenden (Abb 6.15).

Das Programm berechnet nun den *Fehler* der Schätzung und zeigt ihn an. Außerdem wird die geschätzte Resultierende punktiert eingezeichnet (Abb. 6.16). Die Anzeige der Schätzwerte und der Fehler bleibt solange stehen, bis Sie die **SPACE**-Taste drücken (Abb. 6.17). Dann wird die wirkliche Resultierende strichliert eingezeichnet (Abb. 6.18).

Mit Taste **K** gelangen Sie nun aus diesem oder aus dem *Hauptmenü* in das *Kräfteplanmenü* (Abb. 6.19). Es wird der *Kräfteplan* der gewählten Kräfte dargestellt. Sie können zwischen zwei Darstellungsarten wählen:

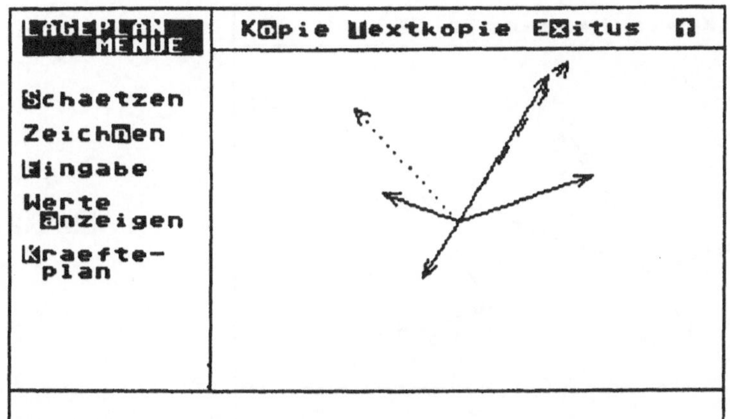

Abb. 6.18

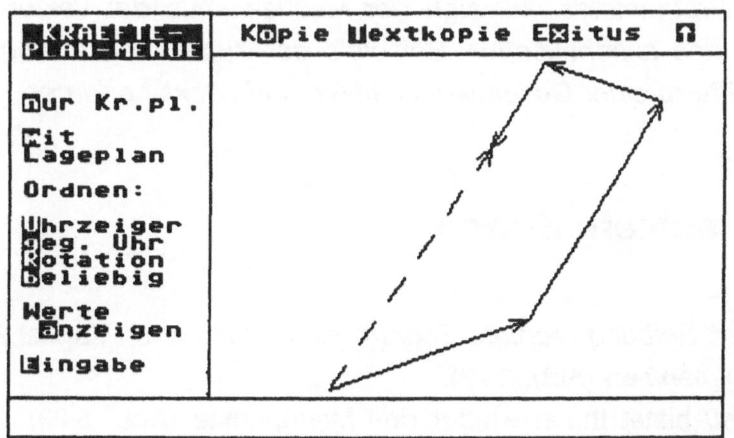

Abb. 6.19

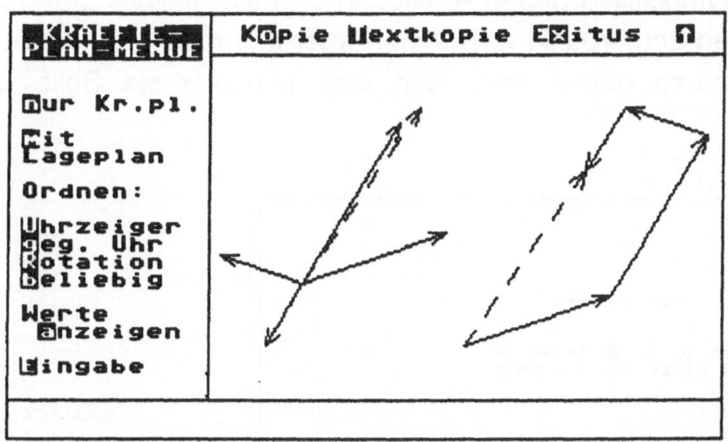

Abb. 6.20

Nur Kräfteplan, oder *Kräfte- und Lageplan* in einem Bildschirm (Abb. 6.20). Des weiteren besteht die Möglichkeit, die Kräfte *umzuordnen*, und auf diese Weise den Kräfteplan übersichtlicher zu gestalten (Abb. 6.21).

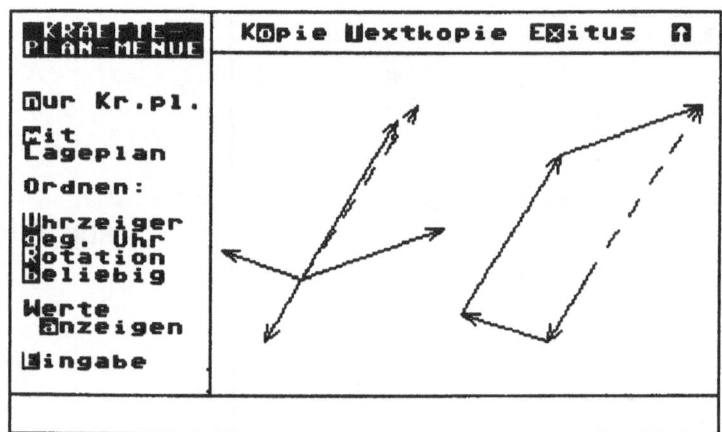

Abb. 6.21

Mit Hilfe dieses Programmes läßt sich der Mechanismus der Vektoraddition anhand des anschaulichen Beispiels der Zusammensetzung der einzelnen Kräfte zu einer Gesamtkraft einfach und effektiv erlernen.

6.3 Reibung, schiefe Ebene

Wählen Sie den Punkt *Reibung (schiefe Ebene)* (siehe dazu auch Kapitel 2.7) im *Programmauswahlmenü* an (Abb. 6.22).

Das *Hauptmenü* bietet Ihnen wieder drei Menüpunkte (Abb. 6.23). Der Punkt *Körper auf Ebene* zeigt einen Quader, der auf einer Ebene liegt. Der dargestellte Quader symbolisiert den in Abbildung 6.24 als Beispiel gewählten Fall. Am linken, unteren Berührpunkt zwischen Körper und Fläche tritt Reibung auf, am rechten, oberen denke man sich eine reibungsfreie Rolle. Die

Beispiel

R E I B U N G
Schiefe Ebene

Initialisierung läuft
Bitte um 15 Sekunden Geduld

Abb. 6.22

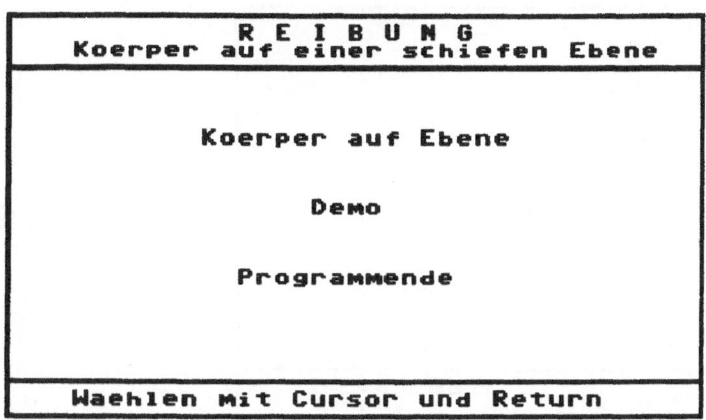

Abb. 6.23

auftretende Kraft an der Rolle steht daher, da hier punktförmige Berührung vorliegt, normal auf die Fläche.

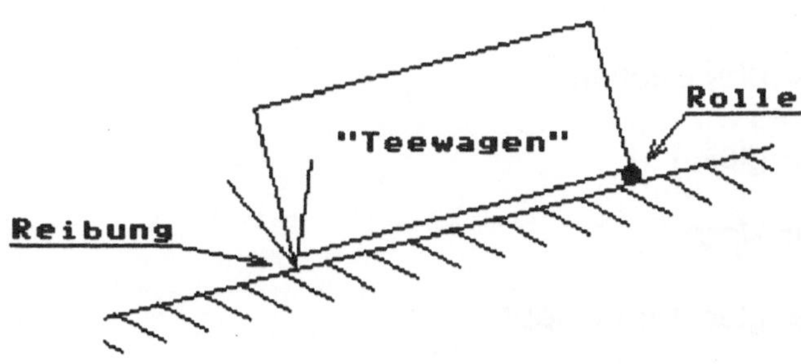

Abb. 6.24

In der linken Spalte des Bildschirms werden verschiedene Optionen angeboten (Abb. 6.25):

- Wahl der *Breite* des Quaders
- Wahl der *Höhe* des Quaders
- Wahl des *Reibungskoeffizienten* μ
- Wahl des *Neigungswinkels* der Ebene
- Zeichnen oder nicht zeichnen der angreifenden *Kräfte*

In der Befehlszeile des Bildschirms offeriert Ihnen das Programm die Operationen *Cursor hoch/tief*, *Kopie*, *Programmende* und *zurück ins Hauptmenü*. Außerdem wird der verwendete *Maßstab* der Zeichnung angezeigt. Den Neigungswinkel der Ebene können Sie durch Drücken der Taste

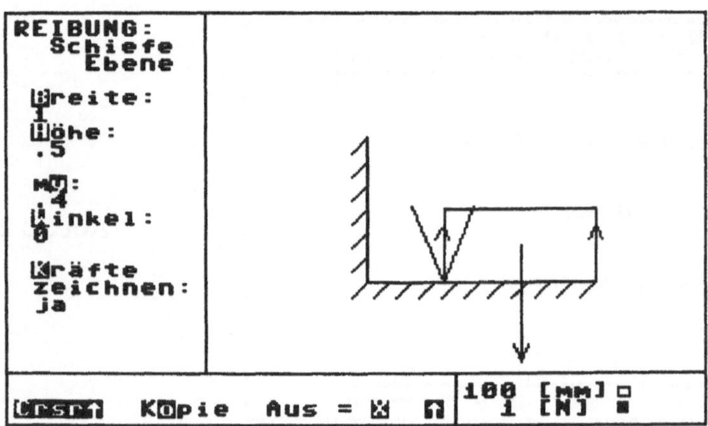

Abb. 6.25

W (*Winkel*) und Eingeben eines Wertes (in Grad) oder durch die **CURSOR-HOCH**-Taste verändern (Abb. 6.26). Abhängig von den momentan gewählten Parametern können nun mehrere Fälle eintreten:

- der Körper bleibt liegen
- der Körper gleitet
- der Körper kippt
- der Körper gleitet und kippt

Sie können aus der grafischen Darstellung erkennen, welcher Fall vorliegt:

- liegt der strichlierte Kraftvektor, der die Kraft darstellt, die für Kräftegleichgewicht notwendig ist, außerhalb des Reibungskegels, liegt Gleiten vor.

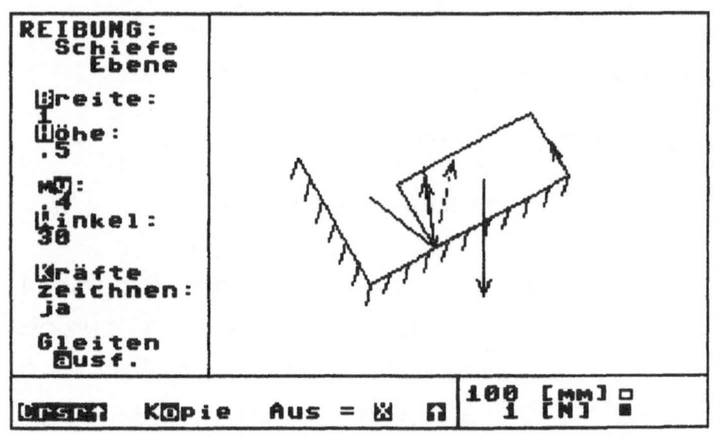

Abb. 6.26

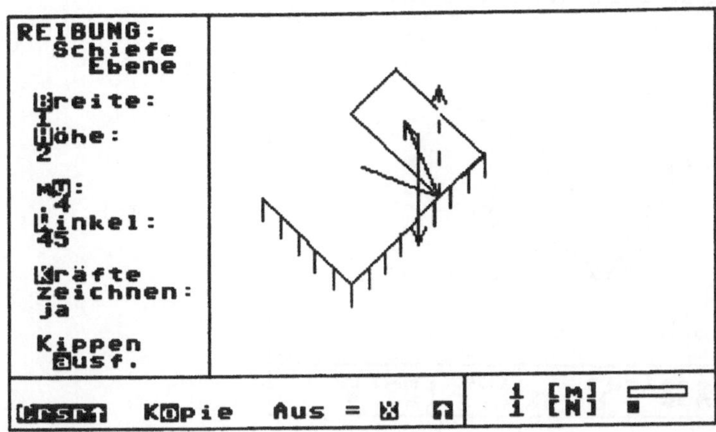

Abb. 6.27

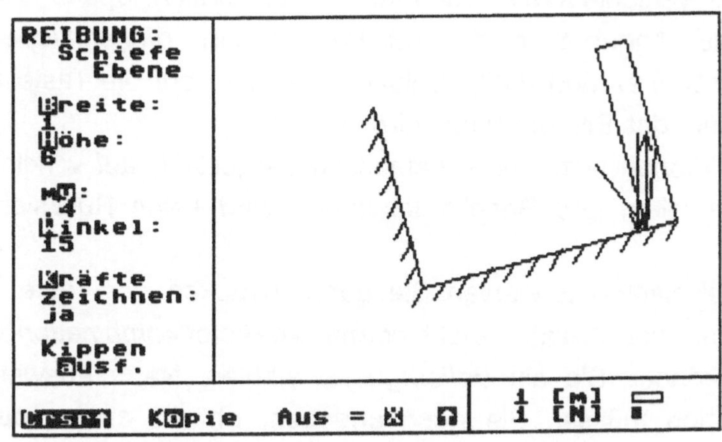

Abb. 6.28

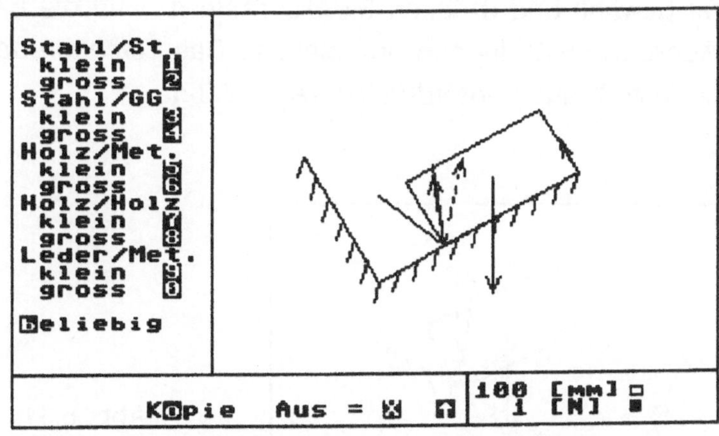

Abb. 6.29

- schneidet der Gewichtsvektor die Ebene außerhalb des Körpers, tritt Kippen ein.
- treten beide Fälle zugleich auf, will der Körper gleiten **und** kippen.

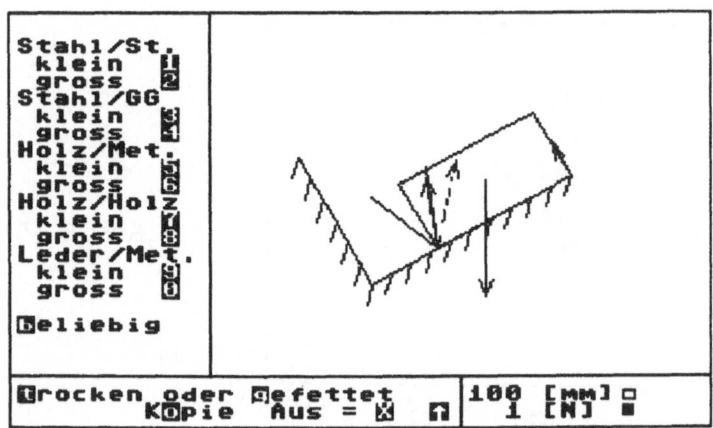

Abb. 6.30

Überdies werden diese verschiedenen Varianten in der linken Spalte des Bildschirms durch das Angebot einer weiteren Option *gleiten/kippen ausführen* angezeigt (Abb. 6.27 und 6.28). Solange Sie nicht auf die Taste **A** (*ausführen*) drücken, bleibt das Bild am Bildschirm stehen.

Das Gleiten und Kippen wird nur schematisch dargestellt, auf wirklich auftretende Geschwindigkeiten und Beschleunigungen wird keine Rücksicht genommen.

Den Reibungskoeffizienten μ wählen Sie durch Drücken der Taste **Y** (Abb.6.29). Es wird Ihnen eine Anzahl verschiedener *Werkstoffkombinationen* angeboten, außerdem können Sie ein *beliebiges* μ wählen. Nach Auswahl einer Werkstoffkombination müssen Sie noch angeben, ob die aneinander reibenden Flächen *trocken oder schwach gefettet* sein sollen (Abb. 6.30). Haben Sie alle Parameter gewählt und drücken Sie die Taste **A**, wird die Bewegung *ausgeführt* (in Abbildung 6.31 kippen und gleiten). Das *Zeichnen der Kräfte* können Sie mit der Taste **K** auch unterdrücken (Abb. 6.32).

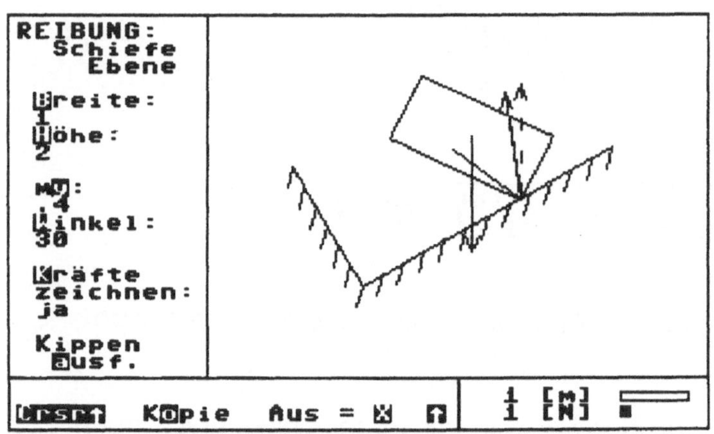

Abb. 6.31

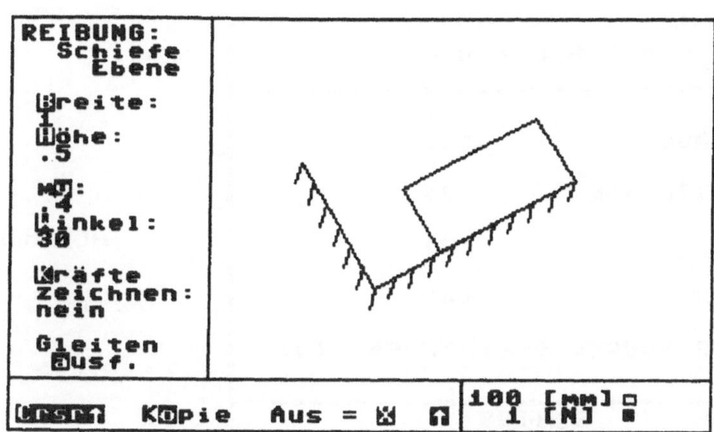

Abb. 6.32

Dieses Programm dient dazu, den Zusammenhang zwischen Reibungskoeffizient, Geometrie eines Körpers, Neigungswinkel einer Ebene und dem daraus resultierenden Verhalten des Körpers schematisch darzustellen.

6.4 Träger

Nach Anwählen des Punktes *Träger* im *Programmauswahlmenü* erscheint am Bildschirm das Eingangsbild dieses Programmes (Abb. 6.33) (siehe auch Kapitel 3).

Nun wird die für dieses Programm notwendige Initialisierung durchgeführt. Rufen Sie in dem nun erscheinenden Menü (Abb. 6.34) als erstes den Punkt *Trägermenü* auf, um die Geometrie und sonstige

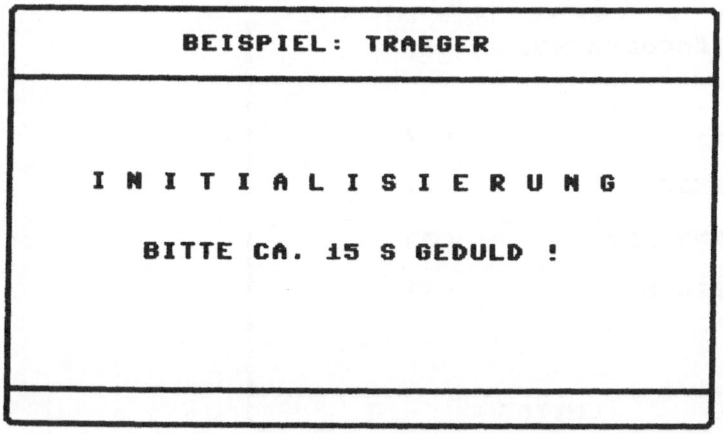

BEISPIEL: TRAEGER

I N I T I A L I S I E R U N G

BITTE CA. 15 S GEDULD !

Abb. 6.33

```
H A U P T M E N U E

TRAEGERMENUE                          (1)
QUERSCHNITTMENUE                      (2)
AUSWERTEN                             (3)
DEMO                                  (4)
VERGLEICHSTRAEGER DEFINIEREN          (5)

TEXTKOPIE        EXITUS
```

Abb. 6.34

notwendige Daten einzugeben (Abb. 6.35). In allen Bildschirmen ist es Ihnen möglich, eine *Kopie* des aktuellen Bildschirmes am Drucker auszugeben (Taste **K**) und das *Programm zu verlassen* (Taste **X**). In das aufrufende Menü können Sie mit der **HOCHPFEIL**-Taste *zurückkehren*. Generell können Sie in Menüs, in denen eine Zeile hell unterlegt ist, entweder mit den **CURSOR**-Tasten und Drücken der Taste **RETURN** oder durch Eingabe der entsprechenden **ZIFFER** die gewünschte Option aufrufen. Sind am Bildschirm Buchstaben, Ziffern oder Sonderzeichen *revers* dargestellt (heller Buchstabe auf dunklem Hintergrund), können die zugehörigen Funktionen durch Drücken der entsprechenden **TASTE** aufgerufen werden.

Der Punkt *Trägerart* ermöglicht es Ihnen, eine der vier vorgegebenen *Lagerungsarten* des zu bearbeitenden Trägers auszuwählen (Abb. 6.36). Wählen Sie entweder mit den **CURSOR**-Tasten und Drücken der Taste **RETURN** oder durch Eingabe der entsprechenden Ziffer die gewünschte

```
TRAEGERMENUE

TRAEGERART                 (1)
TRAEGERLAENGE              (2)
KRAEFTE EINGEBEN           (3)
WERTE ANZEIGEN             (4)

TEXTKOPIE        EXITUS
```

Abb. 6.35

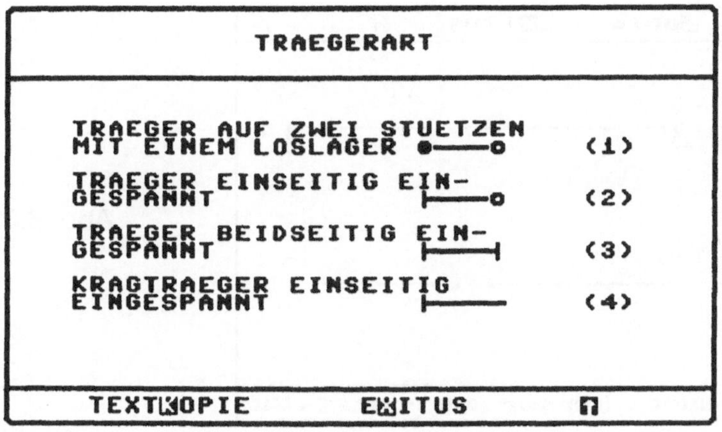

TRAEGERART
TRAEGER AUF ZWEI STUETZEN
MIT EINEM LOSLAGER
<1>
TRAEGER EINSEITIG EIN-
GESPANNT
<2>
TRAEGER BEIDSEITIG EIN-
GESPANNT
<3>
KRAGTRAEGER EINSEITIG
EINGESPANNT
<4>
TEXTKOPIE
EXITUS

Abb. 6.36

Lagerungsart aus. Sie gelangen automatisch in das *Trägermenü* zurück und sollten nun den Punkt *Trägerlänge* ausführen.

Das Programm zeichnet einen Träger mit den von Ihnen gewählten Auflagern und erwartet die Eingabe der *Länge* des Trägers (Abb. 6.37). Die aktuelle Trägerlänge wird im linken Bildschirmteil in Metern ausgegeben. Verlassen Sie dieses Menü mit der **HOCHPFEIL**-Taste und rufen Sie den Programmteil *Kräfte eingeben* auf.

Sie haben hier die Möglichkeit, drei *Einzelkräfte* (Taste **R**) und eine *Gleichlast* (Taste **G**) zu definieren. Wie wird nun eine Kraft eingegeben ?

Als erstes drücken Sie **R** und dann entscheiden Sie, ob Sie die Kraft mittels **CURSOR**-Tasten (Taste **C** drücken) oder *numerisch* (Taste **T**) positionieren wollen (Abb. 6.38). In beiden Fällen müssen Sie zuerst den *Abstand* der Kraft vom linken Auflager festlegen, in einem Fall durch *Hin- und Herfahren* und Übernehmen des gewählten Punktes mit **RETURN**, im anderen Fall durch *Angeben eines Abstandes* in Metern. Zu einer Kraft gehört auch ein

Traeger -
laenge
Kopie
Exitus
l=0
Traegerlaenge in [m]
:<6_
>

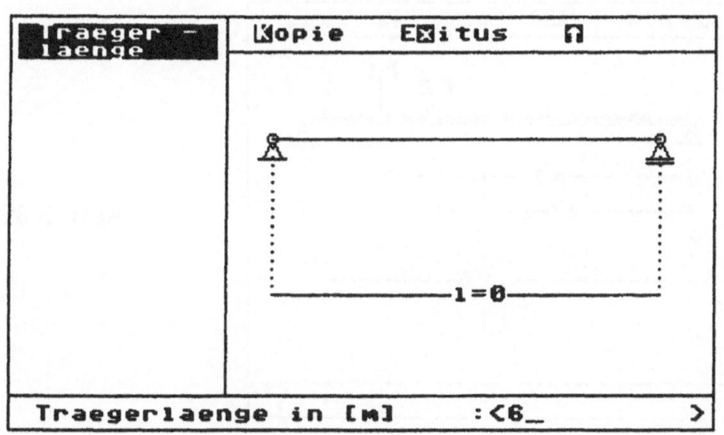

Abb. 6.37

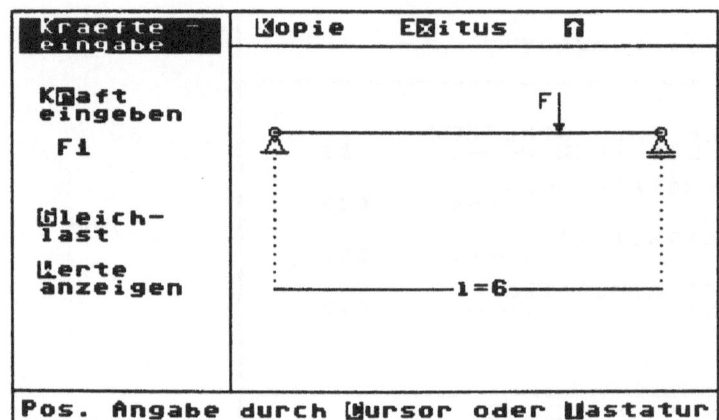

Abb. 6.38

Betrag. Diesen begehrt das Programm als nächstes zu erfahren. Sie stellen nun fest, daß der Rechner die Eingabe der ersten Kraft, Kraft F_1, erkannt hat, denn er bietet nun eine weitere Option. Durch Drücken von **A** können Sie diese Kraft verändern, sowohl *Position*, als auch *Betrag*. Weitere Kräfte müssen Sie zuerst mit **R** eingeben, dann können Sie sie mit **B** bzw. **C** editieren.

Um eine Gleichlast zu definieren, verwenden Sie die Taste **G** und geben Sie den geforderten *Betrag* ein. Sämtliche Eingaben werden grafisch am Bildschirm dargestellt (Abb. 6.39).

Sollten Sie nicht mehr wissen, welche Werte Sie eingegeben haben, drücken Sie **W** wie *Werte anzeigen*. Das Programm gibt dann am Bildschirm alle aktuellen Werte aus (Abb 6.40).

Kehren Sie jetzt zurück zum *Hauptmenü* und rufen Sie das *Querschnittmenü* auf (Abb. 6.41). Es gibt viele verschiedene Arten von

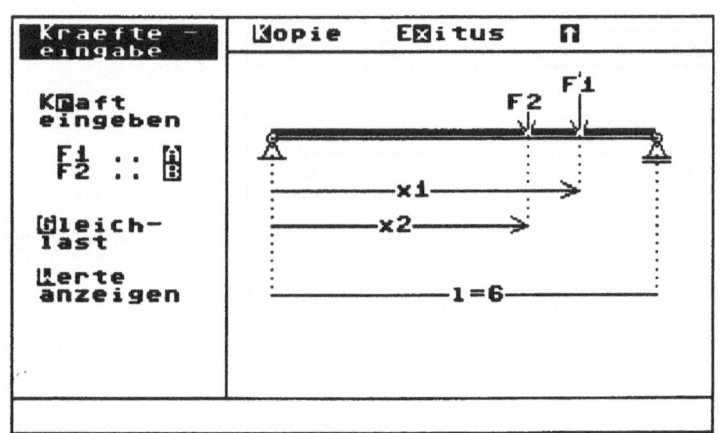

Abb. 6.39

```
EINZELKRAEFTE UND GLEICHLAST

TRAEGERLAENGE          L = 6 M

1. KRAFT :             F1 = 6000 N
ANGRIFFSPUNKT:         X1 = 4 M
2. KRAFT :             F2 = 9000 N
ANGRIFFSPUNKT:         X2 = 4.8 M
3. KRAFT :             F3 = 0 N
ANGRIFFSPUNKT:         X3 = 0 M

GLEICHLAST      Q = 1200 N/M

TEXTKOPIE        EXITUS
```

Abb. 6.40

```
QUERSCHNITTMENUE

RECHTECK          (1)
I - PROFIL        (2)
o - PROFIL        (3)
• - PROFIL        (4)

TEXTKOPIE        EXITUS
```

Abb. 6.41

Trägerquerschnitten. Eine kleine Auswahl daraus steht in diesem Menü zur Verfügung. Wir wollen nun, als Beispiel, ein *I-Profil* eingeben (Abb. 6.42). Die Wandstärken sind in diesem Beispiel aus programmtechnischen Gründen alle gleich.

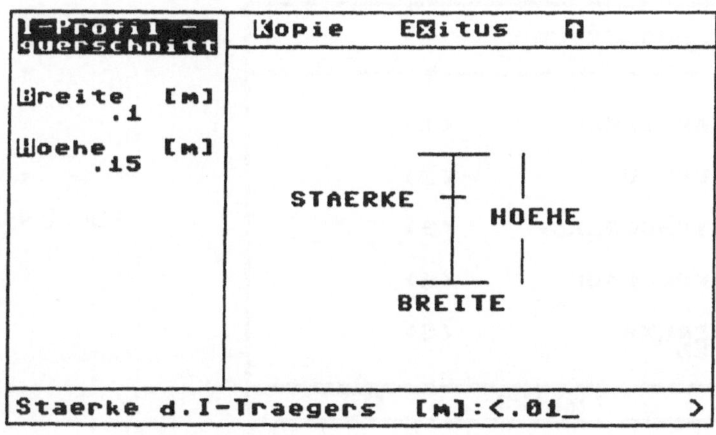

Abb. 6.42

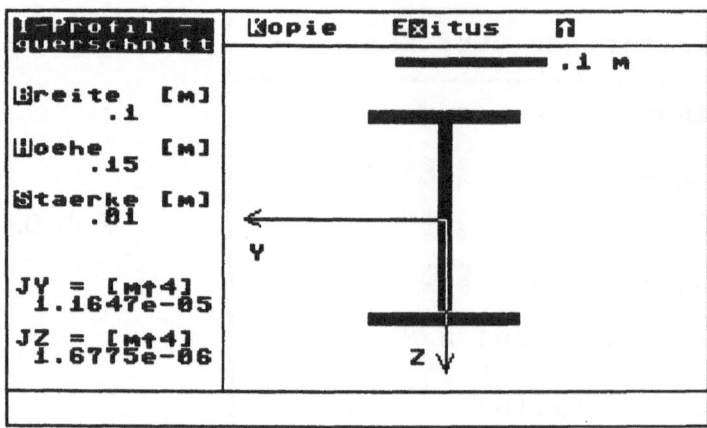

Abb. 6.43

Diese Programmteile erfragen automatisch alle zur Definition des Profils notwendigen Parameter (in unserem Beispel *Breite*, *Höhe* und *Stärke* des Profils). Sobald ein Parameter eingegeben wurde, wird er im linken Bildschirmfenster angezeigt und kann ab nun mit seinem **Anfangsbuchstaben** zur Änderung aufgerufen werden (Abb. 6.43).

Sind Sie mit Ihrem Entwurf und den angegebenen *Flächenträgheitsmomenten* zufrieden, können Sie als nächstes im *Hauptmenü* den Punkt *Auswerten* anwählen (Abb. 6.44).

Diesen Bildschirm sehen Sie nur, wenn Sie vorher auch alle notwendigen Parameter richtig eingegeben haben.

Als ersten Punkt müssen Sie nun *Auflagerreaktionen* anwählen, um für die folgenden Operationen die *Auflagerkräfte* zu kennen (Abb. 6.45). Am Bildschirm sehen Sie den Träger mit den eingegebenen Kräften grafisch und numerisch dargestellt. Sie können nun wählen, ob Sie das Ergebnis der

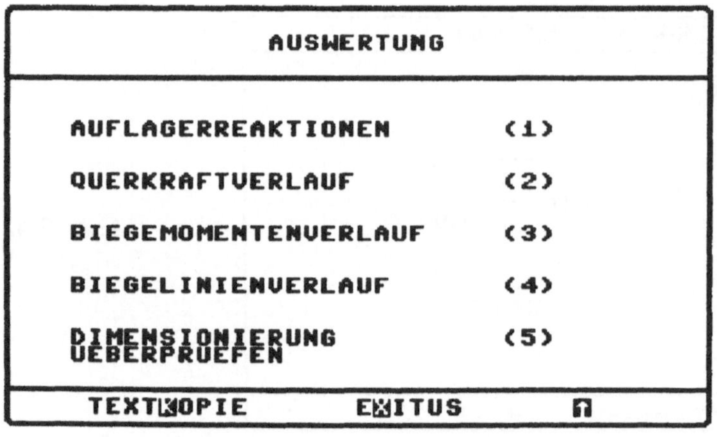

AUSWERTUNG

AUFLAGERREAKTIONEN <1>

QUERKRAFTVERLAUF <2>

BIEGEMOMENTENVERLAUF <3>

BIEGELINIENVERLAUF <4>

DIMENSIONIERUNG UEBERPRUEFEN <5>

TEXTKOPIE EXITUS

Abb. 6.44

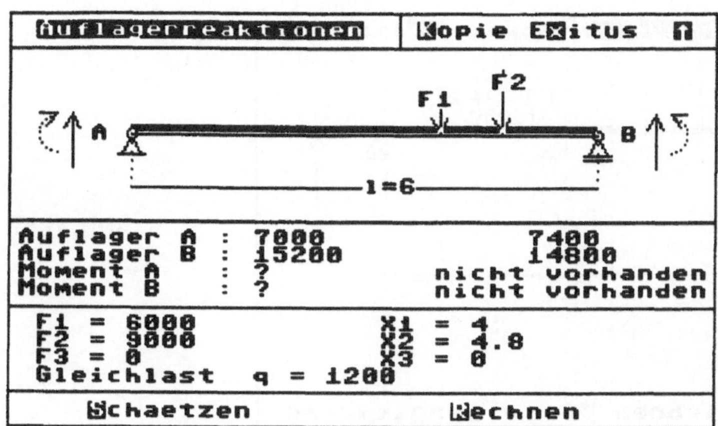

Abb. 6.45

Auflagerberechnung sofort *angezeigt* haben wollen, oder ob Sie sich den spannenden Vorgang der *Schätzung* der Auflagerkräfte nicht entgehen lassen wollen.

Zurück im *Auswertungsmenü* können Sie in der vorgegebenen Reihenfolge, oder bunt gemischt, die angebotenen Verläufe (*Querkraft-*, *Biegemomenten-* bzw. *Biegelinienverlauf*) anfordern. Die Abläufe dieser verbleibenden drei Berechnungen gleichen einander. Wir wollen daher den Vorgang anhand des *Querkraftverlaufs* beschreiben.

Nach Anwählen eines Menüpunktes wird der Träger neu dargestellt und in der Befehlszeile werden Sie darauf hingewiesen, daß der Computer eine gewisse Zeit mit Rechnen beschäftigt ist (*Bitte warten !*) (Abb. 6.46). Nach Beendigung dieser Prozedur haben Sie folgende Möglichkeiten (Abb. 6.47):

- Verlauf der gewünschten Größe *schätzen*,
- Verlauf der gewünschten Größe *zeichnen*,

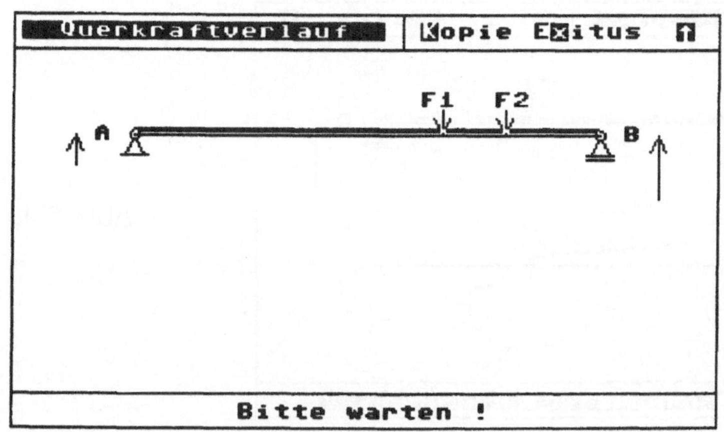

Abb. 6.46

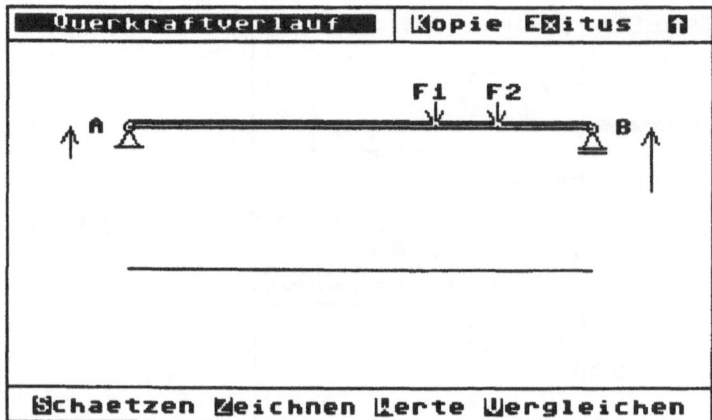

Abb. 6.47

- angegebene und bereits errechnete *Werte* (z.B. Auflagerkräfte, Größe der Gleichlast, etc.), die Sie zum Schätzen vielleicht benötigen, *auflisten*,
- das Verhalten zweier verschiedener Träger miteinander *vergleichen*.

Der Verlauf der gewünschten Größe wird am Bildschirm grafisch dargestellt. Sie können, um ein besseres Gefühl für den qualitativen Verlauf zu bekommen, diesen am Bildschirm grafisch schätzen. Dazu wählen Sie den Punkt *Schätzen*. Hier können Sie nun mit dem Grafikcursor einen Polygonzug zeichnen (Abb. 6.48). Dazu bewegen Sie ihn zum gewünschten *Anfangspunkt* und schalten dort mit **J** auf *Linie zeichnen* um. In diesem Modus wird, sobald Sie **RETURN** drücken, eine Linie zwischen der *aktuellen Cursorposition* und dem *Anfangspunkt* (entweder der Punkt, an dem auf *Linie zeichnen* umgeschaltet wurde, oder der letzte mit **RETURN** markierte Punkt) eine Linie gezeichnet. *Verlassen* können Sie diesen Modus entweder mit **N** oder durch nochmaliges Drücken von **RETURN**. Sollte

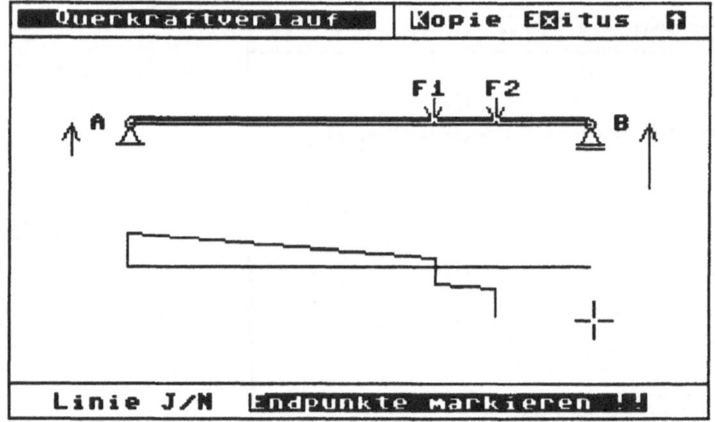

Abb. 6.48

Querkraftverlauf
Kopie Exitus
F1 F2
A
B
Schaetzen Zeichnen Werte Vergleichen

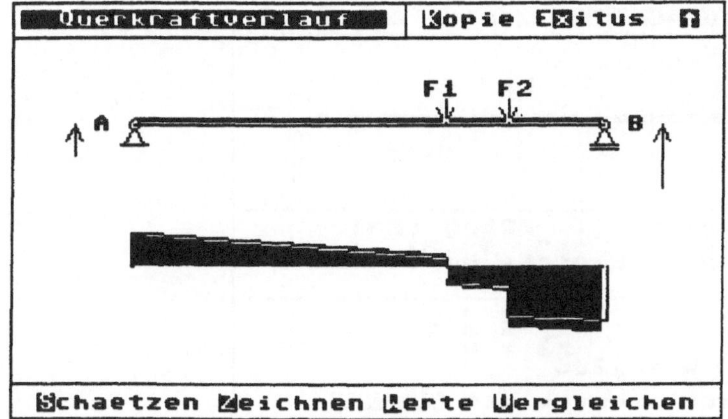

Abb. 6.49

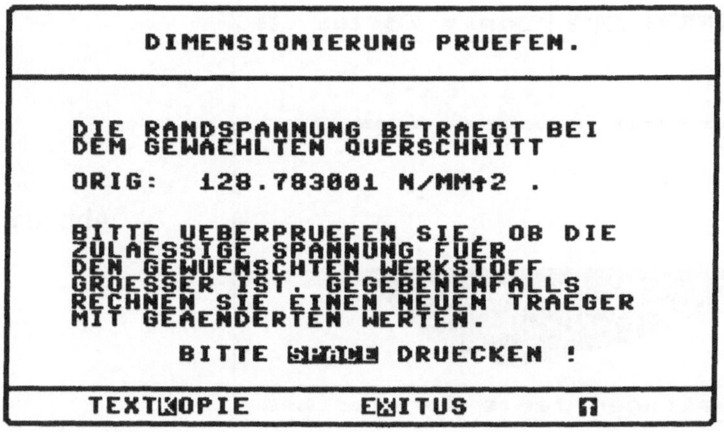

DIMENSIONIERUNG PRUEFEN.
DIE RANDSPANNUNG BETRAEGT BEI
DEM GEWAEHLTEN QUERSCHNITT
ORIG: 128.783001 N/MM↑2 .
BITTE UEBERPRUEFEN SIE, OB DIE
ZULAESSIGE SPANNUNG FUER
DEN GEWUENSCHTEN WERKSTOFF
GROESSER IST. GEGEBENENFALLS
RECHNEN SIE EINEN NEUEN TRAEGER
MIT GEAENDERTEN WERTEN.
BITTE SPACE DRUECKEN !
TEXTKOPIE
EXITUS

Abb. 6.50

Biegemomentenverlauf
Kopie Exitus
F1 F2
A
B
Auflager A : 7400
Auflager B : 14800
Moment A : nicht vorhanden
Moment B : nicht vorhanden
F1 = 6000 X1 = 4
F2 = 9000 X2 = 4.8
F3 = 0 X3 = 0
Gleichlast q = 1200
Weiter oder zurueck mit RETURN

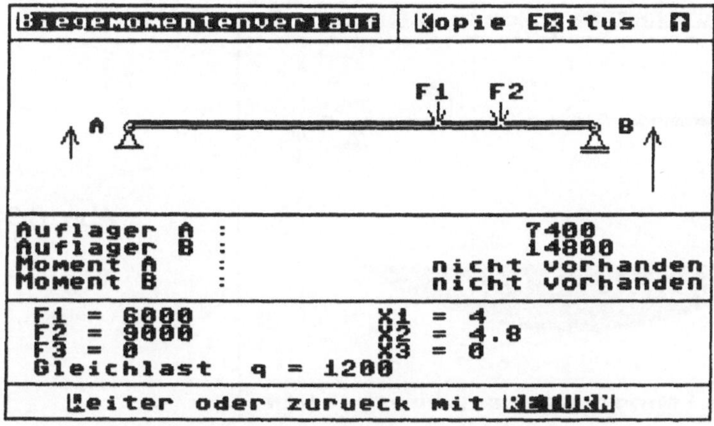

Abb. 6.51

Ihnen Ihre Schätzung nicht gefallen, können Sie diese mit **L** (*Löschen*) wieder entfernen und von neuem beginnen. Nach erfolgter Schätzung verlassen Sie das *Schätzen* mit der **HOCHPFEIL**-Taste oder **RETURN**.

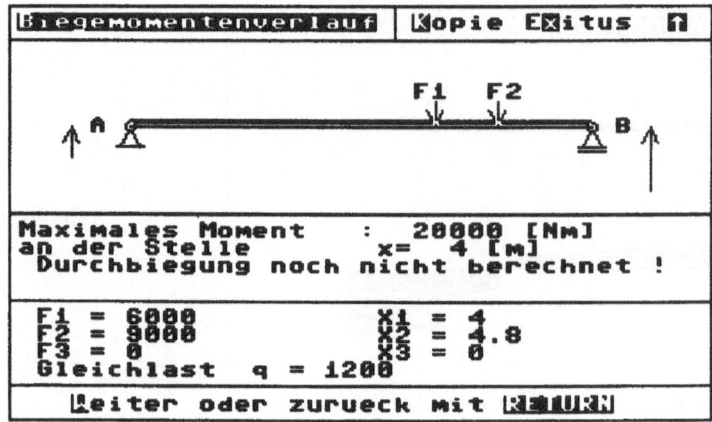

Abb. 6.52

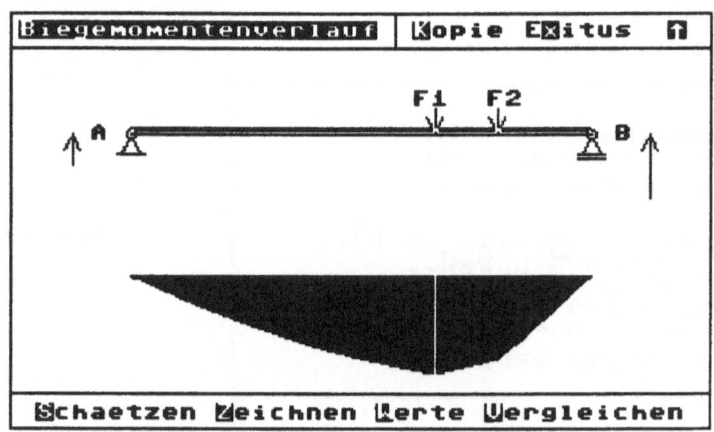

Abb. 6.53

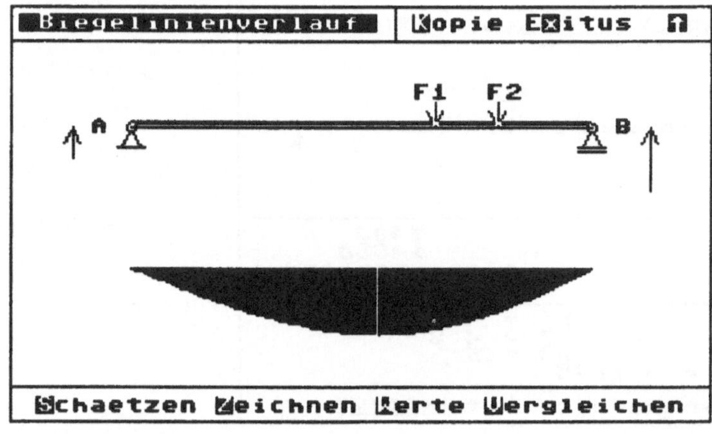

Abb. 6.54

Sie können nun die Güte Ihrer Schätzung kontrollieren, indem Sie den wirklichen Verlauf *zeichnen* lassen (Abb. 6.49). Wählen Sie den Punkt *Dimensionierung überprüfen* im *Auswertemenü* an, können Sie anhand der

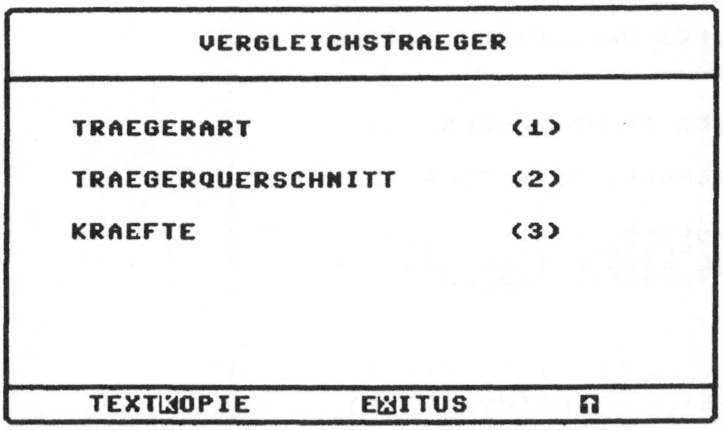

VERGLEICHSTRAEGER

TRAEGERART <1>

TRAEGERQUERSCHNITT <2>

KRAEFTE <3>

TEXTKOPIE EXITUS

Abb. 6.55

maximalen Spannung in der Randfaser des Trägers die mechanische Haltbarkeit Ihrer gewählten Konstruktion überprüfen (Abb. 6.50).

Andere Beispiele für Berechnungen von *Biegemomentenverlauf* und *Biegelinienverlauf* werden in den Abbildungen 6.51 bis 6.54 gezeigt.

Um die Option *Vergleichen* aufrufen zu können, müssen Sie noch einige andere Dinge tun:

Kehren Sie in das *Hauptmenü* zurück und wählen Sie Punkt **5**, *Vergleichsträger definieren*, an (Abb. 6.55).

Sie können nun entscheiden, ob Sie einen oder mehrere Parameter des gerade behandelten, im weiteren *aktueller Träger* genannt, verändern wollen. Es werden die drei Möglichkeiten *andere Lagerung des Vergleichsträgers*, *anderer Querschnitt des Vergleichsträgers* und *andere Kraftverteilung am Vergleichsträger* angeboten. Um z.B. die Durchbiegung bei gleicher Belastung und gleicher Lagerung, aber verschiedenen Querschnitten zu bestimmen, wählen Sie nun den Punkt *Trägerquerschnitt* und verändern Sie das aktuelle

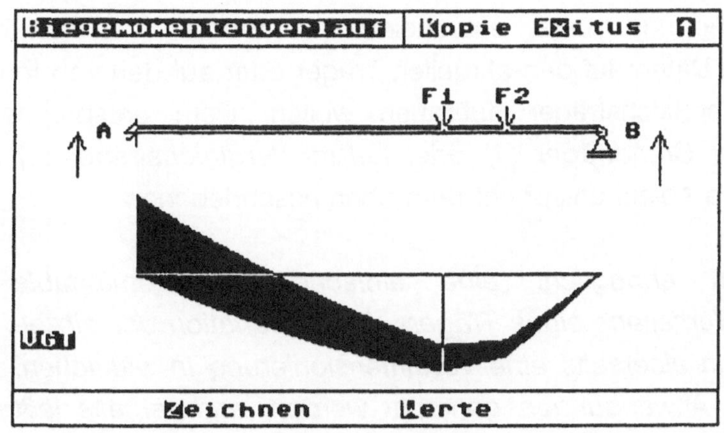

Abb. 6.56

```
AUSWAHL EINES VERGLEICHSTRAEGERS:

DERZEITIGER GRUNDTRAEGER (1)

LETZTER VERGLEICHSTRAEGER (2)

WELCHER TRAEGER SOLL ALS BASIS FUER
DEN VERGLEICHSTRAEGER DIENEN ?
NACH ANWAHL KANN DIESER TRAEGER
PASSEND VERAENDERT WERDEN.

TEXTKOPIE        EXITUS
```

Abb. 6.57

Profil. Die restlichen Trägerparameter werden vom aktuellen Träger **unverändert** übernommen.

Als anderes Beispiel sei angeführt, wie Sie den aktuellen Träger (z.B. Träger auf zwei Stützen mit einem Loslager, siehe Abb. 6.56) mit einem anders gelagerten Träger (z.B. Träger einseitig eingespannt mit einem Loslager) vergleichen können.

Sie wählen den Punkt *Trägerart* an, entscheiden sich für einen *einseitig eingespannten Träger mit einem Loslager*, kehren in das *Hauptmenü* zurück, und gelangen über das *Auswertemenü* z.B. zum *Biegemomentenverlauf*. Zuerst wird der aktuelle Träger ausgewertet und gezeichnet, dann können Sie durch Eingabe von **V** den Biegemomentenverlauf des von Ihnen definierten *Vergleichsträgers* dem gezeichneten Verlauf überlagern (dieser muß allerdings erst berechnet werden, kurze Wartezeit). Außerdem können Sie die aktuellen *Werte* des Vergleichsträgers mit **W** abrufen.

Sollten Sie den Wunsch hegen, den aktuellen Träger einem anderen Vergleichsträger gegenüberzustellen, kehren Sie wiederum zum Punkt *Vergleichsträger definieren* des *Hauptmenüs* zurück.

Hier müssen Sie nun zuerst entscheiden, ob Sie die Variation der Träger- und sonstigen Daten auf den aktuellen Träger oder auf den von Ihnen bereits definierten Vergleichsträger aufbauen wollen. Dem entsprechend wählen Sie *Derzeitiger Grundträger (1)* oder *Letzter Vergleichsträger (2)* an (Abb. 6.57). Der weitere Ablauf entspricht dem oben beschriebenen.

Dieses Programm ermöglicht eine einfache und komfortable Abschätzung des Verhaltens eines Trägers. Durch Variation der einzelnen Parameter kann einerseits eine Vordimensionierung in wirklichen, realitätsbezogenen Anwendungen gemacht werden, andererseits läßt sich das Verhalten des Trägers sowohl bei realistischen als auch bei unrealistischen Annahmen verfolgen. Dadurch hat der Lernende Gelegenheit, ein gewisses Gefühl für die Arbeit beim Dimensionieren eines Trägers zu bekommen.

6.5 Durchlaufträger

Mit dem Programm *Durchlaufträger* erhalten Sie die Möglichkeit, Träger mit drei oder vier Auflagern zu berechnen.

Auch dieses Programm braucht, um dann komfortabel damit arbeiten zu können, eine kurze Initialisierungszeit (Abb 6.58). Nach dieser erscheint das *Hauptmenü* am Bildschirm, das Ihnen die in der Abbildung 6.59 gezeigten Möglichkeiten bietet.

```
BEISPIEL: DURCHLAUFTRAEGER

I N I T I A L I S I E R U N G

BITTE CA. 15 S GEDULD !
```

Abb. 6.58

```
H A U P T M E N U E

TRAEGER DEFINIEREN      (1)
QUERSCHNITTMENUE        (2)
AUSWERTEN               (3)
DEMO                    (4)

TEXTKOPIE        EXITUS
```

Abb. 6.59

```
TRAEGERMENUE

TRAEGERLAENGE          <1>
STUETZEN DEFINIEREN    <2>
KRAFT EINGEBEN         <3>
WERTE ANZEIGEN         <4>

TEXTKOPIE     EXITUS
```

Abb. 6.60

Wir wollen nun einen Träger auf drei Stützen definieren und diesen weiter untersuchen. Zuerst wählen Sie den Punkt *Träger definieren* an (Abb. 6.60) und geben die *Trägerlänge* ein, indem Sie das Menü *Trägerlänge* aufrufen und den gewünschten Wert angeben (Abb. 6.61).

Kehren Sie mit der **Hochpfeiltaste** zurück in das *Trägermenü*, wählen Sie das Untermenü *Stützen definieren* an und definieren Sie die Stütze 1, indem Sie **1** drücken.

In der Befehlsleiste des Bildschirms blinkt die Aufforderung, die Stützenposition anzugeben (Abb 6.62). Dies können Sie auf zwei Arten tun:

- Drücken Sie **CURSOR**-Tasten, sehen Sie, wie das gewählte Auflager am Bildschirm hin- und herwandert. Mit der **RETURN**-Taste können Sie die gewählte Auflagerposition in das Programm übernehmen.
- Beim Betätigen einer **ZIFFERN**-Taste wechselt die Befehlszeile in den Eingabemodus und Sie können die Auflagerposition numerisch eingeben.

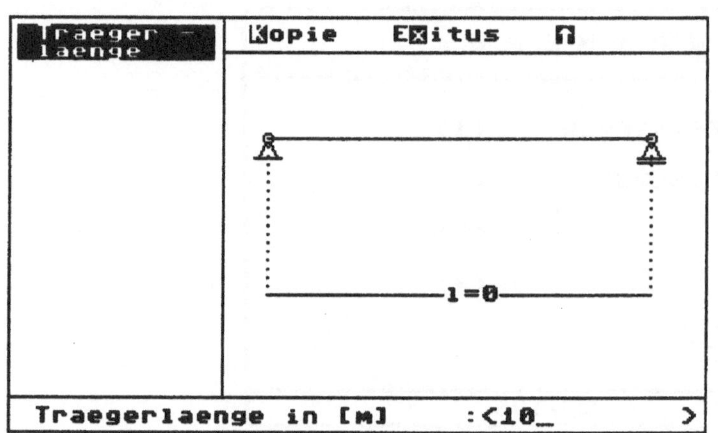

Abb. 6.61

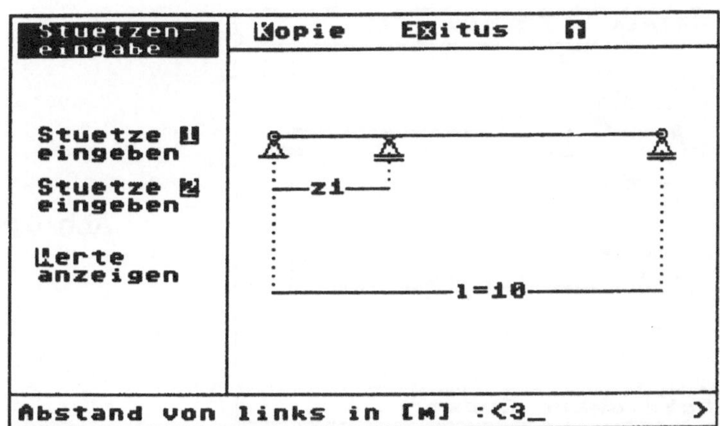

Abb. 6.62

Das Auflager wird an der gewählten Position eingezeichnet. Wechseln Sie nun in das dritte Untermenü *Kraft eingeben*.

Aus Platz- und Rechenzeitgründen ist es nur möglich, eine einzige Kraft zu definieren (Taste **R**). Die Position der Kraft legen Sie ebenso wie die Auflagerposition fest. In weiterer Folge wird die Größe der Kraft benötigt, und Sie werden daher aufgefordert, den gewünschten Betrag einzugeben (Abb. 6.63).

Wenn Sie eine Kraft korrekt definiert haben, ist es Ihnen nun möglich, über die Tasten **1 bis 5** andere Angriffspunkte derselben Kraft in bekannter Art und Weise zu definieren (Abb. 6.64).

In dieser Phase des Programmablaufs ist es immer möglich, mit **W** wie Werte die momentan aktuellen Parameter anzuzeigen.

Nachdem Sie nun den Träger soweit definiert haben, kehren Sie in das *Hauptmenü* zurück. Dort wird Ihnen als nächstes der Punkt *Querschnittmenü* angeboten. Rufen Sie dieses auf (Abb. 6.65).

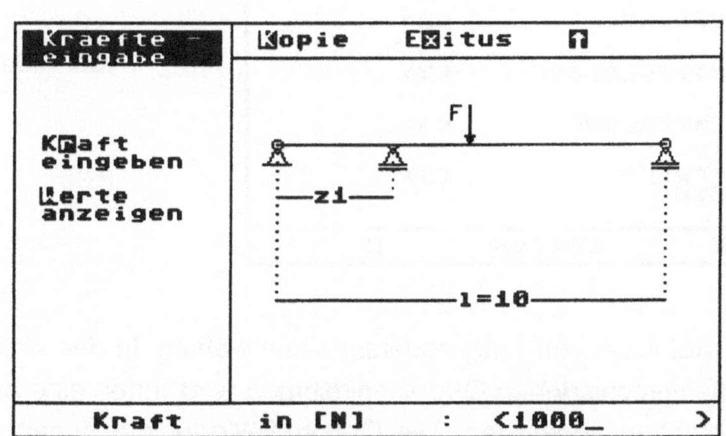

Abb. 6.63

Kraefte - eingabe
Kopie
Exitus
F
F
Kraft eingeben
Werte anzeigen
Anderer Angriffspkt
zi
x
l=10
Positionseingabe ueber Cursor .

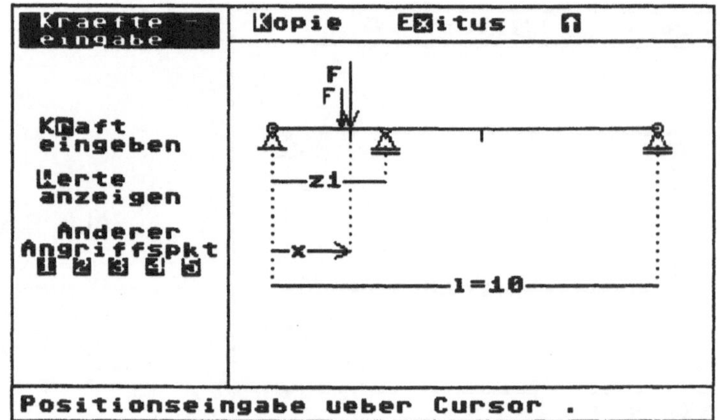

Abb. 6.64

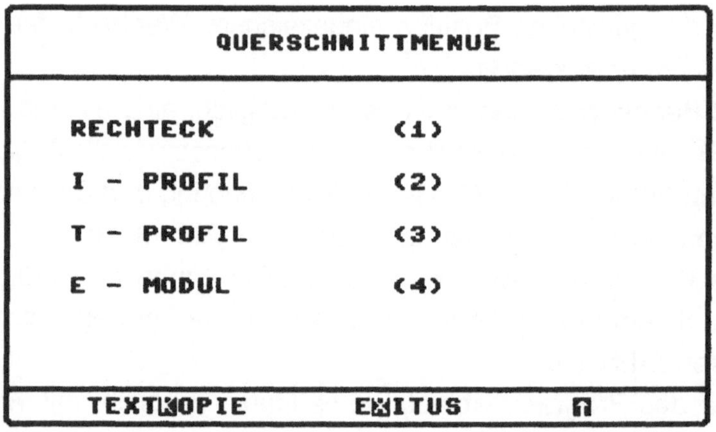

QUERSCHNITTMENUE
RECHTECK (1)
I - PROFIL (2)
T - PROFIL (3)
E - MODUL (4)
TEXTKOPIE
EXITUS

Abb. 6.65

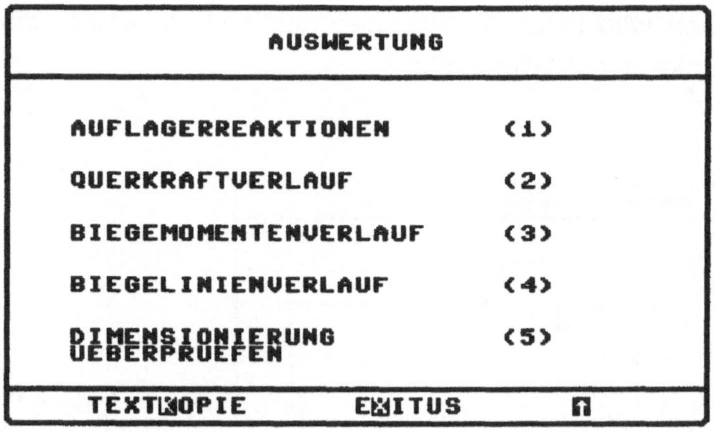

AUSWERTUNG
AUFLAGERREAKTIONEN (1)
QUERKRAFTVERLAUF (2)
BIEGEMOMENTENVERLAUF (3)
BIEGELINIENVERLAUF (4)
DIMENSIONIERUNG UEBERPRUEFEN (5)
TEXTKOPIE
EXITUS

Abb. 6.66

Sie können zwischen drei Arten von Trägerquerschnitten wählen. In den einzelnen Untermenüs für die verschiedenen Querschnittstypen wird Ihnen eine Auswahl von Normquerschnitten angeboten. Die Option *E-Modul* gibt Ihnen die

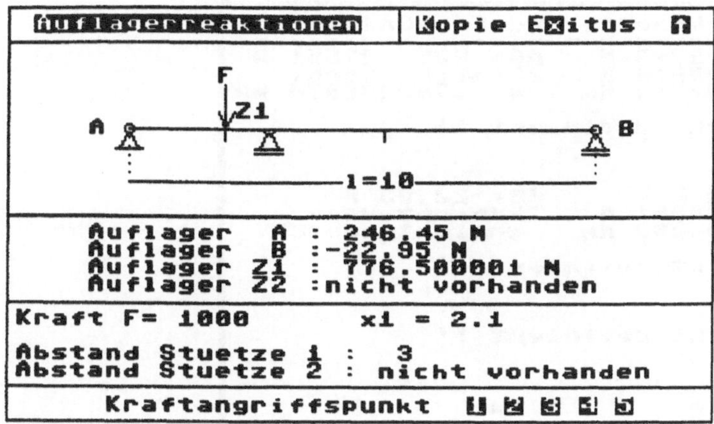

Abb. 6.67

Möglichkeit, einen Werkstoff mit zugehörigem E-Modul für Ihren Träger auszuwählen.

Der gewünschte Träger wurde von Ihnen nun vollständig bestimmt. Kehren Sie in das *Hauptmenü* zurück und rufen Sie den Punkt *Auswerten* auf. In diesem Menü können Sie die aus der Abbildung 6.66 ersichtlichen Berechnungen durchführen.

Auflagerreaktionen (Abb. 6.67) berechnet für alle gewünschten Kraftangriffspunkte die Reaktionskräfte in den einzelnen Auflagern. Die einzelnen verschiedenen Angriffspunkte können Sie wieder mit den Tasten **1 bis 5** auswählen.

Den Verlauf der Querkraft in Ihrem Träger zeichnet das Programm, wenn Sie *Querkraftverlauf* aufrufen (Abb. 6.68). Sie haben die Möglichkeit, die Querkraftverläufe für die einzelnen Kraftangriffspunkte zu überlagern (guter optischer Vergleich). Mit **W** können Sie sich wieder die momentan aktuellen Werte anzeigen lassen (Abb. 6.69).

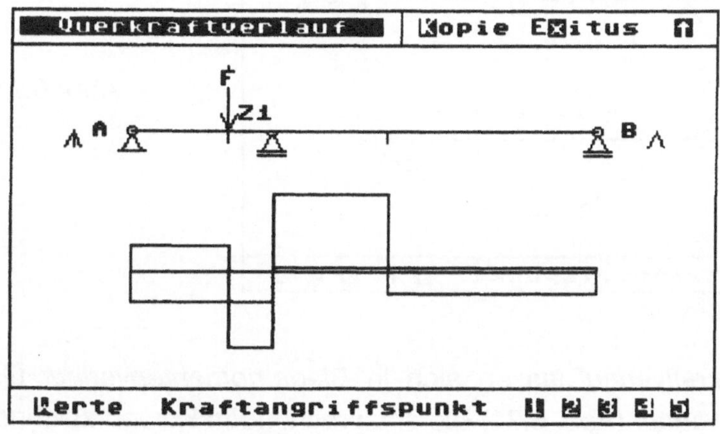

Abb. 6.68

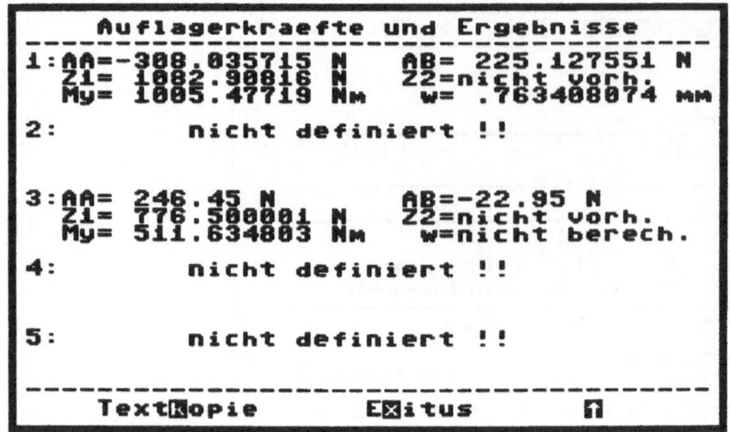

Abb. 6.69

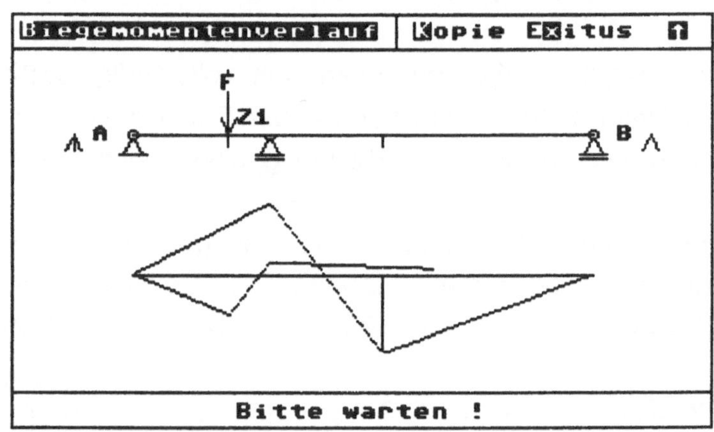

Abb. 6.70

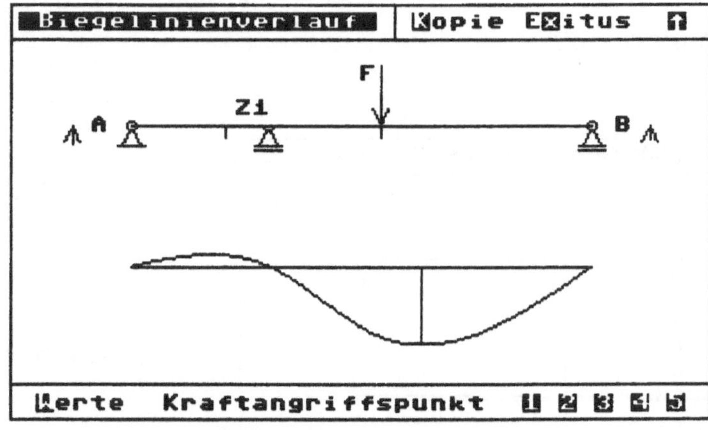

Abb. 6.71

Ebenso wie in *Querkraftverlauf* lassen sich in *Biegemomentenverlauf* (Abb. 6.70) und *Biegelinienverlauf* (Abb. 6.71) die entsprechenden Kurven zeichnen.

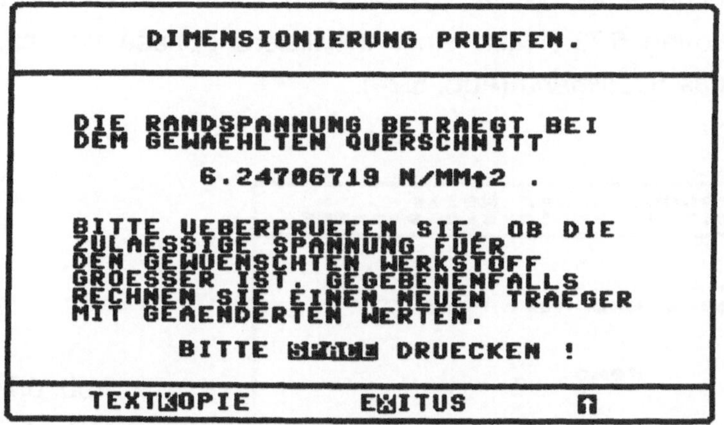

Abb. 6.72

Der Punkt *Dimensionierung überprüfen* des *Auswertemenüs* erlaubt es Ihnen, wie im Programm *Träger*, anhand der maximalen Spannung in der Randfaser des Trägers die mechanische Haltbarkeit Ihrer gewählten Konstruktion zu überprüfen (Abb. 6.72).

Dieses Programm bietet Ihnen die Möglichkeit, einen Träger auf sein Verhalten zu untersuchen, wenn er von einer "wandernden" Kraft belastet wird. Sie können den Angriffspunkt der Last derart variieren, sodaß Sie den für den Träger ungünstigsten Fall ermitteln und den Träger entsprechend dimensionieren können.

6.6 Torsion einer Welle

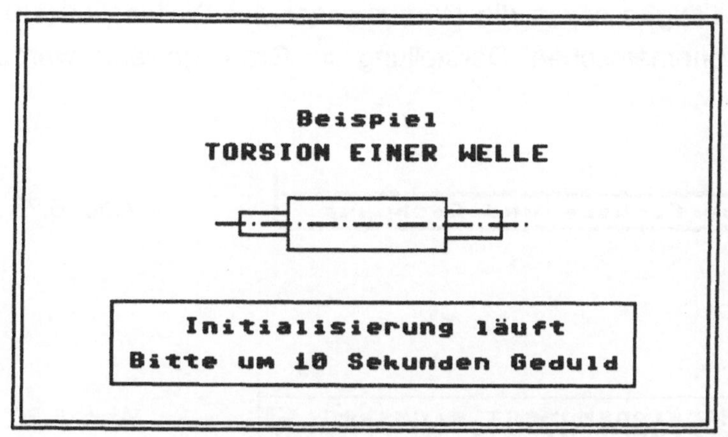

Abb. 6.73

Das Programm *Torsion einer Welle* meldet sich beim Aufruf mit dem Bildschirm aus Abbildung 6.73. Nach einer Initialisierungphase von ca. 10 Sekunden erscheint das *Hauptmenü* (Abb. 6.74).

```
Verdrehung einer Welle
belastet mit einem Torsionsmoment

Eingabe und Rechnung

Demo

Programmende

Waehlen mit Cursor und Return
```

Abb. 6.74

Sie können die drei Menüpunkte, wie bekannt, mit der **CURSOR**-Taste und **RETURN** anwählen. Beim Punkt *Eingabe und Rechnung* wird zunächst der Rechner auf die folgenden Operationen vorbereitet (Abb. 6.75). Dann gelangen Sie in das eigentliche Programm. In der Menüleiste des Bildschirms werden Ihnen die anwählbaren Menüpunkte angeboten (Abb. 6.76).

Sie können die einzelnen Menüpunkte wieder durch Drücken der **revers** dargestellten Buchstaben aufrufen. Außerdem wird der logisch nächste Menüpunkt gelb unterlegt, Sie brauchen dann einfach nur die **RETURN**-Taste betätigen.

Als erstes sind die geometrischen Daten der Welle festzulegen. Wählen Sie also den Punkt *Geometriedaten eingeben* an. Sie gelangen in das Untermenü aus Abbildung 6.77.

Es können die *Längen* sowie die *Durchmesser* der Wellenglieder und die *Neigung* der axonometrischen Darstellung in Grad gewählt werden.

```
Vorbereitung Eingabe und Rechnung
```

Abb. 6.75

```
Geometrie / Torsionsmoment eingeben
Rechnung  Winkelverlauf mit F1  Exitus
```

Abb. 6.76

```
Bitte Geometriedaten wählen:

Längen der Wellenglieder in m:
  Glied 1:          <10          >
  Glied 2:          <15          >
  Glied 3:          <10          >
Radien der Wellenglieder in m:
  Glied 1:          <1           >
  Glied 2:          <2           >
  Glied 3:          <1           >
Neigung in Grad: <30             >
Ende mit E   Kopie   Zurück:

Um einzugeben gewünschten Wert mit
CRSR ↑ anwählen und RETURN drücken
```

Abb. 6.77

```
Bitte Geometriedaten wählen:

Längen der Wellenglieder in m:
  Glied 1:          <10          >
  Glied 2:          <15          >
  Glied 3:          <10          >
Radien der Wellenglieder in m:
  Glied 1:          <1           >
  Glied 2:          <2           >
  Glied 3:          <1           >
Neigung in Grad: <30             >
Ende mit E   Kopie   Zurück:

Um einzugeben gewünschten Wert mit
CRSR ↑ anwählen und RETURN drücken
```

Abb. 6.78

```
Bitte Geometriedaten wählen:

Längen der Wellenglieder in m:
  Glied 1:          <10          >
  Glied 2:          <15          >
  Glied 3:          <10          >
Radien der Wellenglieder in m:
  Glied 1:          <1           >
  Glied 2:          <2           >
  Glied 3:          <1           >
Neigung in Grad: <30             >
Ende mit E   Kopie   Zurück:

Bitte neuen Wert eingeben und mit
RETURN übernehmen
```

Abb. 6.79

Programmäßig sind bereits solche Werte vorgegeben, welche jedoch beliebig änderbar sind. Für die Eingabe positionieren Sie zunächst mit den **CURSOR**-Tasten den Pfeilcursor in dem entsprechenden weißen Feld (rechts, Abb. 6.78).

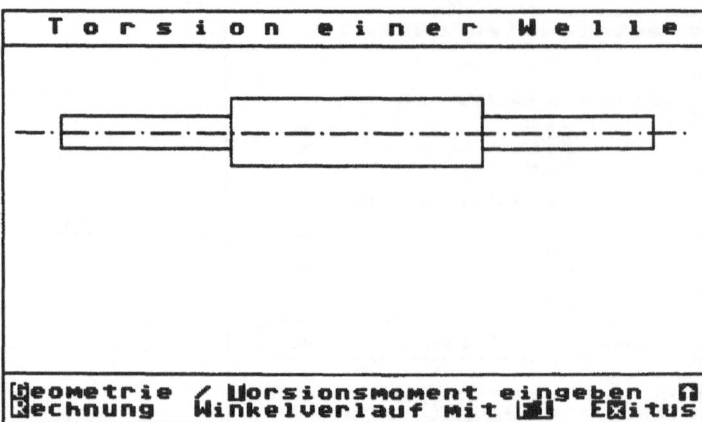

Abb. 6.80

Dann wählen Sie den gewünschten Punkt mit **RETURN** an. Die Farbe des Eingabefeldes wird geändert und Sie können den neuen Wert eingeben und mit **RETURN** in das Programm übernehmen (Abb. 6.79).

Positionieren Sie den Pfeilcursor in dem Feld neben *Zurück*, können Sie mit **RETURN** wieder in das vorhergehende Menü zurückkehren. Im Bildfeld erscheint jetzt die gewählte Welle (Abb. 6.80).

Als nächsten Schritt müssen Sie nun das Torsionsmoment eingeben. Der Menüpunkt *Torsionsmoment eingeben* führt in das Untermenü *Bitte Belastungsdaten wählen* (6.81).

In diesem Menü können Sie, wieder mit dem Pfeilcursor, neben dem *Moment* auch den *Werkstoff* mit einer zulässigen Schubspannung wählen. Das Moment ist, wenn der Wert sehr groß ist, als Zehnerpotenz entsprechend vorzugeben. Der entsprechende Werkstoff, mit einer vorgegebenen zulässigen Schubspannung, kann ebenfalls durch Positionieren des Pfeilcursors und

Abb. 6.81

Betätigen der Taste **RETURN** angewählt werden. Die Werkstoffbezeichnung wird dann in der letzten Zeile des Bildschirmes angezeigt.

Nachdem Sie die Abmessungen (Geometrie), das Torsionsmoment und einen Werkstoff mit den Werkstoffkenngrößen vorgegeben haben, können Sie nun den Menüpunkt *Rechnung* aufrufen, welcher bei Einhaltung der besprochenen Abfolge bereits gelb unterlegt erscheint. Wird dieser Punkt ohne ausreichende Eingaben angewählt, fordert das Programm zum Nachholen der Eingaben auf (Abb. 6.82).

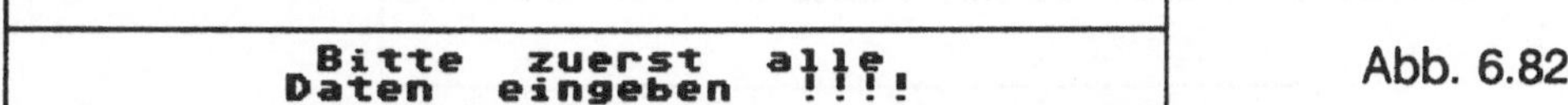

Abb. 6.82

Beim Punkt *Rechnung* sind zwei Möglichkeiten zu unterscheiden:

- Die Beanspruchung der Welle bewegt sich innerhalb des erlaubten Bereiches
- oder die auftretende maximale Schubspannung überschreitet den zugelassenen Wert.

Im ersten Fall – dem Normalfall – erfolgt nun die Berechnung der Torsionen der einzelnen Glieder. Zuerst werden die Punkte, mithilfe derer die Verdrehung der Welle dargestellt wird, initialisiert (Abb. 6.83).

Punkte werden initialisiert
B i t t e w a r t e n !

Abb. 6.83

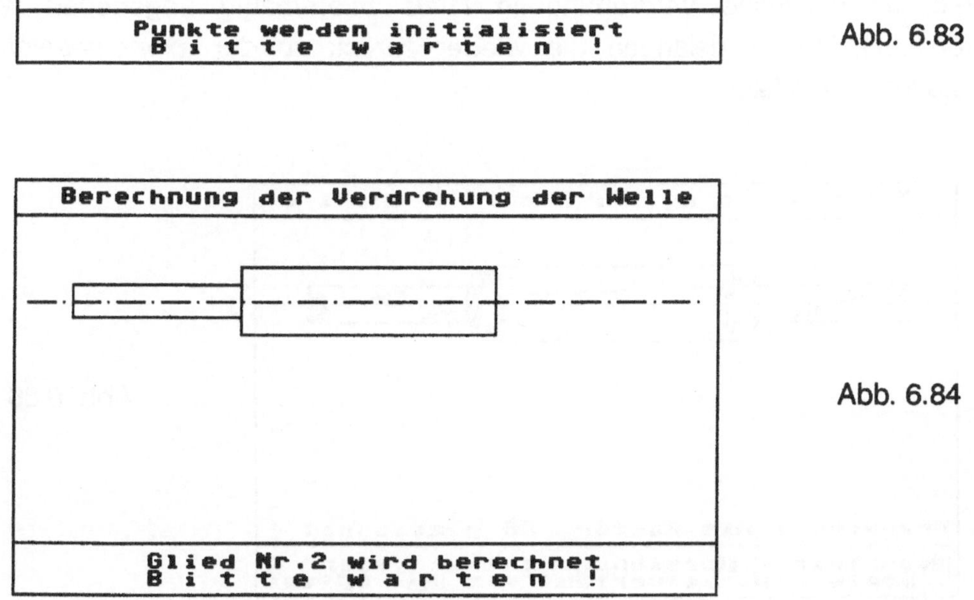

Abb. 6.84

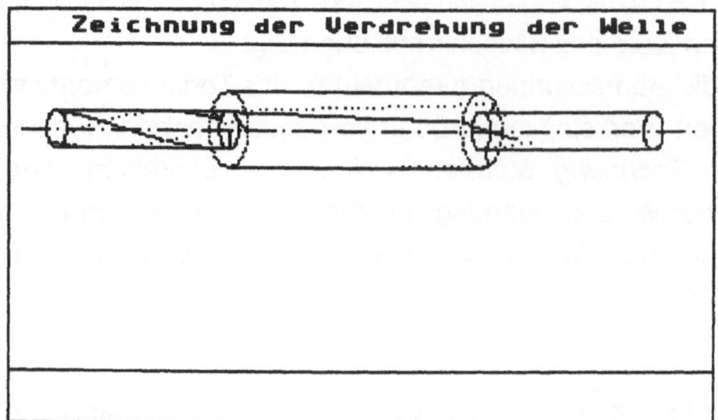

Abb. 6.85

Dann werden diese Punkte einzeln berechnet und abgespeichert, wobei das Programm anzeigt, wie weit es mit der Rechnung gerade ist (Abb. 6.84).

Nach etwas längerer Rechenzeit wird die tordierte Welle in *axonometrischer Darstellung* gezeichnet (Abb. 6.85).

Die Verdrehung wird durch eine ursprüngliche Zylindererzeugende dargestellt. In der axonometrischen Darstellung wird versucht, die Sichtbarkeit durch Ausfüllen der entsprechenden Ellipsen zu verdeutlichen. Außerdem wird angezeigt, um welchen Faktor der Drehwinkel vergrößert dargestellt wurde, um ein hinreichend anschauliches Bild zu erhalten (Abb. 6.86).

Das Programm bietet darüber hinaus die Möglichkeit, durch Anwählen mit Taste **F1** die *Verdrehung der Welle* über der Längskoordinate darzustellen. Dieses Diagramm erscheint im unteren Teil der axonometrischen Darstellung, wobei die maximale Verdrehung in Grad ziffernmäßig angegeben wird (Abb. 6.87). Mit **F1** gelangen Sie wieder zurück zu der *axonometrischen Darstellung* der Welle.

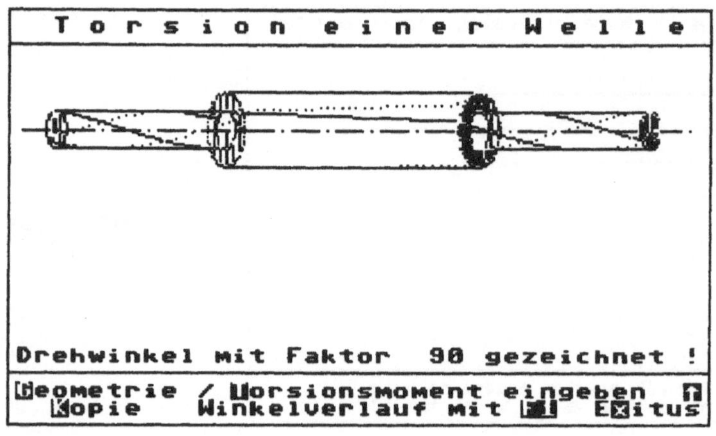

Abb. 6.86

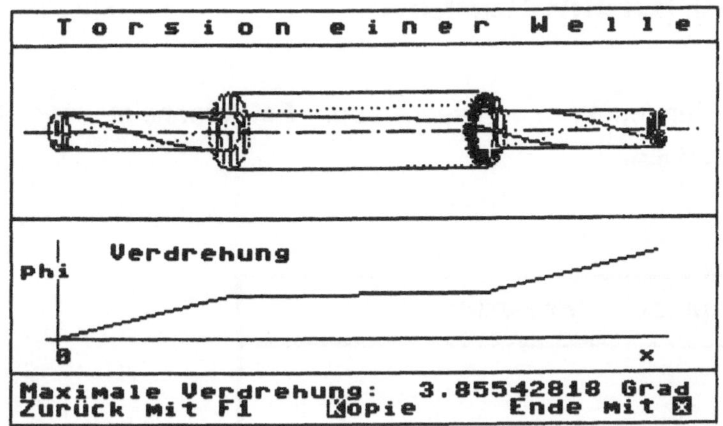

Abb. 6.87

Im Falle, daß Abmessungen und Moment so gewählt wurden, daß bei der Verdrehung die zulässige Schubspannung überschritten würde, erscheint im unteren Teil des Bildes die Meldung, daß der erlaubte Bereich verlassen wurde (Abb. 6.88).

Erlaubter Bereich wurde verlassen
Maximales Moment: 471238898 Nm

Abb. 6.88

Gleichzeitig wird für diese Welle das maximal erlaubte Moment angegeben. Das Feld für die axonometrische Darstellung bleibt leer. Nach einiger Zeit kehrt das Programm wieder in das *Eingabemenü* zurück. Sie können, ohne das Ablaufen der Wartezeit abzuwarten, durch Drücken einer **Taste** sofort zurückkehren.

Der Punkt *Demo* im *Hauptmenü* bietet Ihnen die Möglichkeit, den ganzen Vorgang selbsttätig vorgeführt zu bekommen. Als Beispiel dient hiebei eine symmetrische Welle.

Mit diesem Programm kann der Zusammenhang zwischen den Längen, den Durchmessern, dem Werkstoff und der sich ergebenden Verdrehung von Wellen verdeutlicht werden. Insbesondere ist sehr schön ersichtlich, wie unterschiedliche Durchmesser bei gleicher Belastung auch zu unterschiedlichen Verdrehungen führen.

Das Programm ist, wie schon angedeutet, selbsttestend, das heißt, es werden immer entsprechende Fehlermeldungen bei Fehlen von Eingabedaten u.ä. ausgegeben. Die Möglichkeit mitzuprotokollieren haben Sie überall dort, wo der Menüpunkt *Kopie* angeboten wird. **X** dient zum *Verlassen des Programms*.

6.7 Fachwerke (Cremonaplan)

Wählen Sie den Menüpunkt *Fachwerke* an. Es erscheint der Eingangsbildschirm (Abb. 6.89).

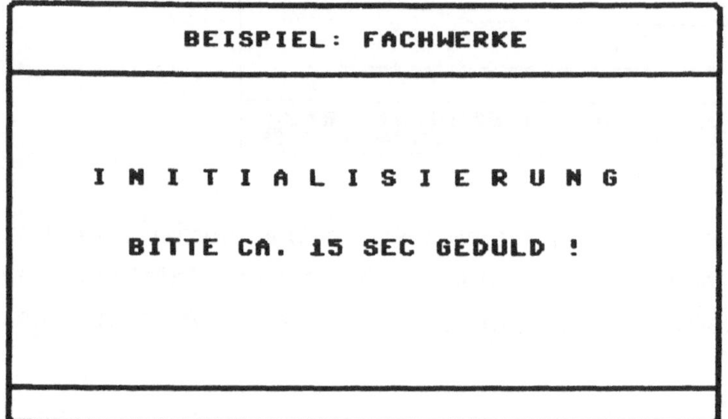

Abb. 6.89

Nach ca. 15 Sekunden Initialisierungszeit wird das *Hauptmenü* dieses Programmes aufgebaut (Abb. 6.90).

Die ersten drei Programmpunkte sind in logischer Abfolge durchzuführen. Haben Sie einen Menüpunkt abgeschlossen und durchgeführt, erfolgt die selbsttätige Vorgabe des nächsten Menüpunktes.

Wählen Sie den Menüpunkt *Fachwerk erstellen (1)* an. Es werden vier Standardfachwerke und ein selbst erstelltes Fachwerk zur Auswahl angeboten (Abb. 6.91, siehe auch Programm *Erstellen eigener Fachwerke*).

```
H A U P T M E N U E

FACHWERK ERSTELLEN          (1)
BELASTUNG ANGEBEN           (2)
BERECHNUNG                  (3)
DEMO                        (4)

TEXTKOPIE        EXITUS
```

Abb. 6.90

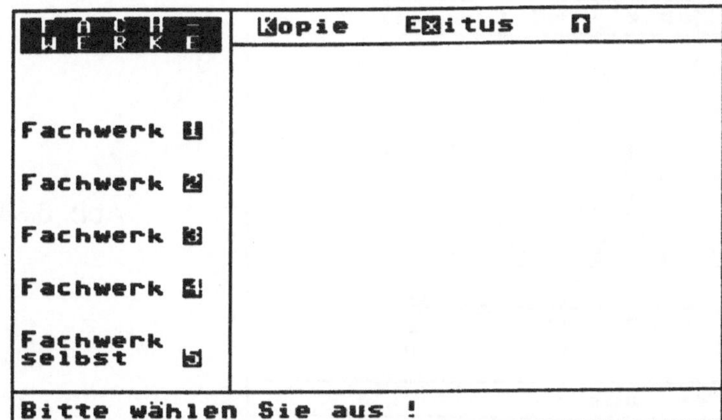

Abb. 6.91

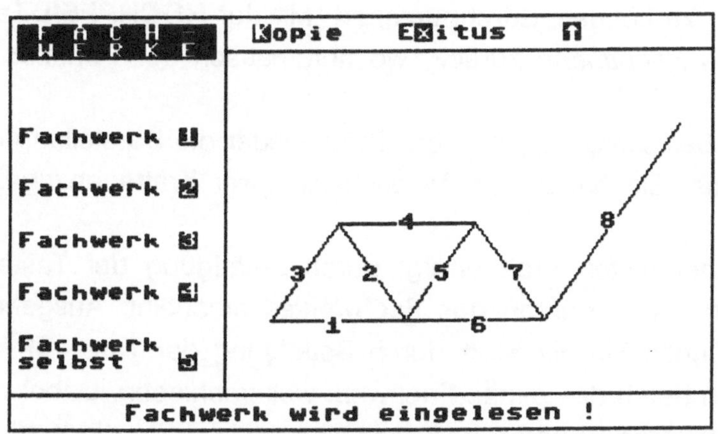

Abb. 6.92

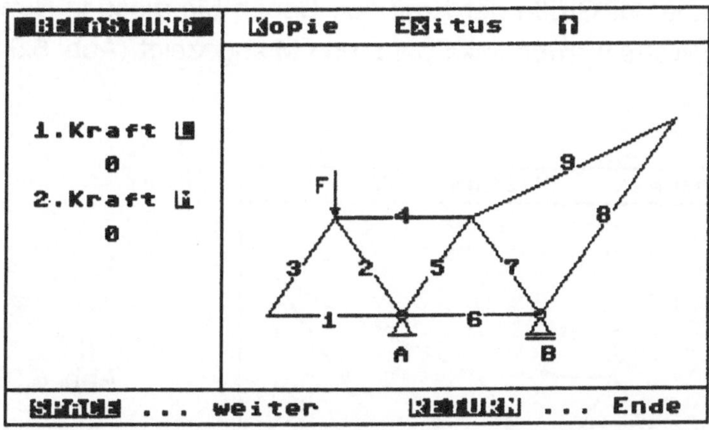

Abb. 6.93

Durch Betätigen der **entsprechenden Taste** laden Sie das gewählte Fachwerk (Abb. 6.92). Im rechten Feld wird es grafisch dargestellt. In der Grafik sind sowohl die Auflager als auch die Stäbe gezeichnet. Die Stäbe sind, um

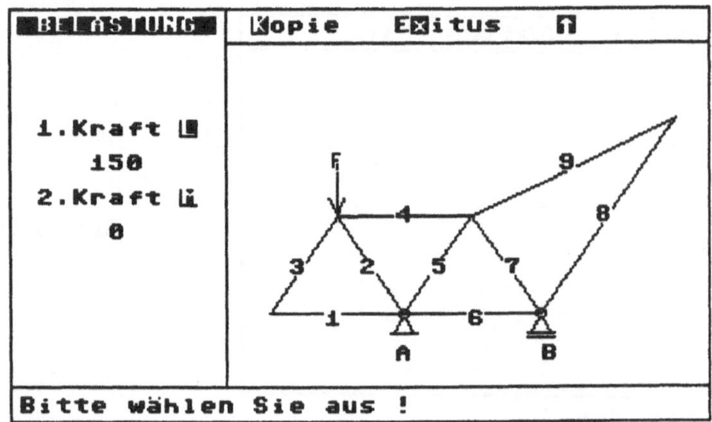

Abb. 6.94

sie einzeln selektieren zu können, durchnumeriert. Mit der **HOCHPFEIL**-Taste kehren Sie wieder ins *Hauptmenü* zurück, wo automatisch der Punkt **2** angeboten wird.

Im Menüpunkt *Belastung angeben* erscheint wieder die Darstellung des gewählten Fachwerkes. Sie haben die Möglichkeit, zwei Kräfte anzugeben (Abb. 6.93).

Die Definition der ersten Kraft erfolgt durch Betätigung der Taste **L**, wodurch die Kraft an einem Knoten des Fachwerkes erscheint. Ausgehend von diesem Punkt können Sie die Kraft durch Betätigung der Taste **SPACE** von Knoten zu Knoten durch das ganze Fachwerk weiterschieben. Dabei werden nur sinnvoll erscheinende Knoten berücksichtigt. Haben Sie die Kraft am gewünschten Knoten positioniert, drücken Sie **RETURN**. Das Programm fordert Sie nun zur Vorgabe der Größe der Kraft auf. Geben Sie diese in Newton ein. Die eingegebenen Werte werden links bei **L** und **M** angezeigt (Abb. 6.94).

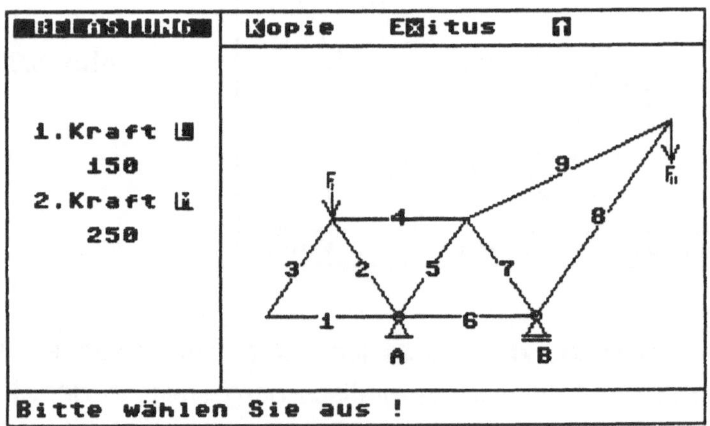

Abb. 6.95

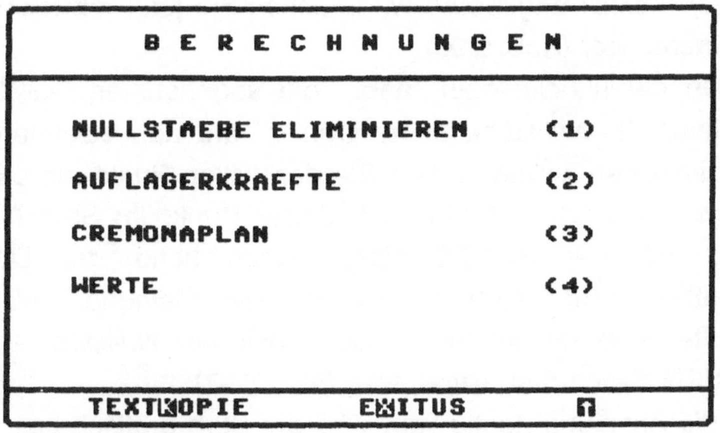

B E R E C H N U N G E N
NULLSTAEBE ELIMINIEREN (1)
AUFLAGERKRAEFTE (2)
CREMONAPLAN (3)
WERTE (4)
TEXTKOPIE
EXITUS

Abb. 6.96

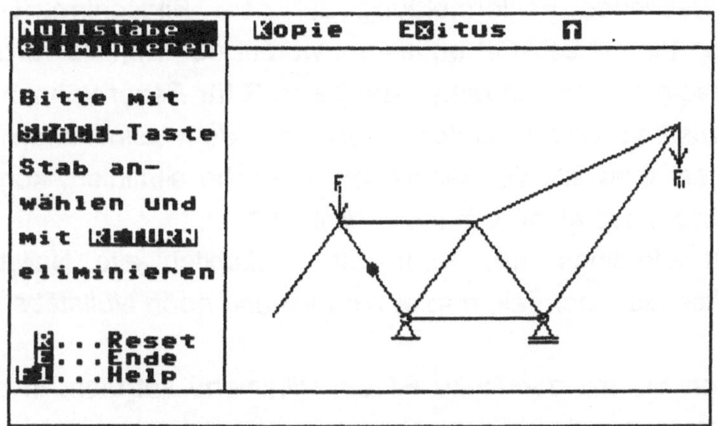

Kopie
Exitus
Bitte mit
SPACE-Taste
Stab an-
wählen und
mit RETURN
eliminieren
...Reset
...Ende
...Help

Abb. 6.97

Kopie
Exitus
Bitte mit
SPACE-Taste
Stab an-
wählen und
mit RETURN
eliminieren
...Reset
...Ende
...Help
Stabilität prüfen

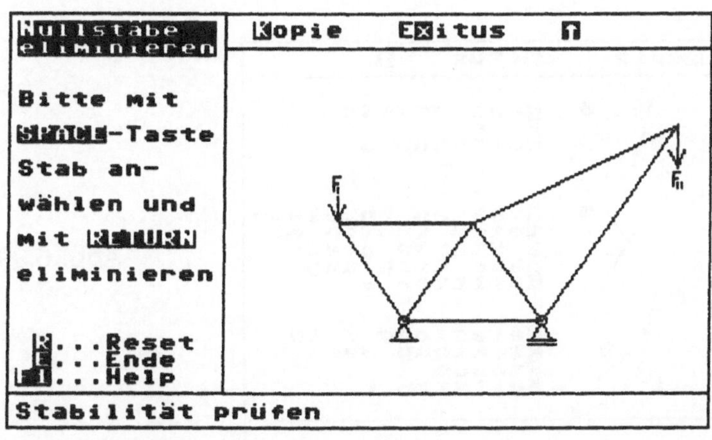

Abb. 6.98

Die Kräfte werden nun näherungsweise im gewählten Verhältnis in der grafischen Darstellung gezeigt (Abb. 6.95). Durch Betätigen der **HOCHPFEIL**-Taste kommen Sie nun wieder ins *Hauptmenü* zurück, wo der

Punkt *Berechnung (3)*, bereits angeboten wird. Gehen Sie jetzt mit **RETURN** in das *Berechnungsmenü* über (Abb. 6.96).

Zunächst sollen die unbelasteten Stäbe, die sogenannten Nullstäbe, erkannt werden. Wählen Sie *Nullstäbe eliminieren (1)* an. Kennzeichnen Sie den Stab, den Sie eliminieren wollen, indem Sie den hellen Punkt auf diesen Stab setzen. Im Anfangszustand befindet sich dieser Punkt im Stab 0. Sie können den Punkt mit der **SPACE**-Taste, entsprechend der Durchnumerierung der Stäbe, weiterschieben. Sind Sie der Meinung, daß der momentan angewählte Stab unbelastet – das heißt ein Nullstab – ist, können Sie mit **RETURN** diesen Stab eliminieren (Abb. 6.97).

Im Falle, daß die Annahme richtig war, wird der Stab grafisch aus dem Fachwerksverband entfernt[1]. Handelt es sich jedoch um keinen Nullstab, erscheint eine entsprechende Fehlermeldung auf dem Bildschirm. Diese Fehlermeldung können Sie mit **SPACE** quittieren, worauf der Eliminiervorgang von Anfang an neu beginnt. Durch Drücken der Taste **R** für *Reset* können Sie selbst den Anfangszustand wiederherstellen und mit dem Eliminieren der Nullstäbe neu beginnen. Sind alle vermeintlichen Nullstäbe eliminiert, können Sie mit der Taste **E** (*Ende*) das Menü verlassen (Abb. 6.98).

Dies geschieht allerdings nur, wenn Sie tatsächlich alle Nullstäbe eliminiert haben. Ist dies nicht der Fall, erfolgt die Meldung *noch Nullstäbe vorhanden.*

Zur Hilfe können Sie mit der Taste **F1** ein *Hilfsmenü* aufrufen, in dem drei verschiedene Typen von Nullstäben, Nullstab a, b und c, erläutert sind (Abb. 6.99).

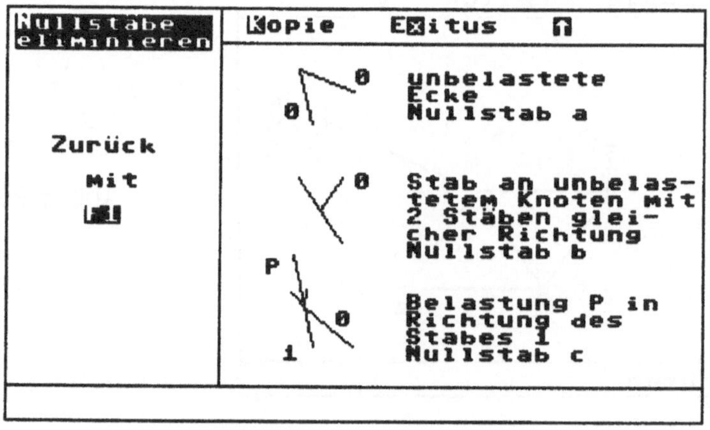

Abb. 6.99

1) Das heißt natürlich nicht, daß er auch aus dem Originalfachwerk entfernt werden darf – sonst würde das Fachwerk beweglich.

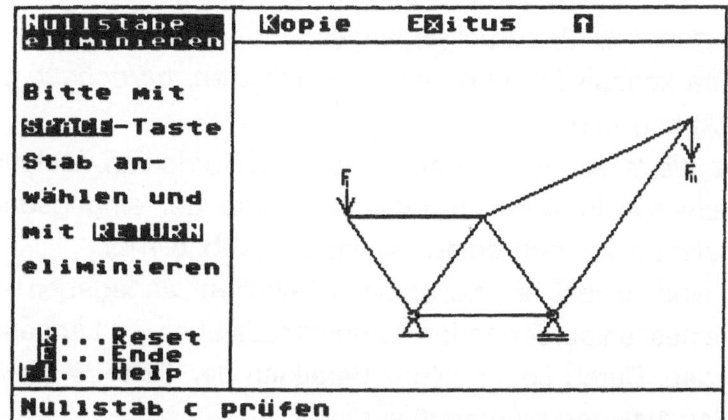

Abb. 6.100

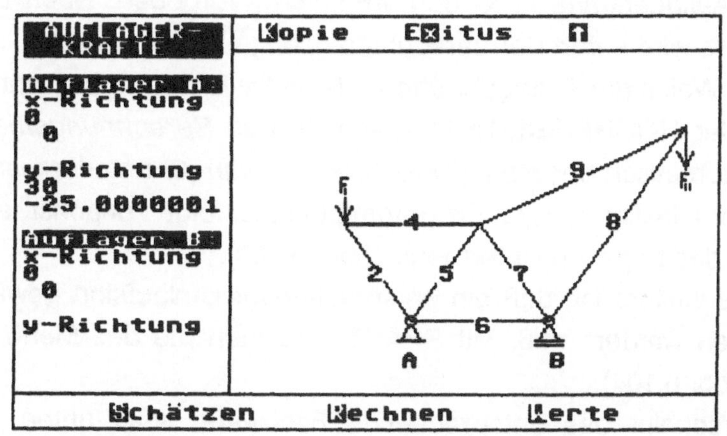

Abb. 6.101

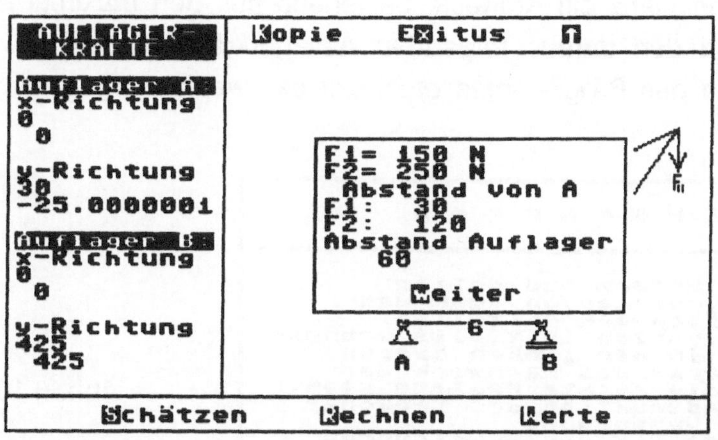

Abb. 6.102

In der letzten Fußzeile des Bildschirms ist darüberhinaus, nach Betätigen der Taste **E**, zu ersehen, welcher Typ von Nullstäben gerade untersucht und eventuell noch vorhanden ist (Abb. 6.100).

Sind tatsächlich keine Nullstäbe mehr vorhanden, wird in das *Berechnungsmenü* zum Punkt *Auflagerkräfte (2)* zurückgegangen.

Die Auflagerkräfte können Sie nun entweder *schätzen*, *berechnen* oder sich *angeben* lassen (Abb. 6.101).

Der Menüpunkt *Werte* ist dabei zum Schätzen erforderlich. Betätigen Sie die Taste **W**, erscheinen in einem Fenster die Werte der eingegebenen Kräfte sowie deren Abstände von den beiden Auflagern (Abb. 6.102).

Die Abstände sind hiebei in beliebigen Einheiten angegeben und können durch Wahl eines entsprechenden Längenmaßstabes in Längeneinheiten umgeformt werden. Durch nochmaliges Betätigen der Taste **W** (*weiter*) kehren Sie wieder in das *Auflagerkräftemenü* zurück.

Durch Anwählen des Menüpunktes *Schätzen* können Sie nun Schätzwerte für die Auflagerkräfte in x- und y-Richtung vorgeben. Nach Eingabe des Schätzwertes wird sofort der berechnete richtige Wert angezeigt.

Sind auf diese Weise die Auflagerkräfte in x- und y-Richtung berechnet, so können Sie mit der **HOCHPFEIL**-Taste wieder in das *Berechnungsmenü* zurückkehren, wo automatisch der Menüpunkt *Cremonaplan (3)* unterlegt ist.

Infolge der Komplexität dieses Programmpunktes folgt zunächst eine kurze Erläuterung für das folgende Untermenü (Abb. 6.103).

Wichtig für das weitere ist, daß ein entsprechender Umlaufsinn gewählt wurde und beibehalten werden muß. Mit **SPACE** erreichen Sie das Menü für den *Cremonaplan* (Abb. 6.104).

Links oben erscheint das entsprechende Fachwerk, links unten alle möglichen Menüpunkte. Im rechten Feld erscheint als Grundlage zur Erstellung des Cremonaplans ein Krafteck, bestehend aus den maximal zwei Belastungskräften und den daraus folgenden Auflagerkräfen A und B. Bei erstmaliger Benützung des Programmes erscheint es zweckmäßig, zunächst

```
             C R E M O N A P L A N

   Mit diesem Untermenue sollen
   Sie einen Cremonaplan fuer das
   gewaehlte Fachwerk erstellen.
   Nach einer kurzen Initialisierungs-
   phase wird in der linken oberen
   Bildschirmecke das Fachwerk dar-
   gestellt, die rechte Haelfte steht
   nun zur Konstruktion des Cremona-
   planes zur Verfuegung.
   Bitte folgen Sie den Anweisungen
   in der letzten Zeile.
   Achten Sie vor allem auf den
   gewaehlten Umlaufsinn. Er ist fuer
   alle Fachwerke im Uhrzeigersinn
   festgelegt.

          Bitte SPACE druecken !
```

Abb. 6.103

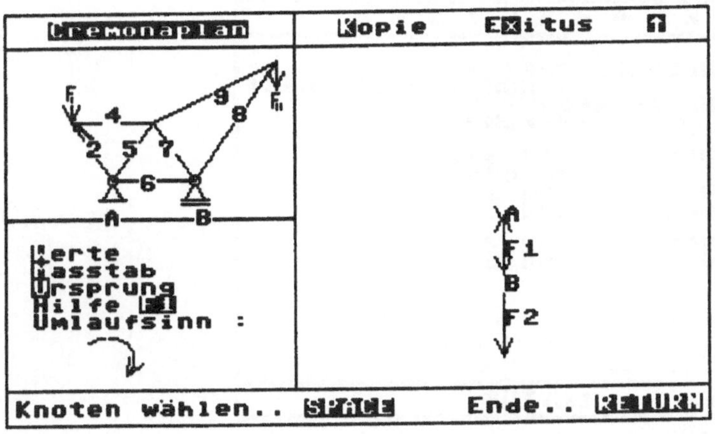

Abb. 6.104

mit der Taste **F1** einen erklärenden *Hilfstext* aufzurufen. Es stehen in jeder Phase des folgenden Programmablaufs passende Hilfstexte zur Verfügung. Springen Sie nun mit der **SPACE**-Taste einen Knoten, an dem maximal zwei Stäbe mit noch unbekannter Kraft angreifen, an und selektieren Sie diesen mit **RETURN**. Das Programm fragt Sie nun in der letzten Zeile nach der ersten bekannten Kraft am Knoten (im Umlaufsinn, Abb. 6.105).

Sie dürfen nur Knoten behandeln, an denen maximal zwei unbekannte Kräfte auftreten! Nach Eingabe der ersten bekannten Kraft wird der Cremonaplan durch die beiden unbekannten Stabkräfte ergänzt. Suchen Sie nun den nächsten Knoten, bei welchem maximal zwei unbekannte Stabkräfte vorhanden sind, und gehen Sie in gleicher Weise vor. Setzen Sie diese Vorgangsweise solange fort, bis alle Stabkräfte bekannt und im Cremonaplan eingezeichnet sind. Für bereits auf diese Weise ermittelte Stabkräfte werden die entsprechende Stäbe andersfärbig unterlegt.

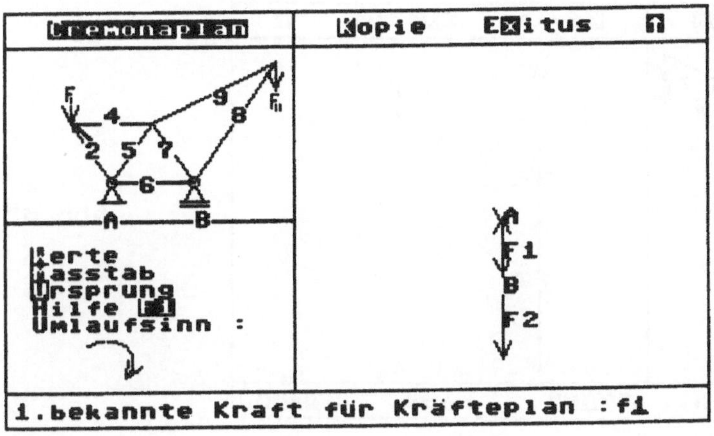

Abb. 6.105

```
W E R T E   A N Z E I G E N

              AUFLAGERKRAFT A:
X-KOMP: 0              Y-KOMP: -25.0000001
              AUFLAGERKRAFT B:
X-KOMP: 0              Y-KOMP:  425

STAB  2 : DRUCK        179.540011
STAB  4 : ZUG          98.0769232
STAB  5 : ZUG          203.113786
STAB  6 : DRUCK        209.230769
STAB  7 :
STAB  8 : DRUCK        462.431508
STAB  9 : ZUG          286.57563

    TEXTKOPIE        EXITUS
```

Abb. 6.106

Mit dem Menüpunkt **W** *(Werte)* können Sie nun, sowohl für die Auflagerkräfte, als auch für die noch vorhandenen Stäbe die Stabkräfte abrufen und auch abfragen, ob es sich um einen Zug- oder Druckstab handelt (Abb. 6.106).

Der Menüpunkt **M** *(Maßstab)* dient zur Änderung des Maßstabes des Cremonaplanes, welcher in der letzten Zeile angezeigt und vorgegeben werden kann (Abb. 6.107).

Schließlich dient der Menüpunkt **U** *(Ursprung)* dazu, den Ursprung des Cremonaplanes und somit den ganzen Linienzug am Bildschirm zu verschieben (Abb. 6.108).

Ein zu großer Maßstab – das heißt wenn der Cremonaplan über das vorgegebene Feld hinausgeht – äußert sich derart, daß Linien, die den erlaubten Bildschirmbereich verlassen, nur teilweise dargestellt werden (es empfiehlt sich, Maßstabsänderungen nur vorsichtig durchzuführen, da es dabei unter Umständen zu Programmabstürzen kommen kann).

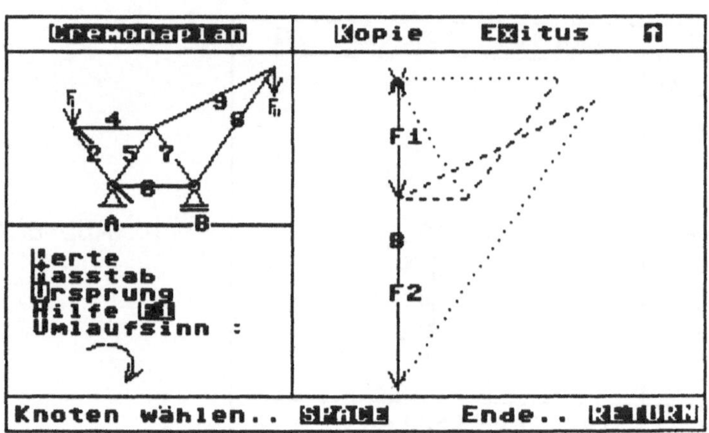

Abb. 6.107

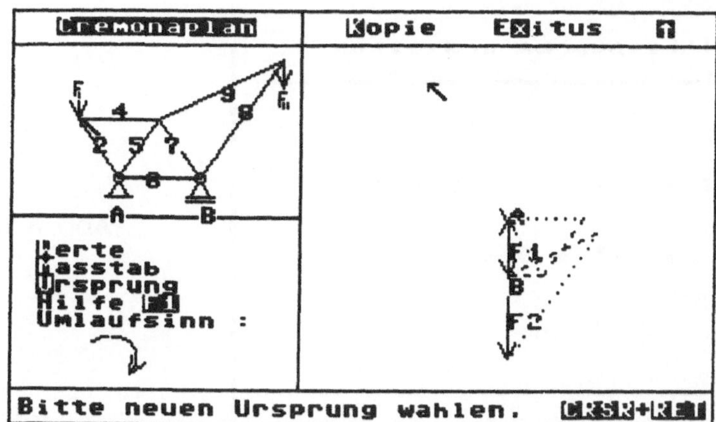

Abb. 6.108

Der Cremonaplan wird nun solange weiter ergänzt, bis alle Stabnummern im kleinen Fachwerkmodell hell erscheinen. Alle auftretenden Kräfte sind nun bekannt. Ihre Größe und Richtung sind dem Cremonaplan zu entnehmen, Zugstäbe sind strichliert und Druckstäbe punktiert gezeichnet.

Mit der **HOCHPFEIL**-Taste können Sie wieder in das *Hauptmenü* zurückkehren, wo selbsttätig der Punkt *Werte (4)* unterlegt ist.

Dieser Punkt dient jedoch nur dazu, um die Werte von Auflagerkräften und Stabkräften, in gleicher Weise wie im Untermenü des *Cremonaplanes*, anzugeben.

Dieses Programm ermöglicht die Bestimmung der Stabkräfte (Wert, Zug/Druck) in einem Fachwerk anhand des Cremonaplanes. Stäbe, in denen keine Kraft wirkt (Nullstäbe), können für die Rechnung (nicht in Wirklichkeit) aus dem Fachwerk genommen werden.

6.8 Erstellen eigener Fachwerke

Zu dem Programm *Fachwerke* wurde ein Hilfsprogramm erstellt, um Ihnen die Möglichkeit zu geben, eigene Fachwerke zu erstellen. In dieses Programm gelangen Sie durch Anwählen des Punktes *Erstellen eigener Fachwerke* im *Programmauswahlmenü*. Das Programm meldet sich mit einem Anfangsbildschirm (Abb. 6.109), der für die Dauer einer ca. 15 sekündigen Initialisierungsphase stehen bleibt. Danach blendet das Programm auf einen Informationstext über, in dem Sie auf die Möglichkeiten und Begrenzungen des Programmes hingewiesen werden (Abb. 6.110).

```
Beispiel: Fachwerke erstellen

I N I T I A L I S I E R U N G

Bitte ca. 15 s Geduld !
```

Abb. 6.109

Die **HOCHPFEIL**-Taste benützen Sie dazu, das Programm wieder zu verlassen. Betätigung der **SPACE**-Taste führt Sie tiefer ins Programm. Bevor Sie **SPACE** drücken, legen Sie die Diskette, auf der das Fachwerk, das Sie editieren wollen, abgespeichert ist, ein. Am Bildschirm erscheint ein Rahmen, während das Programm die *Diskettendirectory* liest. Nach kurzer Ladezeit werden in einem Fenster die auf der eingelegten Diskette vorhandenen, schon bestehenden Fachwerke aufgelistet (*.dat, Abb. 6.111).

Mit Hilfe der **CURSOR**-Taste und **RETURN** können Sie nun ein Fachwerk, das Sie bearbeiten wollen, auswählen. Das letzte Fachwerk, das angezeigt wird, hat jeweils den Namen "???.dat". Wählen Sie dieses, legt das Programm ein neues Fachwerk an.

Nach der Auswahl eines bestehenden Fachwerkes zum Editieren schaltet der Bildschirm um und zeigt, wie das Fachwerk hereingeladen wird (Abb. 6.112). Nach Beendigung des Ladens wird der *Editierbildschirm* aufgebaut (Abb. 6.113).

```
E I N L E I T U N G

Mit diesem Programm koennen Sie
Ihre eigenen Fachwerke erstellen,
bzw. bestehende Fachwerke editieren.
Die so erstellten Fachwerke koennen
im Programm FACHWERKE berechnet
werden.

ACHTUNG !!:
Es koennen maximal 13 Staebe und 13
Knoten eingegeben werden.

SPACE .. weiter      ↑ .. Ende
```

Abb. 6.110

Abb. 6.111

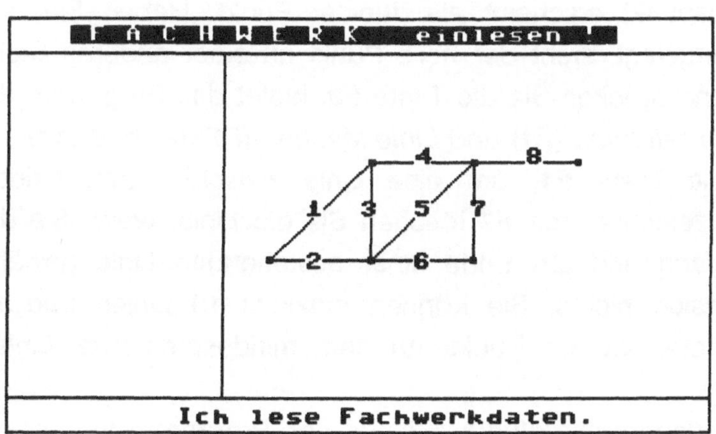

Abb. 6.112

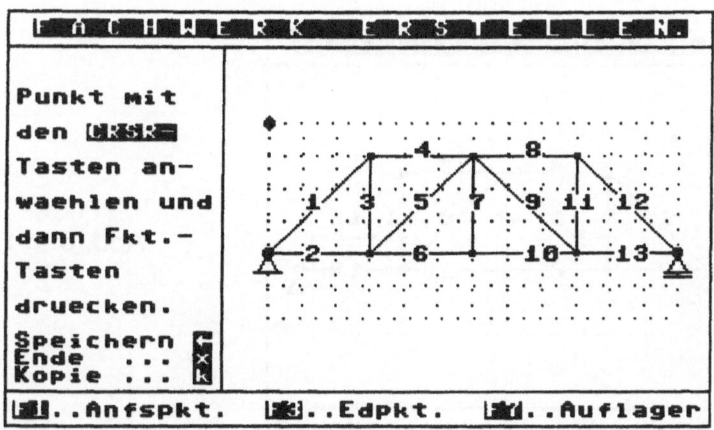

Abb. 6.113

Der nun aktive *Fachwerkeditor* bietet Ihnen folgende Möglichkeiten:

- Bearbeiten eines Stabes
- Bearbeiten von Auflagern
- Speichern des bearbeiteten Fachwerkes
- Erstellen einer Bildschirmkopie
- Verlassen des Programmes

Um eine Linie bearbeiten zu können, müssen Sie einen *Anfangs-* und einen *Endpunkt* dieser Linie festlegen. Dies geschieht, indem Sie mit den **CURSOR**-Tasten den hellen Punkt (Endpunkt) im Bildschirmraster bewegen und mit den Tasten **F1** für Anfangspunkt und **F3** für Endpunkt die entsprechenden Punkte definieren. Der Anfangspunkt erscheint als dunkler Punkt. Haben Sie nun einen Anfangspunkt festgelegt, steht der helle Punkt an einer anderen Stelle als der Anfangspunkt und drücken Sie die Taste **F3**, bietet das Programm die zwei Möglichkeiten *Linie zeichnen* (**F1**) und *Linie löschen* (**F7**) (Abb. 6.114).

Betätigen Sie die Taste **F1**, um eine Linie zwischen den beiden gewählten Punkten zu zeichnen, mit **F7** löschen Sie die Linie, wenn Sie die beiden Punkte am Anfang und am Ende einer bestehenden Linie gewählt haben, andernfalls passiert nichts. Sie können maximal 13 Linien und 13 Knoten setzen (ein Knoten ist der Punkt, an dem mindestens zwei Linien zusammentreffen).

Die Taste **F7** (*Auflagerbehandlung*) läßt Sie das Programm fragen, ob Sie an der Stelle, an der der helle Punkt steht, ein *Auflager setzen* (**F1**) oder das sich dort befindliche *Auflager löschen* (**F7**) wollen (Abb. 6.115).

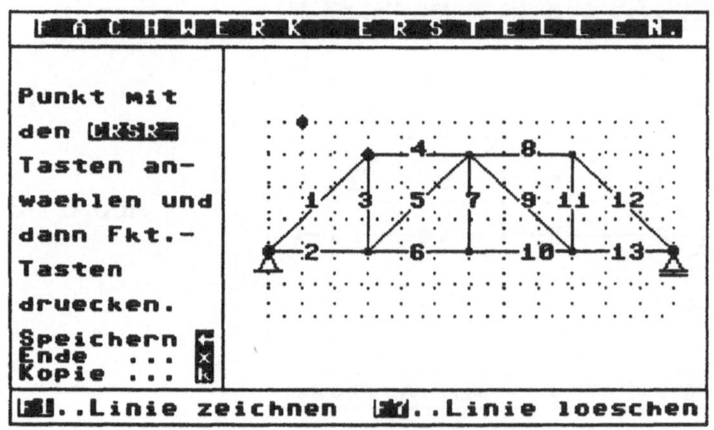

Abb. 6.114

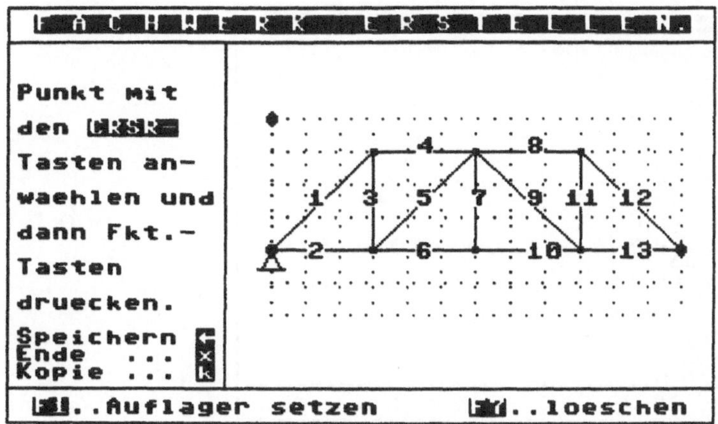

Abb. 6.115

Wollen Sie ein Auflager setzen, bietet das Programm beim ersten Auflager *jeweils zwei Typen von Fest- und Loslager* an. Der gewünschte Typ läßt sich mit den Funktionstasten **F1**, **F3**, **F5**, **F7** auswählen (Abb. 6.116). Das Programm setzt dann an die entsprechende Stelle ein Auflager. Beim Setzen des zweiten Auflagers ist die Auswahl von vier auf zwei zum ersten Auflager passende Typen beschränkt, damit die Stützung statisch bestimmt ist.

Sie können Auflager nur in Knoten setzen. Haben Sie schon zwei Auflager gewählt und setzen Sie in einen anderen Knoten ein weiteres Auflager, so wird das zuletzt gesetzte Auflager wieder gelöscht.

Die **LINKSPFEIL**-Taste dient zum *Speichern des erstellten Fachwerks.* Der Bildschirmtext weist Sie nun darauf hin, daß das Programm das erstellte Fachwerk auf seine Eigenschaften hin untersucht. Sie können verfolgen, wie das Programm zuerst den ersten Eckpunkt des Fachwerks sucht, und wie dann entlang der äußeren Umhüllung im Uhrzeigersinn die Knotenfolge festgelegt wird. Etwaige innenliegende Knoten werden zuletzt behandelt (Abb. 6.117).

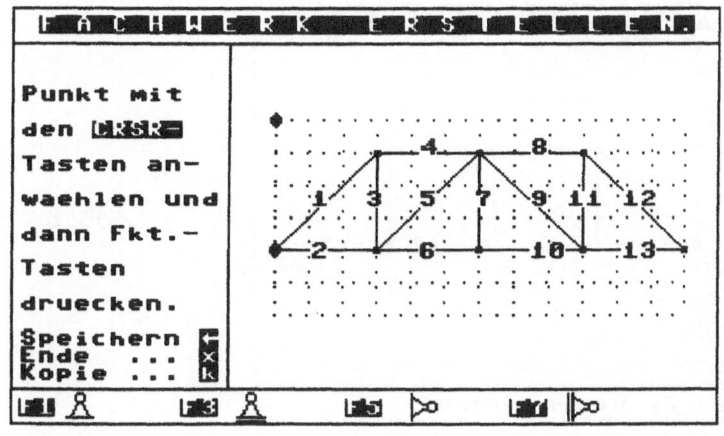

Abb. 6.116

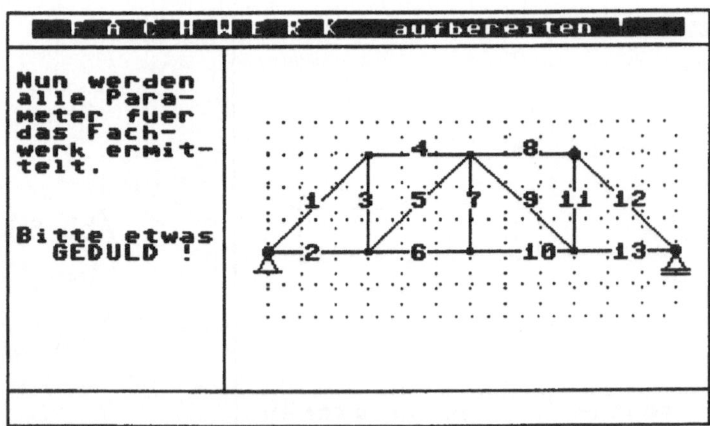

Abb. 6.117

Nachdem das Programm das Fachwerk identifiziert hat, fordert es Sie auf, anzugeben, wie Sie in den einzelnen erlaubten Kraftangriffspunkten die *angreifende Kraft* dargestellt haben möchten (Abb. 6.118).

Der symbolisierte Kraftvektor kann mit der **CURSOR**-Taste entweder mit der *Spitze* in den Knoten gesetzt werden oder mit dem *Schaft*. Haben Sie sich in einem Punkt für eine Darstellungsart entschieden, übernehmen Sie diese mit **RETURN**. Die einzelnen erlaubten Kraftangriffspunkte werden nun der Reihe nach durchlaufen.

Wurden alle Kräfte festgelegt, verlangt das Programm die Eingabe eines *File-Namens*, um das Fachwerk abspeichern zu können (Abb. 6.119).

Sie können Fachwerke nur auf eine Diskette, die *nicht die Programmdiskette* ist, abspeichern, um diese nicht zu überfüllen. Das Programm schreibt am Ende des Eingabefeldes den Ausdruck ".dat", der angibt, daß das abgespeicherte File ein Fachwerk ist. Diesen Ausdruck sollten Sie beim Eingeben des File-Namens nicht noch einmal hinschreiben. Haben Sie eine

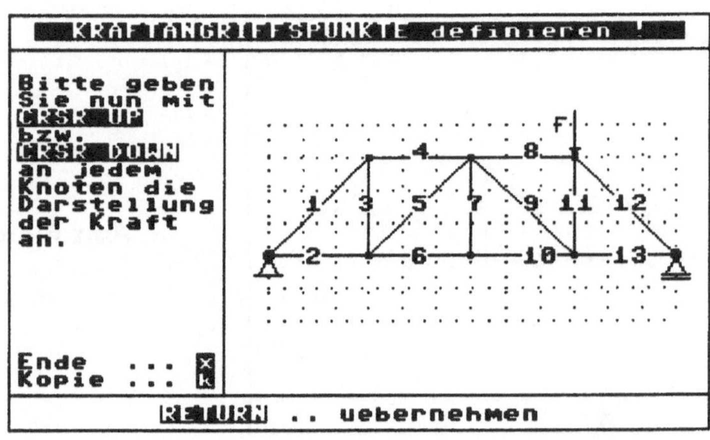

Abb. 6.118

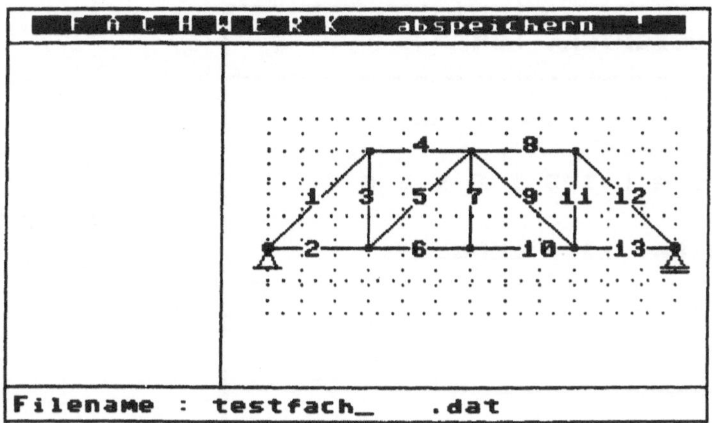

Abb. 6.119

entsprechende Diskette eingelegt, wird das Fachwerk abgespeichert, andernfalls verlangt das Programm solange eine entsprechende Diskette, bis Sie sie eingelegt haben. Dann kehrt es zum Informationstext zurück. Nun können Sie entweder *ein weiteres Fachwerk editieren* oder das *Programm verlassen*.

Achten Sie beim Abspeichern darauf, daß das Fachwerk aus mindestens einem Stab, zwei Knoten und zwei Auflagern besteht, da das Programm sonst eine Fehlermeldung ausgibt.

Wollen Sie ein *neues Fachwerk erstellen*, müssen Sie, wie schon erwähnt, das File "???.dat" anwählen. Es erscheint dann sofort der Editierbildschirm, der restliche Vorgang entspricht dem oben Beschriebenen.

Dieses Programm dient der Erstellung eigener Fachwerke, die mit dem Programm Fachwerke *ausgewertet und behandelt werden können. Es werden im beschriebenen Programm manche Unsinnigkeiten in erstellten Fachwerken toleriert, die dann im Programm* Fachwerke *zu Fehlermeldungen oder Abstürzen führen können. Sie sollten daher Fachwerke mit entsprechender Vorsicht und Umsicht erstellen.*

6.9 Schiefer Wurf

Wählen Sie dieses Programm in bekannter Art und Weise im *Programmauswahlmenü* an und warten Sie die Initialisierung nach dem Laden ab (Abb. 6.120). Sie gelangen dann wieder in das *Hauptmenü* des Programmes (Abb. 6.121).

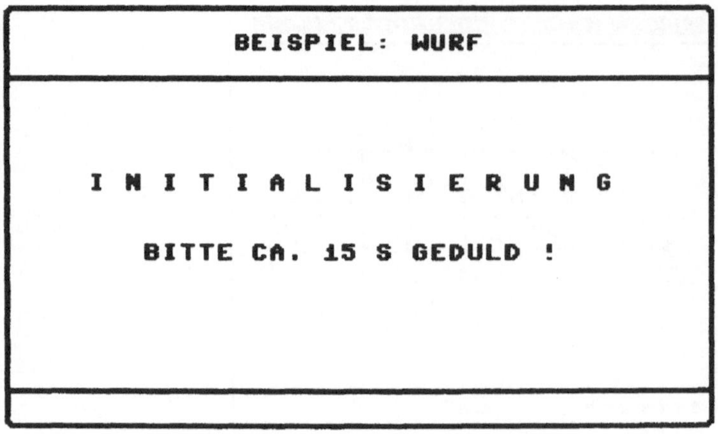

BEISPIEL: WURF

I N I T I A L I S I E R U N G

BITTE CA. 15 S GEDULD !

Abb. 6.120

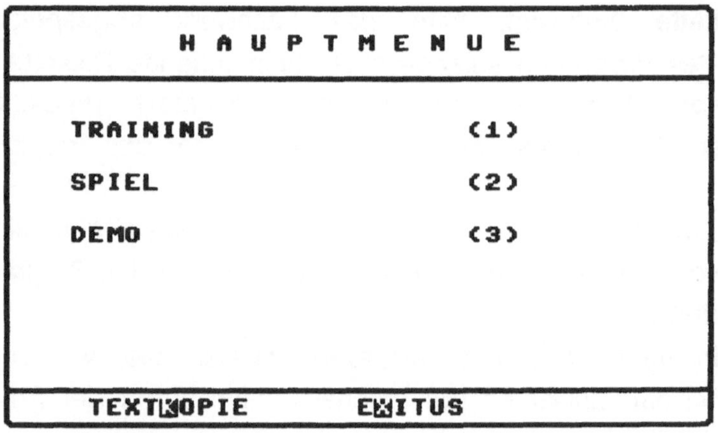

H A U P T M E N U E

TRAINING (1)

SPIEL (2)

DEMO (3)

TEXTKOPIE EXITUS

Abb. 6.121

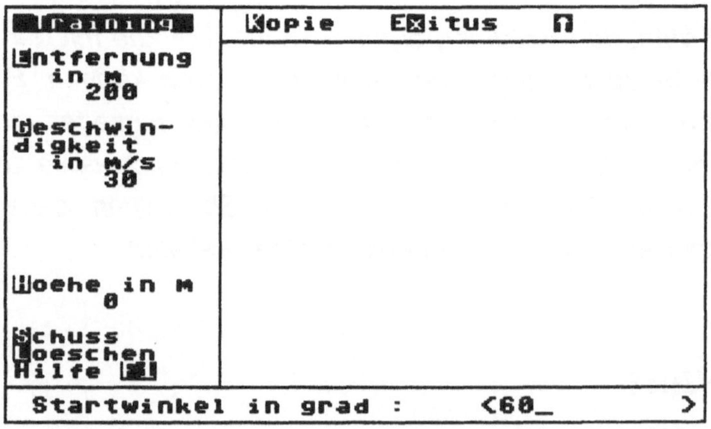

Training | Kopie Exitus

Entfernung
in m
200

Geschwin-
digkeit
in m/s
30

Hoehe in m
0

Schuss
Loeschen
Hilfe

Startwinkel in grad : <60_ >

Abb. 6.122

Im Punkt *Training* (Abb. 6.122) können Sie nun die für *Spiel* notwendige Erfahrung sammeln. Sie werden aufgefordert, die *Entfernung* der am Bildschirm dargestellten Wurfstrecke festzulegen. In weiterer Folge können Sie nun die *Abschußgeschwindigkeit* und *den Abschußwinkel* wählen.

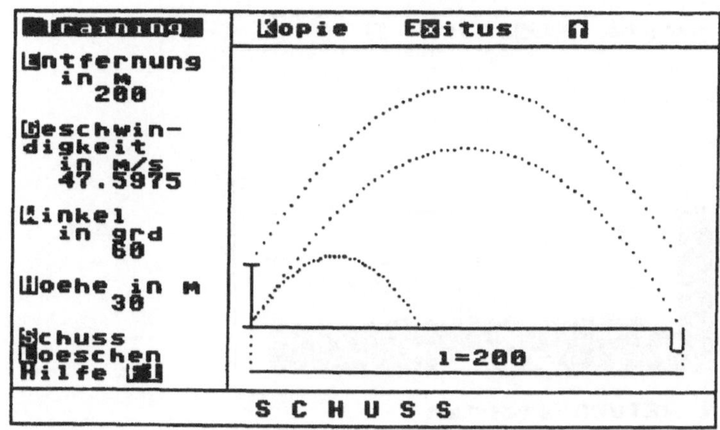

Abb. 6.123

Die Aufgabe besteht darin, in den Korb am Ende der Schußbahn zu treffen. Wie gut Sie das mit den gewählten Parametern schaffen, können Sie überprüfen, wenn Sie **S** wie *Schuß* drücken (Abb. 6.123). Die Schußbahn wird dann am Bildschirm in äquidistanten Zeitschritten dargestellt. Die Abstände der Punkte der einzelnen Schußbahnen sind zeitlich miteinander vergleichbar (für alle gilt derselbe Zeitmaßstab). Über die Taste **F1** können Sie sich Hilfe holen. Sie werden dann informiert, wie groß die Geschwindigkeit für den aktuellen Abschußwinkel gewählt werden müßte, damit das Schußziel erreicht werden kann (Abb. 6.124). Um den Schuß von einem Berg ins Tal simulieren zu können, gibt es die Möglichkeit, die *Höhe* der Abschußbasis zu variieren (Taste **H**).

Sind Sie beim Üben sehr eifrig gewesen, und ist der Bildschirm schon voller Schußbahnen, können Sie diese mit **L** wie *Löschen* wieder entfernen. Dann sind Ihrem Eifer wieder Tür und Tor geöffnet.

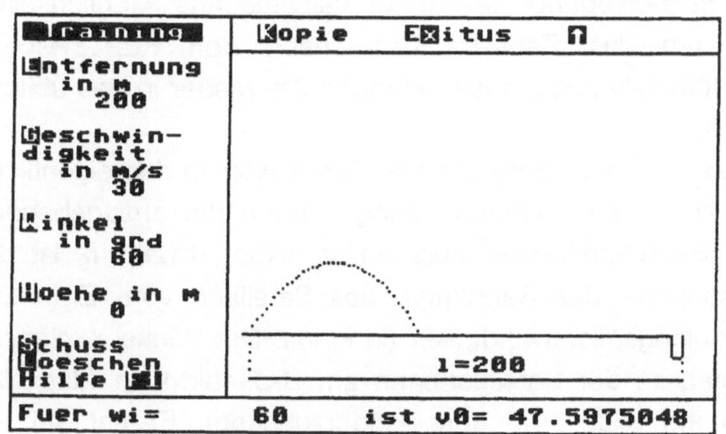

Abb. 6.124

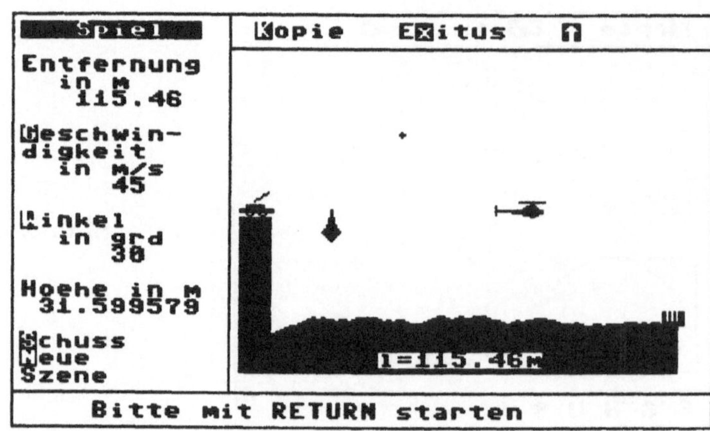

Abb. 6.125

In *Spiel* können Sie nun Ihre erworbenen Kenntnisse gut gebrauchen. Der Computer gibt Ihnen sowohl eine Entfernung, als auch eine Abschußhöhe vor. Außerdem stören Hubschrauber und Bomben Ihr Schußfeld. Versuchen Sie nun, die *Abschußgeschwindigkeit* und den *Anstellwinkel* Ihrer Kanone derart zu wählen, daß Sie in den Zielpunkt treffen. Sie haben fünf Versuche. Sollten Sie den Hubschrauber oder die Bombe treffen, müssen Sie den Versuch leider als gescheitert betrachten. Dann also viel Vergnügen und gut Holz.

Anhand dieses Programms lassen sich die Zusammenhänge beim schiefen Wurf ohne Luftwiderstand, das sind konstante Horizontalbewegung und beschleunigte Vertikalbewegung, spielerisch erlernen.

6.10 Satellitenbewegung

Das Programm *Satellitenbewegung* beschreibt verschiedene Möglichkeiten der Satellitenbahnen um das Zentrum Erde nach den KEPLERschen Gesetzen. Nach einer Initialisierungsphase gelangen Sie wieder in das übliche *Hauptmenü* (Abb. 6.126).

Anwählen des Menüpunktes *Eingabe* führt Sie wieder in das eigentliche Programm (Abb. 6.127). Zu Ihrer Unterstützung werden die anzugebenden Parameter im oberen Bildschirmfenster kurz erklärt (Abb. 6.128): r_0 ist der Abstand des Anfangspunktes der Bahnkurve des Satelliten vom Erdmittelpunkt (in km), v_0 die Anfangsgeschwindigkeit (in km/s). Der Winkel ψ gibt die Verdrehung der Hauptachse der Satellitenbahn am Bildschirm an (das hilft, die einzelnen Bahnen am Bildschirm auseinanderzuhalten). Er hat auf die

```
Beispiel

KEPLERSCHE GESETZE

Satellitenbewegung
um die Erde

Initialisierung läuft
Bitte um 10 Sekunden Geduld
```

Abb. 6.126

```
Satellitenbahnen
um die Erde

Eingabe

Demo

Programmende

Waehlen mit Cursor und Return
```

Abb. 6.127

```
S A T E L L I T E N B E W E G U N G

r0 .. Abstand des Anfangspunktes
      vom Erdmittelpunkt in [km]
v0 .. Anfangsgeschwindigkeit in [km/s]
psi .. Neigung der Satellitenbahn

1.Sat:     * r0 = 42250
 Kreis       v0 = 3.07173409
            psi = 0
2.Sat:       r0 = 0
             v0 = 0
            psi = 0
3.Sat:       r0 = 0
             v0 = 0
            psi = 0

     Cursor und Return          Kreisbahn
Zeichnen  Kopie  Exitus         Parabel
```

Abb. 6.128

Form der Bahn keinen Einfluß. Sie können nun, für maximal drei Satelliten, von den drei Parametern r_0 , v_0 und *Form der Bahnkurve* zwei vorgeben. Der dritte Parameter wird dann von dem Programm selbsttätig berechnet. An Bah-

```
S A T E L L I T E N B E W E G U N G

r0 .. Abstand des Anfangspunktes
       vom Erdmittelpunkt in [km]
v0 .. Anfangsgeschwindigkeit in [km/s]
psi .. Neigung der Satellitenbahn

1.Sat:          r0 = 42250
 Kreis          v0 = 3.07173409
               psi = 0
2.Sat:          r0 = 450000          Masstab!
 Ellipse        v0 = .15727167       := v-min
               psi = 0
3.Sat:      *   r0 = 6371            := r-Erd
 Kreis          v0 = 7.91030395      := v-min
               psi = 0

      Cursor und Return            Kreisbahn
Zeichnen   Kopie   Exitus   ?      Parabel
```

Abb. 6.129

nen sind eine Kreisbahn, zwei Arten von Ellipsenbahnen, mit dem Erdmittelpunkt jeweils in einem Brennpunkt der Ellipse, eine Hyperbelbahn, sowie die Parabel möglich (vgl. Seite 73).

Sie können für den gerade behandelten Satelliten mit **K** eine *Kreisbahn* (Abb. 6.129) oder mit **P** eine *parabolische Bahn* (Abb. 6.130) auswählen, wenn Sie den Sterncursor bei r_0 oder v_0 stehen haben und eine der genannten Tasten drücken.

Die Hyperbelbahn ist nicht extra angeführt, sie ergibt sich, indem Sie eine Parabelbahn anwählen und den Parameter r_0 oder v_0 vergrößern. Ähnliches gilt für die beiden Arten von elliptischen Bahnen. Sie können nun für die drei Satelliten in beschriebener Weise *Bahnform*, *Abstand*, *Geschwindigkeit* und den *Winkel der Darstellung* vorgeben. Bei Radien, die kleiner als der Erdradius (6371 km) sind, wird automatisch der Erdradius als Minimalradius vorgegeben. Es wird dann ebenfalls selbsttätig, wenn notwendig, die Minimalgeschwindigkeit berechnet.

```
S A T E L L I T E N B E W E G U N G

r0 .. Abstand des Anfangspunktes
       vom Erdmittelpunkt in [km]
v0 .. Anfangsgeschwindigkeit in [km/s]
psi .. Neigung der Satellitenbahn

1.Sat:      *   r0 = 84499.9998
 Parabel        v0 = 3.07173409
               psi = 0
2.Sat:          r0 = 450000          Masstab!
 Ellipse        v0 = .15727167       := v-min
               psi = 0
3.Sat:          r0 = 6371            := r-Erd
 Kreis          v0 = 7.91030395      := v-min
               psi = 0

      Cursor und Return            Kreisbahn
Zeichnen   Kopie   Exitus   ?      Parabel
```

Abb. 6.130

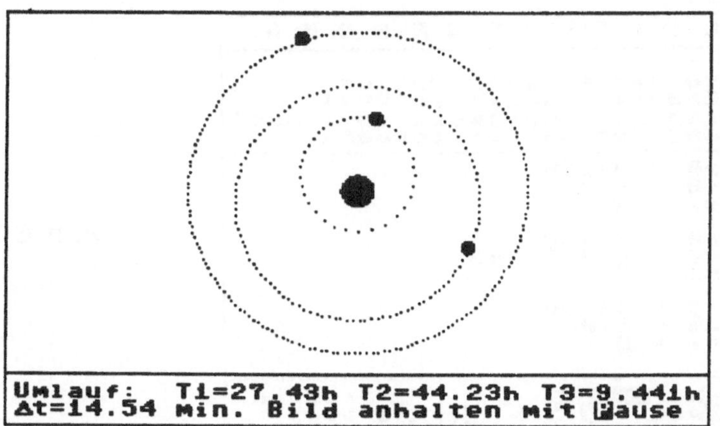

Abb. 6.131

Bei diesem Beispiel, daß Minimalradius und Minimalgeschwindigkeit vorgegeben werden, würde sich der Satellit unmittelbar über der Erdoberfläche (ohne Luftreibung) bewegen. Wählen Sie ein r_0 größer als 450000 km, weist Sie das Programm darauf hin, daß es zu Maßstabsproblemen kommt, und verkleinert r_0 auf den erlaubten Maximalwert.

Drücken Sie nun die Taste **Z**. Die entsprechenden Satellitenbahnen werden *gezeichnet*. Zunächst wird, in einem automatisch vom Programm bestimmten Maßstab, die Erde dargestellt, dann die Satellitenbahnen. Die Punkte entsprechen den Positionen der Satelliten nach gleichen Zeitintervallen (Abb. 6.131).

Für jede Satellitenbahn wird die Zeit für einen Umlauf durch T1, T2, T3 angegeben, außerdem wird die vom Programm vorgegebene Schrittweite angezeigt. Die Satelliten wandern nun solange um die Erde, bis Sie das Bild durch Drücken der Taste **P** (wie *Pause*) anhalten.

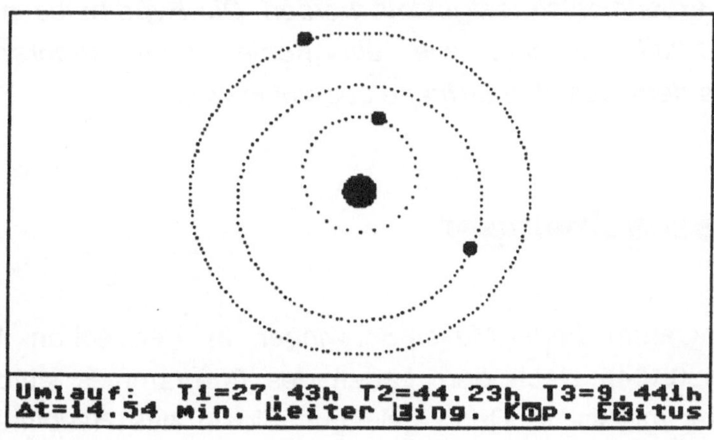

Abb. 6.132

```
S A T E L L I T E N B E W E G U N G

r0 .. Abstand des Anfangspunktes
      vom Erdmittelpunkt in [km]
v0 .. Anfangsgeschwindigkeit in [km/s]
psi .. Neigung der Satellitenbahn

1.Sat:        r0 = 42250
 Ellipse      v0 = 3.2
             psi = 0

2.Sat:        r0 = 63500
 Kreis        v0 = 2.5055906
             psi = 0

3.Sat:        r0 = 30000
 Ellipse      v0 = 3.00
            *psi = 0

    Cursor und Return              Kreisbahn
Zeichnen   Kopie   Exitus          Parabel
```

Abb. 6.133

Sie können dann mit der Taste **W** (für *weiter*) den Zeichenvorgang fortsetzen oder mit der Taste **E** (*Eingabe*) in den Eingabemodus zurückkehren (Abb. 6.132). Außerdem stehen Ihnen, wie immer, die Optionen *Kopie erstellen* und *Programm verlassen* zur Verfügung. Die gezeigten Satellitenbahnen haben die Parameter aus Abbildung 6.133.

Schließen Sie im *Eingabemenü* alle Eingaben mit **RETURN** ab, da sie sonst nicht zur Kenntnis genommen werden! Das *Eingabemenü* können Sie wieder mit der **HOCHPFEIL**-Taste in Richtung *Hauptmenü* verlassen.

Das Programm veranschaulicht im wesentlichen die drei im Theorieteil (ab Seite 71) erläuterten KEPLERschen Gesetze. Dies äußert sich in folgenden Fakten: Erdnahe Satelliten auf Kreisbahnen bewegen sich wesentlich rascher als erdferne Satelliten. Ein Satellit auf einer elliptischen Bahn bewegt sich in Erdnähe rascher, in Erdferne langsamer. Es kann die sogenannte Fluchtgeschwindigkeit, bei welcher der Satellit auf einer Parabelbahn den erdnahen Bereich verläßt, numerisch-experimentell festgestellt werden. Die Hyperbelbahn kann beispielhaft dafür dienen, wie ein Komet oder anderer Weltraumkörper aus dem Weltall in Erdnähe abgelenkt wird.

6.11 Federmasseschwinger

Starten Sie das Programm *Feder-Masse-Schwinger* in der schon beschriebenen Art (Abb. 6.134). Nach dem Laden des Programmes werden verschiedene Parameter initialisiert. Dann gelangen Sie in das *Hauptmenü*

Abb. 6.134

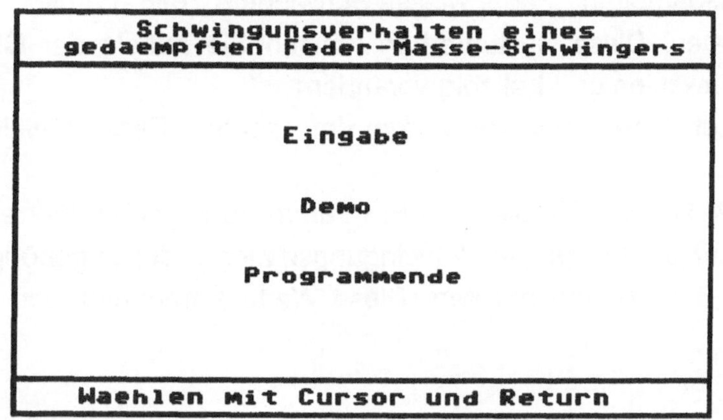

Abb. 6.135

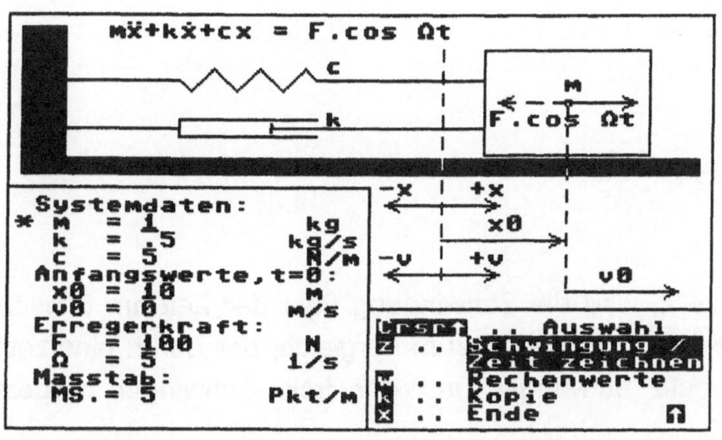

Abb. 6.136

dieses Programmes (Abb. 6.135). Durch Betätigen der **CURSOR**-Tasten und **RETURN** können Sie die einzelnen Menüpunkte anwählen. Der Punkt *Eingabe* führt in das eigentliche Programm (Abb. 6.136). Es erscheint am Bildschirm

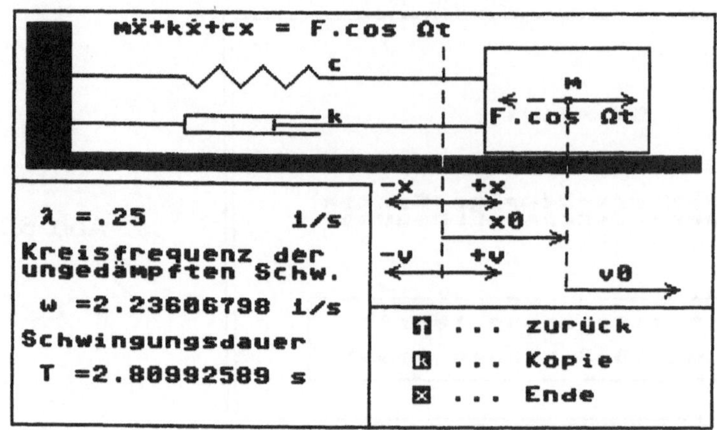

Abb. 6.137

eine Skizze des gedämpften Feder-Masse-Schwingers mit bereits vorgegebenen Systemdaten. Diese Systemdaten können Sie mittels der **CURSOR**-Tasten einzeln anwählen und beliebig verändern.

Außerdem bietet Ihnen das Programm im rechten Fenster weitere Wahlmöglichkeiten:

Mit der Taste **W** können Sie die vom Programm berechneten *Werte* für λ, für die Kreisfrequenz ω und für die Schwingungsdauer T der zugehörigen freien ungedämpften Schwingung abrufen. Diese Werte berechnen sich folgendermaßen:

$$\lambda = \frac{k}{2m}$$

$$\omega = \sqrt{\frac{c}{m}}$$

$$T = 2\pi\sqrt{\frac{m}{c}}$$

Betätigen Sie die Taste **Z**, wird die Schwingung über der Zeit am Bildschirm *gezeichnet*. Es werden nebeneinander, zum Vergleich, der durch eine zeitlich periodische Kraft erregte Schwinger und der freie Schwinger dargestellt (Abb. 6.138).

Sollte der aktuelle Maßstab zu groß sein, verringert das Programm diesen und beginnt die Darstellung von vorne. Der Bildschirm wird laufend nach oben verschoben, Sie sehen jeweils die letzten vergangenen 7 Sekunden der Schwingung. Links unten wird sowohl der *Maßstab* der Schwingung

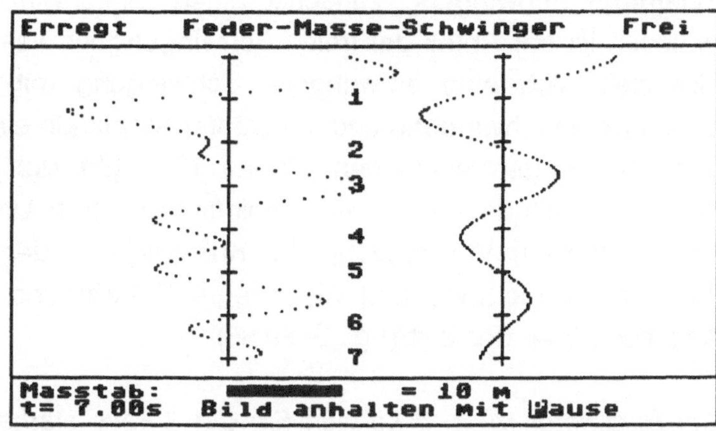

Abb. 6.138

als auch die laufende Zeit angezeigt. Durch Betätigen der Taste **P** (wie *Pause*) können Sie das Bild anhalten (Abb. 6.139). Wollen Sie die Darstellung der Schwingung fortsetzen lassen, drücken Sie **W** (wie *weiter*).

Zur Rückkehr aus diesem Bildschirm zur Parametereingabe dient die Taste **E** (wie *Eingabe*). Außerdem stehen Ihnen noch **K** (*Kopie*) und **X** (*Verlassen des Programms*) zur Verfügung. Aus dem *Eingabemenü* können Sie mit der **HOCHPFEIL**-Taste in das *Hauptmenü* zurückkehren.

Der Programmpunkt *Demo* bietet Ihnen die Möglichkeit, das Programm automatisch ablaufen zu lassen.

Mit den Menüpunkt *Programmende* können Sie das Programm wieder verlassen.

Als kurzer Kommentar zu den Abbildungen sei folgendes erwähnt: Lassen Sie die vorgegebenen Systemdaten unverändert, so ergeben sich zwei grundverschiedene Schwingungen. Während sich für den freien Schwinger mit Dämpfung eine abklingende Schwingung mit konstanter Schwingungsdauer

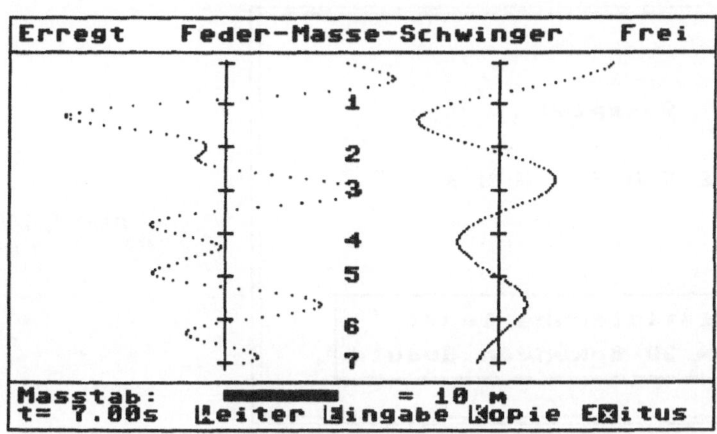

Abb. 6.139

ergibt, zeigt die fremderregte Schwingung zunächst einen Einschwingvorgang. Nach ca. 11 Sekunden ist der Anteil der freien Schwingung im wesentlichen abgeklungen. Es stellt sich eine erzwungene Schwingung mit der gleichen Frequenz wie die Erregerschwingung und konstanter Amplitude ein.

Bei Verdoppelung der Erregerkreisfrequenz Ω auf 10 ergibt sich ein Einschwingvorgang, dessen Amplitude relativ rasch kleiner wird, zum Unterschied von vorher. Bei nochmaliger Verdopplung der Kreisfrequenz der Erregerschwingung ergibt sich für die freie und die erregte Schwingung ein ähnlicher Verlauf der Amplitude über der Zeit (Vgl. Seite 86).

Durch Verändern der Parameter m, k, c können Sie die 3 Fälle starke Dämpfung, aperiodischer Grenzfall und schwache Dämpfung, die im Abschnitt 5.4 ab Seite 78 beschrieben sind, auf dem Bildschirm studieren.

6.12 Linearisiertes Pendel

Wählen Sie den Punkt *Pendeluhr* im *Programmauswahlmenü* an. Nach dem Laden sehen Sie die zwei Eingangsbilder Abb. 6.140 und Abb. 6.141.

Nach Abschluß des Nachladens und der Initialisierung werden links das Bild einer Pendeluhr und rechts die *geometrischen Daten* sowie Felder für die *Uhrzeit*, den *Zeitmaßstab* und die *Schwingungsdauer* gezeigt (Abb. 6.142).

Bei erstmaliger Benützung des Programms sollten Sie als erstes das Feld *Hilfe* anwählen. Stellen Sie dazu den Pfeilcursor mit den **CURSOR**-Tasten in dieses Feld und drücken Sie **RETURN** (Abb. 6.143).

Beispiel

P E N D E L U H R

Initialisierung läuft
Bitte um 30 Sekunden Geduld

Abb. 6.140

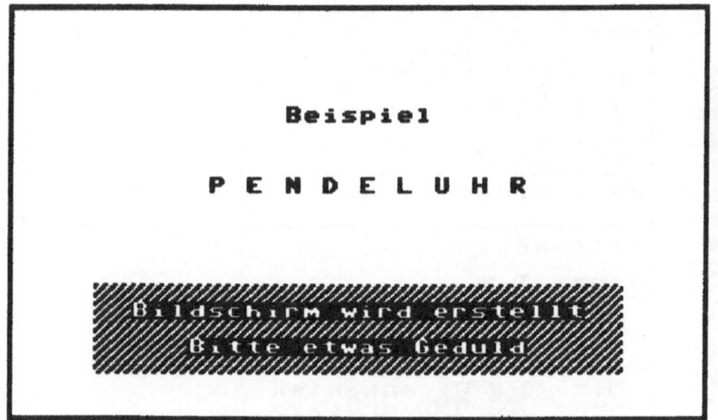

Abb. 6.141

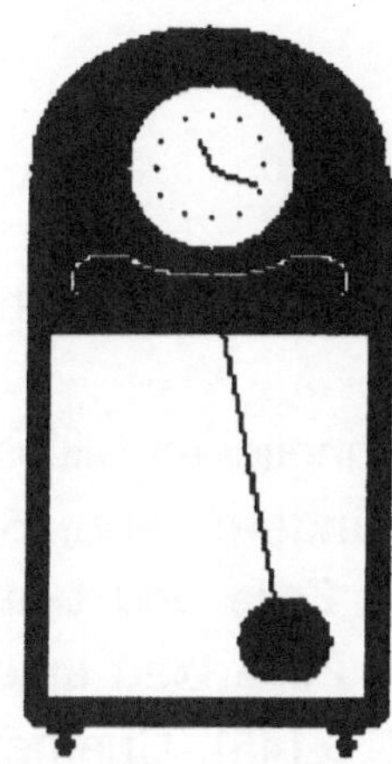

P E N D E L U H R

Geometrie
(m bzw. Grad):
L : 1
a : 5e-03
r : .2
x : 1
φ0: 11.25

Zeit einstellen:

Zeitmasstab:

Dauer T = s

Start	Hilfe
Ende	Uhr

Mit Cursor anwählen
und Return drücken

Abb. 6.142

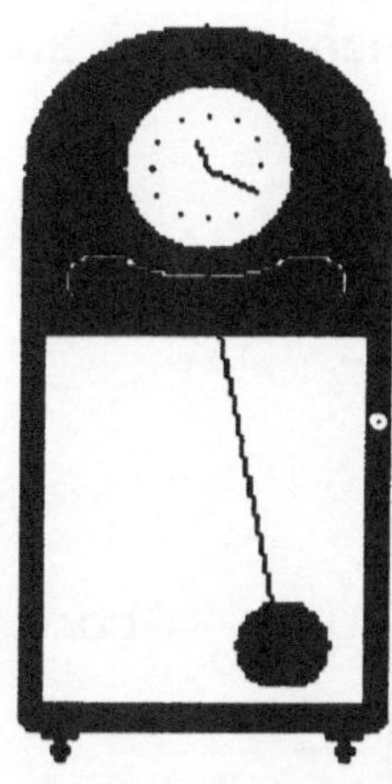

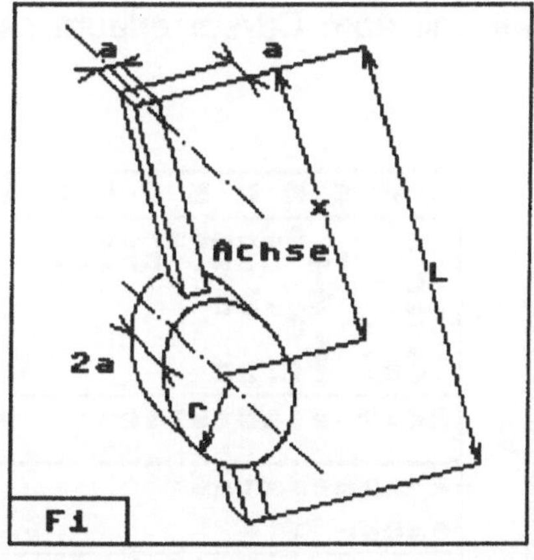

Abb. 6.143

Aus einem axonometrischen Bild des Pendels ersehen Sie, welche praktische Bedeutung die anzugebenden geometrischen Daten haben:

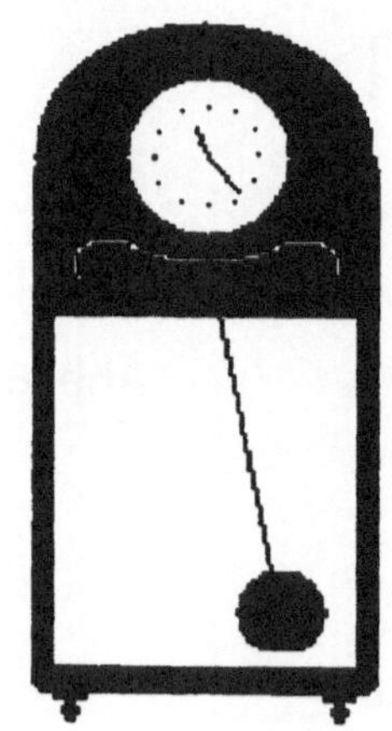

Abb. 6.144

L ist die *Gesamtlänge* des Pendels,

a ist die *Dicke des Pendelstabes,*

r ist der *Durchmesser der Pendelscheibe* und

x ist der *Abstand* des Aufhängepunktes vom Mittelpunkt der Scheibe.

Mit der Taste **F1** gelangen Sie wieder zurück zum ursprünglichen Bildschirm. Hier können Sie nun die Abmessungen des Pendels ändern (Abb. 6.144). Positionieren Sie den Pfeilcursor in der entsprechenden Zeile und betätigen Sie die Taste **RETURN**. Es erscheint die entsprechende Zeile blau unterlegt. Nun können Sie den gewünschten Wert eingeben (Abb. 6.145). Übernehmen Sie diesen wieder mit **RETURN** in das Programm.

φ_0 stellt hiebei den Winkel für die maximale Auslenkung dar. Die Anwahl des Feldes *Zeit einstellen* mit dem Cursor erlaubt es Ihnen, die Zeit auf dem

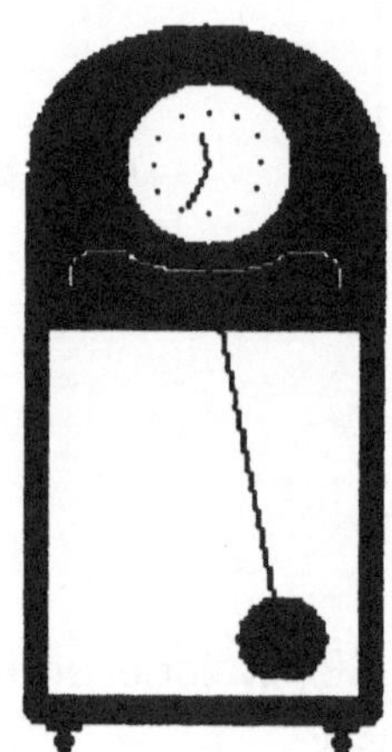

Abb. 6.145

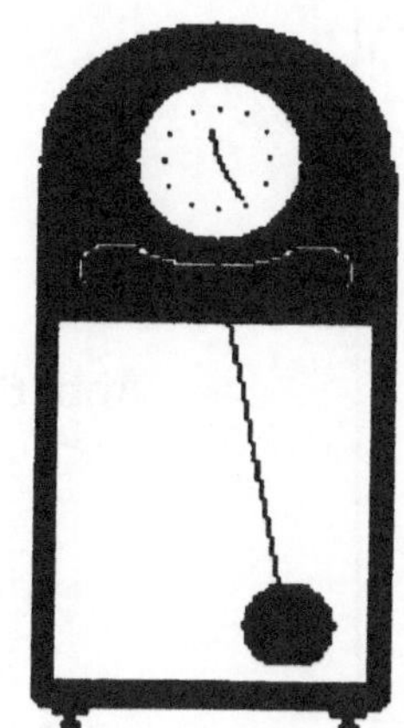

Abb. 6.146

Zifferblatt der Pendeluhr in Stunden, Minuten und Sekunden einzustellen, wobei die Sekunden natürlich schwer ablesbar sind.

Um den sich ergebenden Schwingungsvorgang zu initiieren, wählen Sie das Feld *Start* an. Der Schwingungsvorgang wird visuell in der Pendeluhr sichtbar gemacht. In dem Ausgabefeld für den *Zeitmaßstab* können Sie ablesen, um welchen Faktor langsamer relativ zur Echtzeit das Pendel schwingt. Die *Dauer einer Schwingung* wird ebenfalls angegeben (Abb. 6.146).

Sie können den Schwingungsvorgang durch Betätigen der Taste **E** (*Ende*) abbrechen und in das *Startmenü* zurückkehren. Das Feld *Ende* gestattet den Ausstieg aus dem Programm.

Das Programm dient der Darstellung des Zusammenhanges zwischen den Daten eines Pendels und seiner Schwingungsdauer für kleine Ausschlagwinkel.

6.13 Überschlagendes Pendel

Beim Punkt *Ueberschlagendes Pendel* werden wie beim *linearisierten Pendel* zu Beginn des Programmes einige Programmteile nachgeladen (Abb. 6.147 und Abb. 6.148).

Das *Hauptmenü* führt Sie wieder zu einem Bildschirm, in dem links das Pendel symbolisiert ist und rechts Felder für die geometrischen Daten wie *Pendellänge L*, *Stabdicke a*, *Scheibenradius r*, *Abstand x* des Scheibenmittelpunktes vom Aufhängepunkt und *Winkelgeschwindigkeit* bei $\varphi = 0^\circ$ bzw. bei $\varphi = 180^\circ$, vorgesehen sind (Abb. 6.149).

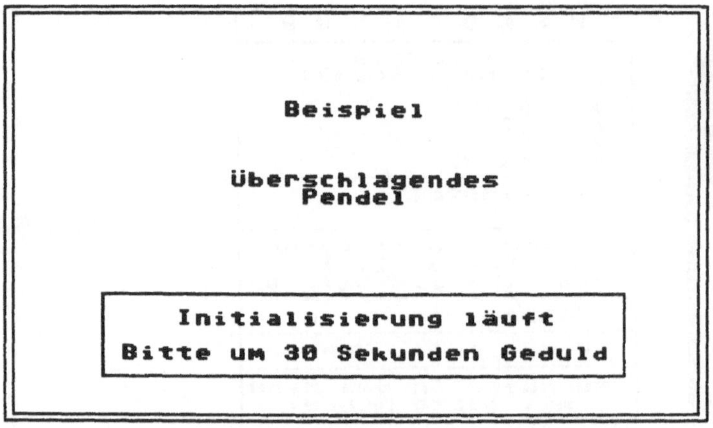

Beispiel

Überschlagendes
Pendel

Initialisierung läuft
Bitte um 30 Sekunden Geduld

Abb. 6.147

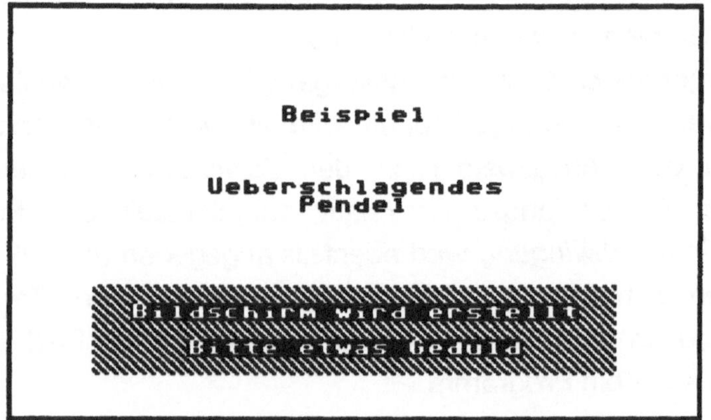

Abb. 6.148

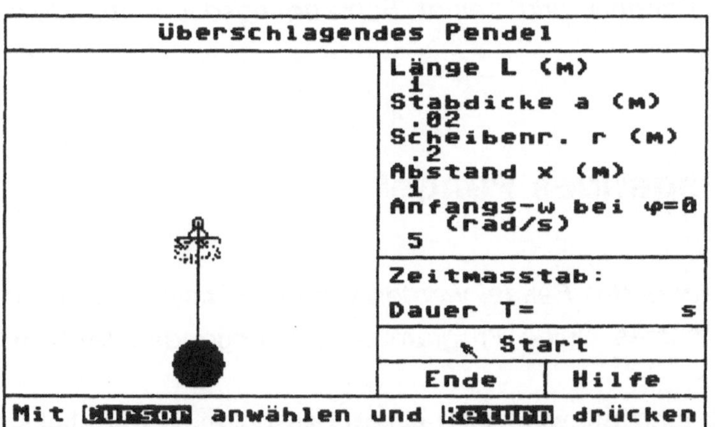

Abb. 6.149

Darunter befinden sich die Auswertefelder, beinhaltend den Zeitmaßstab und die Schwingungsdauer. Die restlichen Felder dienen der Menüführung mittels des Pfeilcursors und enthalten die Felder *Start*, *Ende* und *Hilfe*. Sie können

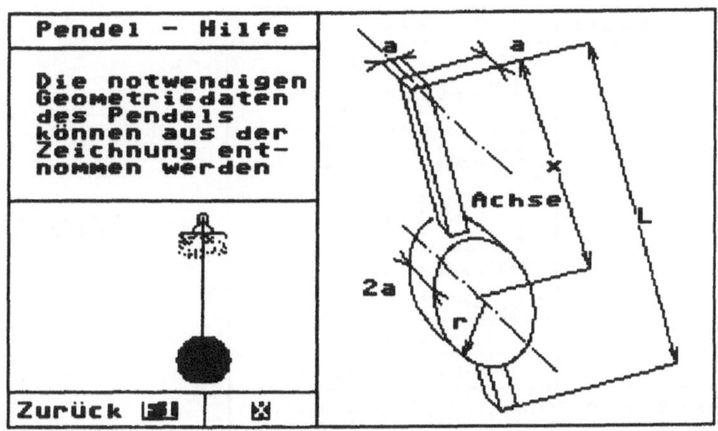

Abb. 6.150

über das Feld *Hilfe* eine axonometrische Darstellung des Pendels mit allen geometrischen Daten abrufen (Abb. 6.150).

Mit **F1** zurück, geben Sie die geometrischen Daten wieder auf folgende Art ein: Stellen Sie den Pfeilcursor mit den **CURSOR**-Tasten auf den gewünschten Parameter (Abb. 6.151), nach Drücken der **RETURN**-Taste erscheint das betreffende Feld farbig unterlegt. Geben Sie den neuen Wert ein und übernehmen Sie ihn mit **RETURN** (Abb. 6.152).

Sie haben die Möglichkeit, die Winkelgeschwindigkeit ω in zwei Punkten, dem Fußpunkt und dem Scheitelpunkt, anzugeben. Stellen Sie dazu den Pfeilcursor an die in der folgenden Abbildung gezeigte Position und drücken Sie **RETURN**. Das Programm schaltet dann zwischen der Eingabe von ω_{max} und ω_{min} hin und her (Abb. 6.153).

Mit *Start* können Sie den Bewegungsvorgang initialisieren. Es werden zuerst, ausgehend von einer Schrittweite von 30°, einzelne Zwischenpunkte des schwingenden Pendels iterativ berechnet, die nach jeweils gleichen

Überschlagendes Pendel
Länge L (m)
1
Stabdicke a (m)
.02
Scheibenr. r (m)
.2
Abstand x (m)
1
Anfangs-ω bei φ=0 (rad/s)
5
Zeitmasstab:
Dauer T= s
Start
Ende | Hilfe
Mit Cursor anwählen und Return drücken

Abb. 6.151

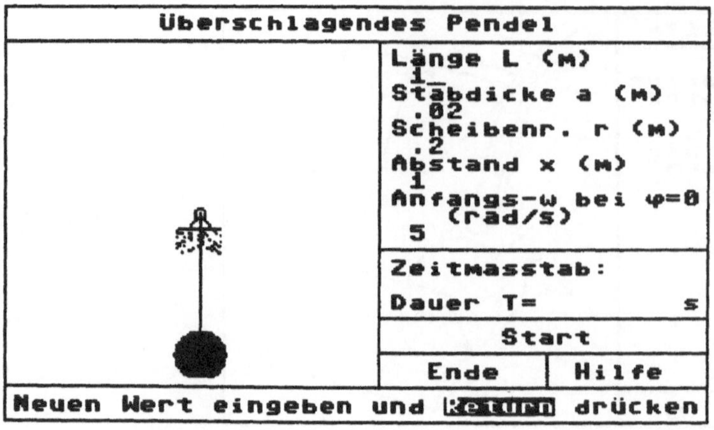

Überschlagendes Pendel
Länge L (m)
1
Stabdicke a (m)
.02
Scheibenr. r (m)
.2
Abstand x (m)
1
Anfangs-ω bei φ=0
(rad/s)
5
Zeitmasstab:
Dauer T= s
Start
Ende
Hilfe
Neuen Wert eingeben und Return drücken

Abb. 6.152

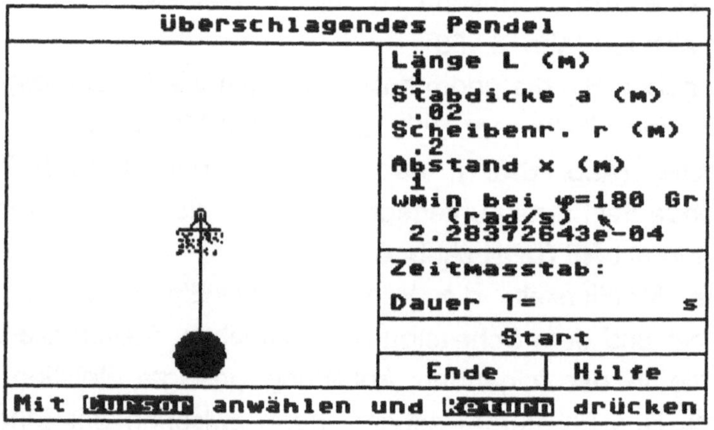

Überschlagendes Pendel
Länge L (m)
1
Stabdicke a (m)
.02
Scheibenr. r (m)
.2
Abstand x (m)
1
ωmin bei φ=180 Gr
(rad/s)
2.28372643e-04
Zeitmasstab:
Dauer T= s
Start
Ende
Hilfe
Mit Cursor anwählen und Return drücken

Abb. 6.153

Überschlagendes Pendel
Länge L (m)
1
Stabdicke a (m)
.02
Scheibenr. r (m)
.2
Abstand x (m)
1
Anfangs-ω bei φ=0
(rad/s)
5
Zeitmasstab:
Dauer T= s
Maximaler Aus-
schlag φmax:
φ = 106.40 Grad
Bitte warten !! Abbruch mit Taste

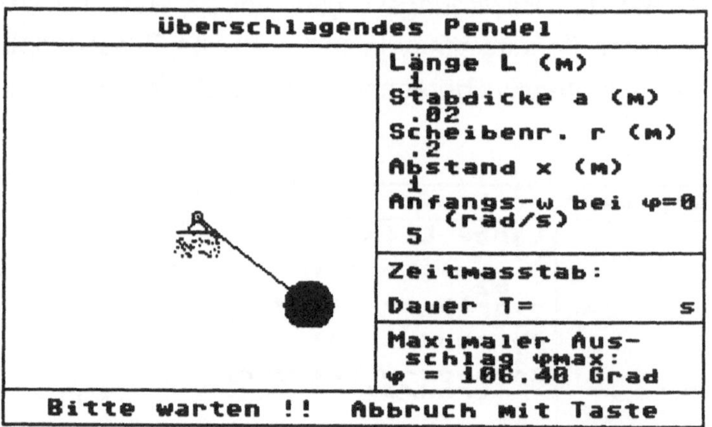

Abb. 6.154

Zeitschritten erreicht werden. Der *maximale Ausschlag* wird unmittelbar – da sofort berechenbar – im untersten Feld ausgegeben (Abb. 6.154). Im Falle eines Überschlags des Pendels erscheint in diesem Feld statt φ_{max} die

Abb. 6.155

kleinste Winkelgeschwindigkeit im Scheitelpunkt (Abb. 6.155) bzw. die *größte Winkelgeschwindigkeit* im tiefsten Punkt.

Ist die Bewegung iterativ vollständig berechnet, erfolgt in einem *Zeitmaßstab* eine grafisch anschauliche Darstellung der Pendelschwingung, wobei der Zeitmaßstab sowie die *Schwingungsdauer* rechts im mittleren Feld angegeben werden (Abb. 6.156).

Mit Taste **E** (*Ende*) läßt sich der Schwingungsvorgang abbrechen. Das Programm kehrt wieder in das *Hauptmenü* zurück und Sie können neue geometrische Daten sowie Anfangsbedingungen für ein Pendel vorgeben.

Für den Fall, daß das Pendel in der vertikalen Lage oben zur Ruhe kommt (instabiles Gleichgewicht), wird das "Pendeln" nur einmal durchgeführt, das Bild des Pendels bleibt in dieser Lage stehen (Abb. 6.157). Das Programm fragt Sie, ob die Aufschwungbewegung *noch einmal* durchgeführt werden soll oder ob Sie in das *Menü zurückkehren* wollen.

Abb. 6.156

Abb. 6.157

Das Programm dient der Veranschaulichung des Zusammenhanges zwischen Ausschlagwinkel und Schwingungsdauer bzw. einem eventuellen Überschlag oder keinem Überschlag mit den gewählten geometrischen Daten, der Anfangsgeschwindigkeit und der Anfangsauslenkung.

6.14 Springball

Wählen Sie im *Programmauswahlmenü* den Punkt *Springball* an (Abb. 6.158 und 6.159). Dieses Programm dient der Verdeutlichung von Stoßvorgängen mit wählbaren *Stoßziffern* zwischen *0* und *1.* Stoßziffer 0 bedeutet hiebei einen unelastischen Stoß, Stoßziffer 1 den vollkommen elastischen Stoß.

Beispiel
SPRINGBALL

Initialisierung läuft
Bitte um 20 Sekunden Geduld

Abb. 6.158

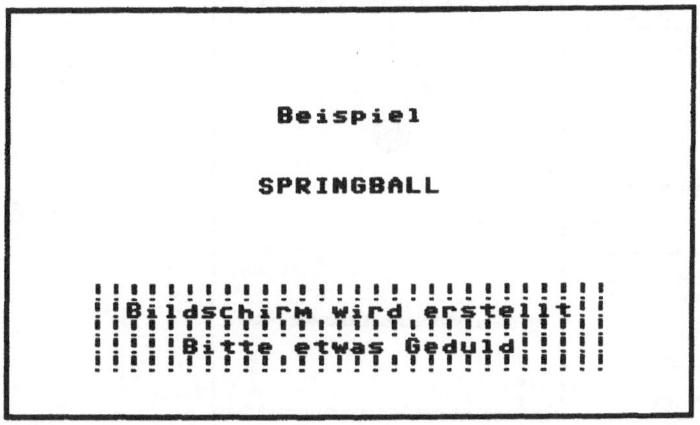

Beispiel
SPRINGBALL
Bildschirm wird erstellt
Bitte etwas Geduld

Abb. 6.159

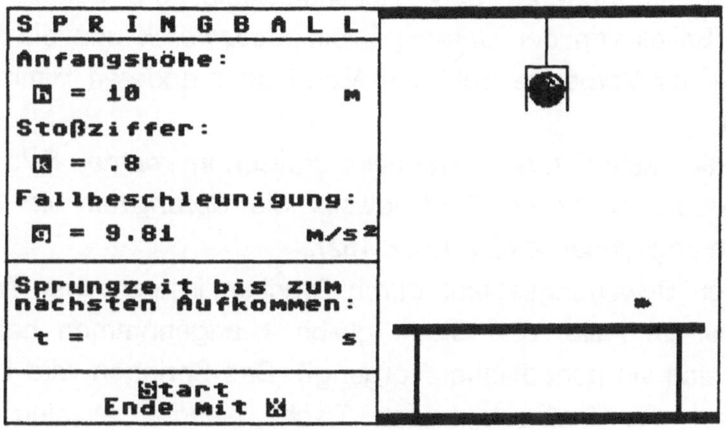

S P R I N G B A L L
Anfangshöhe:
h = 10 m
Stoßziffer:
k = .8
Fallbeschleunigung:
g = 9.81 m/s²
Sprungzeit bis zum nächsten Aufkommen:
t = s
Start
Ende mit X

Abb. 6.160

S P R I N G B A L L
Anfangshöhe:
h = 10_ m
Stoßziffer:
k = .8
Fallbeschleunigung:
g = 9.81 m/s²
Sprungzeit bis zum nächsten Aufkommen:
t = s
Bitte Wert eingeben und RETURN drücken

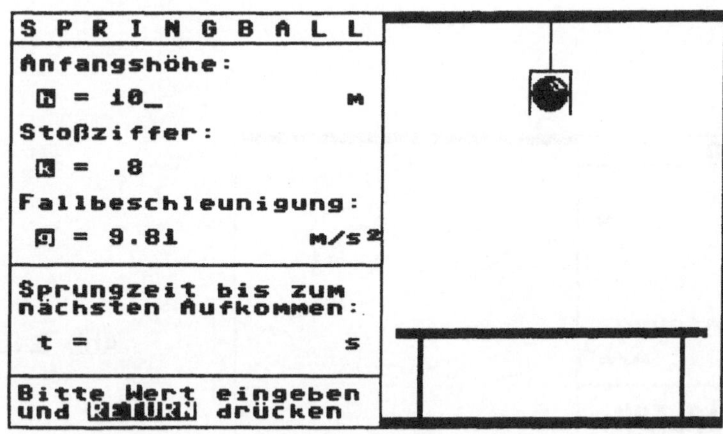

Abb. 6.161

Als Beispiel dafür wurde ein Ball gewählt, der auf eine ebene Unterlage fällt und von dieser wieder hochspringt (Abb. 6.161). Der Bildschirm zeigt rechts

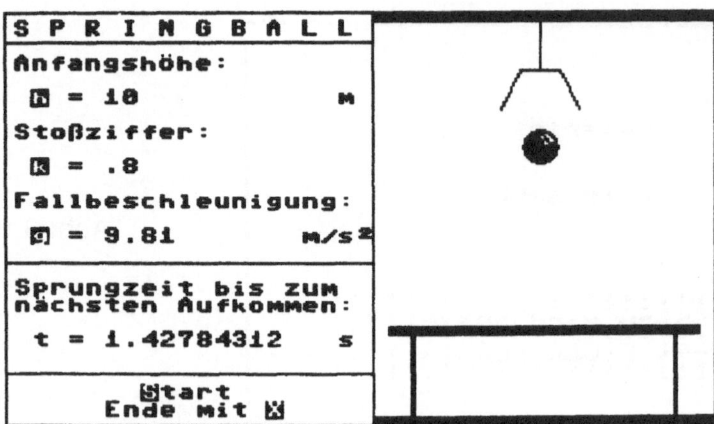

Abb. 6.162

die Grafik und links die Eingabe- bzw. Resultatsspalte. Sie können die *Anfangshöhe h* des Balles von der Unterlage, die *Stoßziffer k* und die *Fallbeschleunigung g* – für Vorgänge auf dem Mond oder anderen Himmelskörpern – vorgeben.

Betätigen Sie die Taste **S** (*Start*), erscheint grafisch im rechten Feld der Bewegungsablauf, wobei im linken Feld jeweils die *Sprungzeit* bis zum nächsten Aufkommen angegeben wird (Abb. 6.162).

Sie können den Bewegungsablauf durch Drücken irgend einer **Taste** unterbrechen (das ist im Falle, daß Sie k gleich 1 angenommen haben, wichtig, dann ergibt sich ein periodischer Vorgang!). Das Springen wird beim nächsten Aufkommen des Balles auf den Tisch beendet. Wählen Sie k größer 1 (das ist physikalisch unmöglich, Abb. 6.163), dann wird die physikalische Unmöglichkeit demonstriert, sowohl in der rechten Grafik als auch im linken Feld.

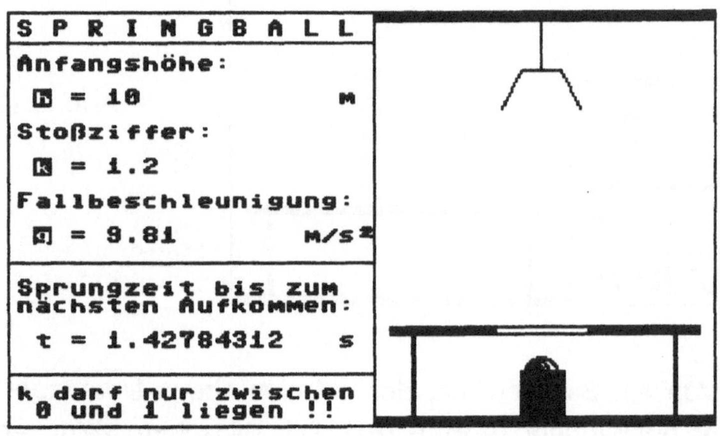

Abb. 6.163

Das Programm verfolgt den Zweck, den Bewegungsvorgang in Abhängigkeit von der Stoßziffer, der Fallhöhe und einer etwaigen geänderten Fallbeschleunigung gegenüber jener auf der Erde zu veranschaulichen.

6.15 Stoßvorgänge: Kollision zweier Autos

Nach Starten des Programmes *Kollision zweier Autos* sehen Sie den Eingangsbildschirm (Abb. 6.164). Es werden diverse Daten von der Diskette nachgeladen und die Initialisierung der Programmparameter durchgeführt. Dann gelangen Sie in das *Hauptmenü* (Abb. 6.165).

Wählen Sie jenen Punkt, den Sie ausführen wollen, mit der **CURSOR-HOCH**-Taste an. Der gerade selektierte Punkt erscheint in einer anderen Farbe. Sie können ihn dann mit **RETURN** aufrufen.

Abb. 6.164

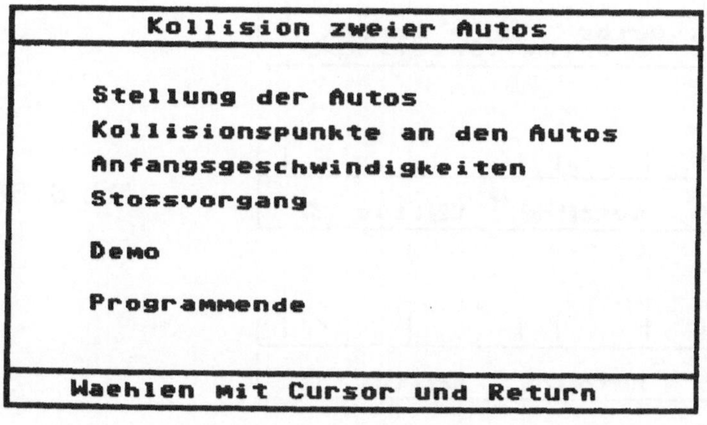

Abb. 6.165

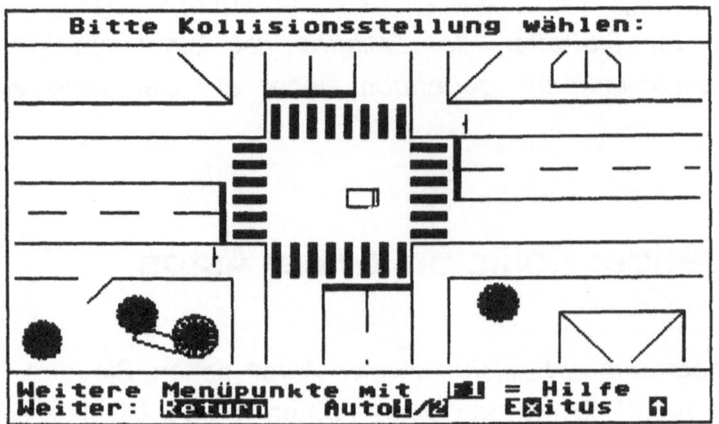

Abb. 6.166

Beginnen Sie mit dem ersten Menüpunkt *Stellung der Autos*. Der Bildschirm zeigt eine Kreuzung mit einem Fahrzeug (Abb. 6.166).

Legen Sie die Stellung des ersten Autos im Kollisionsbereich (Kreuzungsbereich) mit Hilfe der **CURSOR**-Tasten fest. Mit **F1** schalten Sie den Bildschirm zur Vorgabe weiterer Parameter, beispelsweise *Länge* und *Breite*, sowie *Drehen der Autos* um die Vertikalachse, um (Abb. 6.167).

Wollen Sie nach Festlegen der Stellung des Autos 2 an der Stellung des Autos 1 noch Änderungen vornehmen, wählen Sie mit den Tasten **1** und **2** das gewünschte Auto an. Der *Winkel des Autos*, relativ zur Fahrbahnbegrenzung, kann mit den Tasten + und – langsam und mit den Tasten **SHIFT** + und **SHIFT** – schneller verändert werden. Haben Sie nun die gewünschte Kollisionsstellung des Fahrzeuges 1 festgelegt, übernehmen Sie diese mit **RETURN**. Das zweite Auto wird nun am Bildschirm dargestellt (Abb. 6.168).

Dieses Fahrzeug können Sie nun auch, wie das vorhergehende, positionieren. Wichtig in dieser Phase des Programmes ist es nur, daß Sie die entsprechenden *Abmessungen* der Autos, sowie die *Verdrehungswinkel*

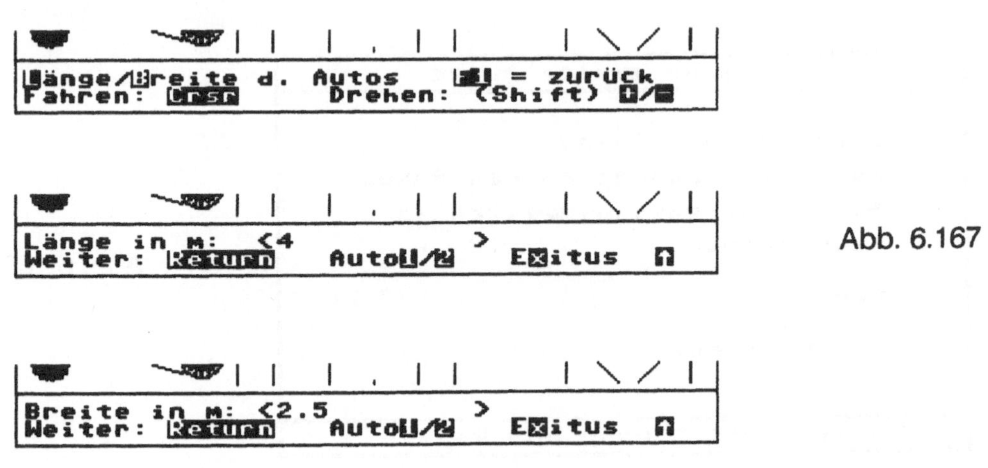

Abb. 6.167

Abb. 6.168

vorgeben. Die relative Lage zueinander ist momentan belanglos – das heißt, es ist nicht unbedingt erforderlich, daß sich beide Fahrzeuge punktweise oder linienweise berühren.

Wenn Sie die Stellung des zweiten Autos vorgegeben haben, betätigen Sie wieder die **RETURN**-Taste. Das Programm kehrt ins *Hauptmenü* zurück, wo selbsttätig der Punkt *Kollisionspunkte an den Autos* angewählt erscheint. Nochmals **RETURN** führt Sie in diesen Programmteil.

Es erscheint zunächst das erste Fahrzeug mit einem Pfeilcursor (Abb. 6.169). Positionieren Sie diesen mit den **CURSOR**-Tasten auf den von Ihnen gewünschten Kollisionspunkt am Fahrzeug.

Mit **RETURN** übernehmen Sie den angegebenen Punkt. Das Programm fragt Sie, ob der gewählte auch tatsächlich der gewünschte Punkt ist (Abb. 6.170). Überdies wird angegeben, ob es sich um einen *Eckpunkt*, um die *Seitenmitte* oder um einen beliebigen *allgemeinen Punkt* handelt.

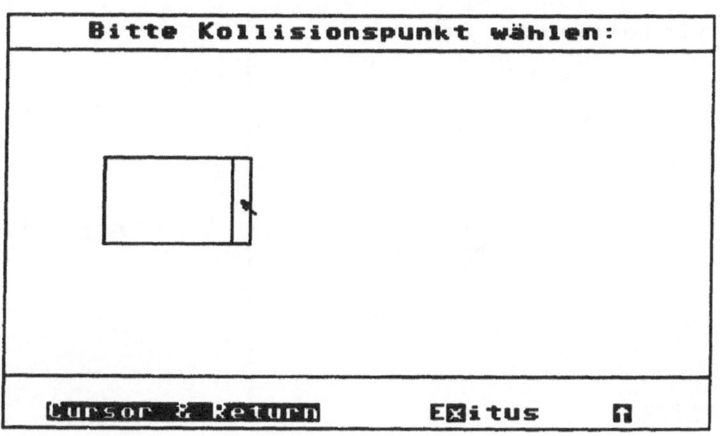

Abb. 6.169

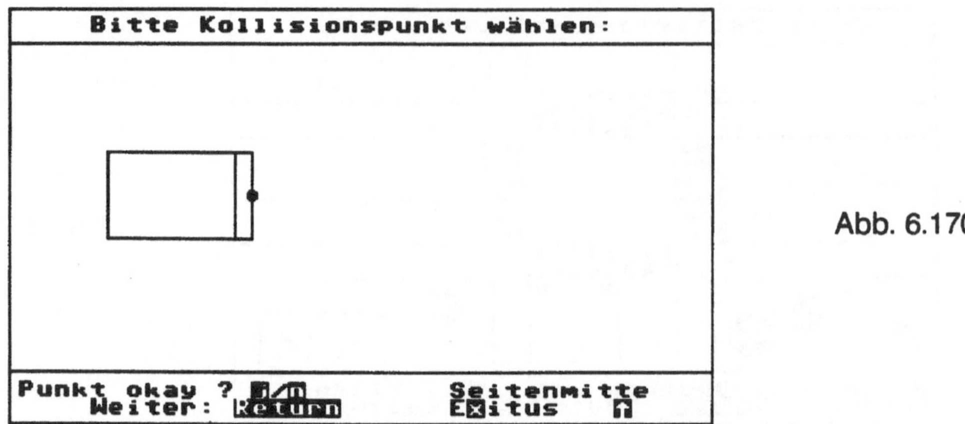

Abb. 6.170

Mit **J** *(ja)* oder **RETURN** bestätigen Sie Ihre Wahl. Gefällt Ihnen der Kollisionspunkt nicht, drücken Sie **N** *(nein)* und Sie können den Punkt neu spezifizieren. Haben Sie am ersten Fahrzeug gewählt, zeigt das Programm das zweite Auto und Sie können dort ebenfalls den Kollisionspunkt festlegen (Abb. 6.171).

Achten Sie bei der Wahl des Kollisionspunktes am zweiten Fahrzeug darauf, daß eine Kollision tatsächlich im Bereich des Möglichen liegt. Geben Sie die Punkte so vor, daß eine Kollision in diesen Punkten unmöglich ist, ignoriert das Programm Ihre Wahl.

Im Programmteil *Kollisionspunkt wählen* sind ausgezeichnete Punkte, wie Ecken und Seitenmitten – welche beispielsweise für den zentrischen Stoß erforderlich sind – exakt bestimmbar. Sie brauchen nur den Cursorpfeil in die Nähe des Fahrzeugs stellen, das Programm errechnet sich den nächsten Punkt am Fahrzeug. Auf diese Weise lassen sich Ecken ganz leicht anwählen.

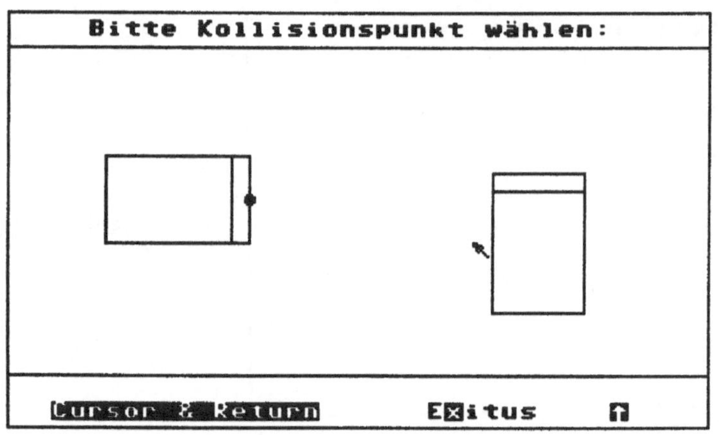

Abb. 6.171

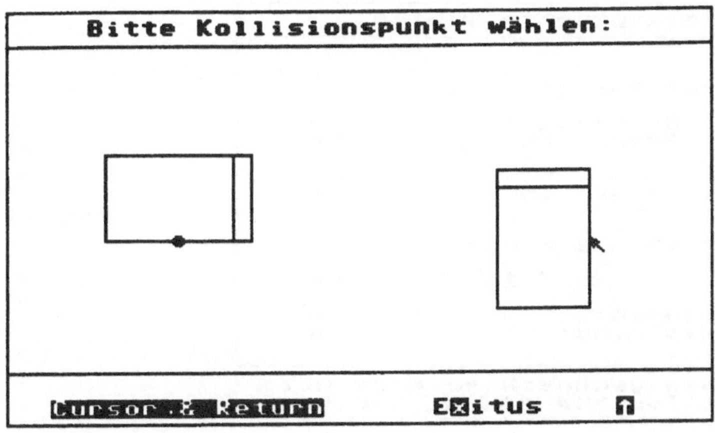

Abb. 6.172

Um die Seitenmitte zu selektieren, sind i.a., mit etwas Gefühl, zwei bis drei Versuche ausreichend.

Nachdem Sie den zweiten Kollisionspunkt übernommen haben, kehrt das Programm wieder in das *Hauptmenü* zurück. Der nächste Punkt, *Anfangsgeschwindigkeiten*, ist nun farbig unterlegt.

Im Menüpunkt *Anfangsgeschwindigkeiten* können Sie die x- und y-Komponente der *Geschwindigkeiten* der beiden Fahrzeuge vorgeben (Abb. 6.173).

Stellen Sie dazu den Pfeilcursor mit den **CURSOR**-Tasten in das weiße Feld neben dem gewünschten Parameter (Abb. 6.174), drücken Sie **RETURN**, geben Sie den neuen Wert ein und übernehmen Sie diesen wieder mit **RETURN** (Abb. 6.175).

Weiters können Sie die *Stoßziffer* (hier sinnvoll zwischen 0,0 und 0,3) vorgeben. Zur Rückkehr in das *Hauptmenü* stellen Sie den Pfeilcursor in das unterste, schwarze Rechteck und drücken Sie **RETURN**. *Stoßvorgang* ist nun als nächster Punkt farbig unterlegt. Wählen Sie diesen Punkt an.

```
Bitte Anfangswerte wählen:

Geschwindigkeiten in m/s:
  x-Geschw. Auto1: <10       >
  y-Geschw. Auto1: <0        >
  x-Geschw. Auto2: <0        >
  y-Geschw. Auto2: <0        >
Stossziffer (0.0 bis 0.3):
  k:               <.1       >
Programm beenden:
Zurück in das Menü:

Um einzugeben gewünschten Wert mit
CRSR anwählen und RETURN drücken
```

Abb. 6.173

```
Bitte Anfangswerte wählen:

Geschwindigkeiten in m/s:
  x-Geschw. Auto1: <10        >
  y-Geschw. Auto1: <0         >
  x-Geschw. Auto2: <2         >
  y-Geschw. Auto2: <0         >
Stossziffer (0.0 bis 0.3):
  k:               <.1        >
Programm beenden:
Zurück in das Menü:

Um einzugeben gewünschten Wert mit
CRSR ↑ anwählen und RETURN drücken
```

Abb. 6.174

```
Bitte Anfangswerte wählen:

Geschwindigkeiten in m/s:
  x-Geschw. Auto1: <10        >
  y-Geschw. Auto1: <0         >
  x-Geschw. Auto2: <          >
  y-Geschw. Auto2: <0         >
Stossziffer (0.0 bis 0.3):
  k:               <.1        >
Programm beenden:
Zurück in das Menü:

Bitte neuen Wert eingeben und mit
RETURN übernehmen
```

Abb. 6.175

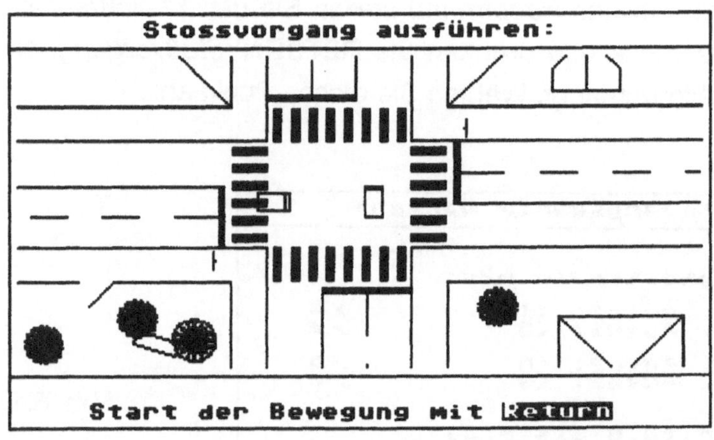

Abb. 6.176

Es erscheint der vorgegebene Kreuzungsbereich. Die Fahrzeuge stehen in der Anfangsstellung 4 Sekunden vor der Kollision (Abb. 6.176). Das Programm fordert Sie nun auf, die Bewegungen bis zum, während und nach dem

Abb. 6.177

Kollisionsvorgang mit **RETURN** zu starten. In bestimmten Zeitabschnitten werden nun die Stellungen der Autos während des Stoßvorganges gezeigt. Nach einer bestimmten Zeit wird der Bewegungsablauf vom Programm abgebrochen.

Nun können Sie mit der **HOCHPFEIL**-Taste oder **RETURN** wieder in das *Hauptmenü* zurückkehren und mit denselben oder geänderten Parametern neuerlich einen Kollisionsvorgang durchführen lassen (Abb. 6.177). Oder Sie beenden das Programm mit **X**.

Dieses Programm veranschaulicht die Stoßgesetze am Beispiel zweier kollidierender Autos. Vereinfachend wurde dabei Reibungsfreiheit zwischen Straße und Rad (Glatteis) vorausgesetzt.

6.16 Anpassung anderer Drucker

Das Programm *Anpassung anderer Drucker* bietet Ihnen die Möglichkeit, das vorliegende Programmpaket derart zu installieren, daß Sie Hardcopies auf diversen Druckern mit Centronics-Schnittstelle anfertigen können. Mit diesem Programm können Sie den Druckertreiber anpassen bzw. installieren. Um das Programm sinnvoll anwenden zu können, müssen Sie darauf achten, daß Sie beim Hochstarten des Systems einen Centronics-Drucker (Auswahl **2 bis 5** im *Druckermenü*) gewählt haben. Dann können Sie die Druckersteuersequenzen verändern und anpassen.

Starten Sie das Programm durch Anwählen des Punktes *Anpassung anderer Drucker*. Es meldet sich mit dem Bildschirm aus Abb. 6.178.

```
Druckeranpassung fuer
Centronics Drucker

Ich suche nach vorhandenen Treibern
Bitte etwas Geduld
```

Abb. 6.178

Nach kurzer Zeit wechselt der Bildschirm und der Rechner wartet darauf, daß Sie einen Filenamen eingeben (Abb. 6.179). Dieser Filename bezeichnet den gewünschten Druckertreiber, er ist sein Name. Sie müssen auf jeden Fall einen der vorhandenen Druckertreiber laden. Sie können diesen im folgenden verändern und unter demselben oder einem anderen Namen wieder abspeichern.

Die Filenamen müssen eine bestimmte Form haben, um vom System erkannt zu werden:

- Der eigentliche Filename mit einer maximalen Länge von 12 Buchstaben. Dieses Wort wird sinnvollerweise der Markenname des Druckers sein, zu dem der entsprechende Druckertreiber gehört.
- Die Endung '.drv' als Abkürzung für 'driver', die anzeigt, daß das File ein Druckertreiber ist. Ohne diese Endung kann das System ein File nicht als Druckertreiber erkennen !

Am gezeigten Bildschirm sehen Sie, daß der Rechner als Unterstützung alle vorhandenen Druckertreiber auflistet. Sie brauchen also nur einen dieser Treiber auszuwählen und den Namen einzugeben, um ihn zu editieren, die Endung steht schon dort (Abb. 6.180).

```
Bitte Filenamen angeben:
        ____________.drv

        sg10.drv
        mps1000.drv
        epsonfx85.drv
        aux.drv
```

Abb. 6.179

```
Bitte Filenamen angeben:
        sg10_________.drv
        sg10.drv
             sg10.drv
             mps1000.drv
             epsonfx85.drv
             aux.drv
```

Abb. 6.180

Nachdem Sie die **RETURN**-Taste gedrückt haben, lädt das Programm den gewählten Druckertreiber und zeigt am Bildschirm, welche Druckerkommandos momentan verwendet werden.

In der Abbildung 6.181 sehen Sie, daß drei Befehlssequenzen definiert werden müssen:

- Der *Zeilenvorschub* für einen Zeilenwechsel muß auf 8/72 inch (Zoll) eingestellt werden.

- Die *Grafikpräambel* teilt dem Drucker mit, daß eine bestimmte Anzahl von Bytes gesendet werden, die der Drucker als Bitmuster und nicht als Buchstaben verstehen soll. In dieser Grafikpräambel müssen Sie auch angeben, wieviele Bytes gesendet werden. Im vorliegenden Beispel geschieht das durch die beiden Ausdrücke 'Chr(64) Chr(1)', was soviel wie 'Ich sende 320 Grafikbytes' heißt.

- Dem Drucker wird eine *Initialisierungssequenz* gesendet, die aus mehreren verschiedenen Druckerkommandos bestehen kann. Im Beispiel sind das sehr viele, das ist nicht unbedingt notwendig.

```
          Aktuelle Druckeranpassung:

Zeilenvorschub auf 8/72":
  Esc A Chr(8)

Grafikpraeambel:
  Esc g Chr(5) Chr(64) Chr(1)

Initialisierung des Druckers:
  Esc @
  Esc Backsl Chr(1)
  Esc 7 Chr(0)
  Esc Q Chr(82)
  Esc C Chr(0) Chr(6)
  Esc B Chr(2)
  Esc N Chr(3)
  Esc R Chr(3)

Speichern des Treibers              Exit
```

Abb. 6.181

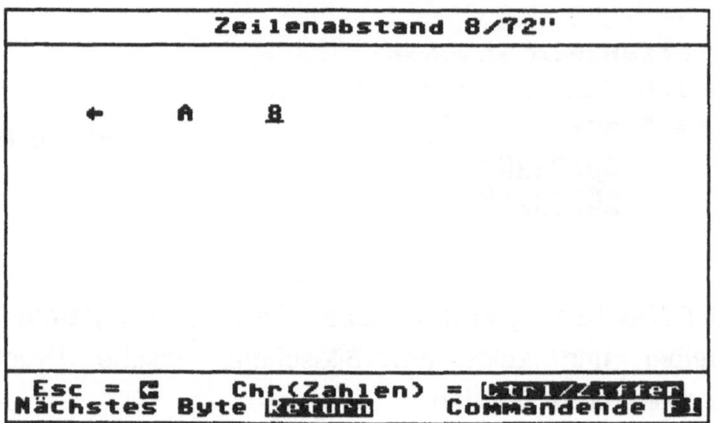

Abb. 6.182

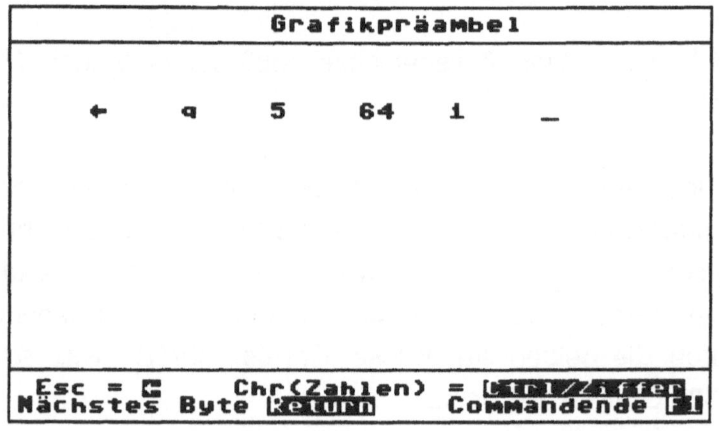

Abb. 6.183

Diese drei Befehlssequenzen können Sie nun editieren. Wenn Sie Ihren Drucker noch nicht sehr gut kennen, legen Sie dazu am besten auch Ihr Druckerhandbuch bereit. Zum Editieren der einzelnen Befehlsfolgen drücken Sie die unterlegten Anfangsbuchstaben **Z** (Abb. 6.182), **G** (Abb. 6.183) oder **I** (Abb. 6.184). Sie gelangen in einen Editor, in dem Sie die gewünschten Befehle eingeben können.

Dieser Editor behandelt gedrückte Tasten auf andere Weise als der normale BASIC Editor des C-64:

- Buchstaben und *als Buchstaben zu interpretierende Ziffern* werden **ganz normal** eingegeben, wobei Sie beachten müssen, daß Kleinbuchstaben und Großbuchstaben nicht dasselbe sind.
- *Ziffern*, die Teil einer 'Chr( )' Anweisung sein sollen, geben Sie durch Drücken der **CTRL**-Taste und gleichzeitiges Drücken der gewünschten

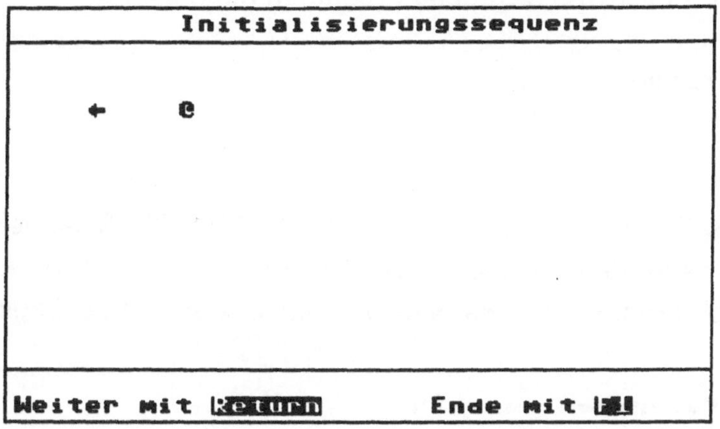

Initialisierungssequenz

← @

Weiter mit Return Ende mit F1

Abb. 6.184

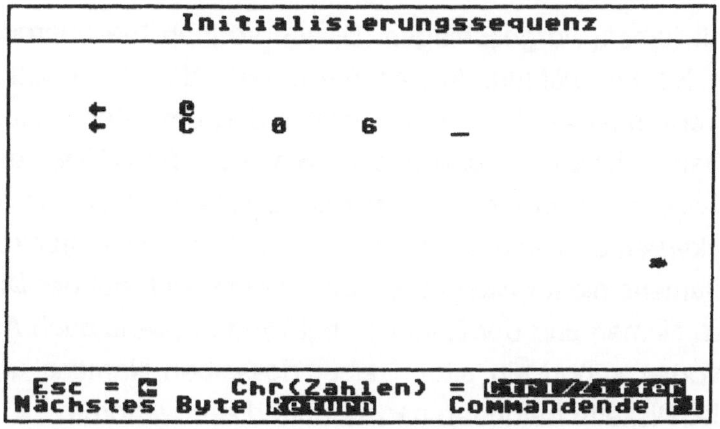

Initialisierungssequenz

← @
← C 0 6 _

Esc = ← Chr(Zahlen) = Ctrl/Ziffer
Nächstes Byte Return Commandende F1

Abb. 6.185

Ziffer ein. Im Editor sehen diese zwei verschiedenen Zifferntypen zwar gleich aus, sie werden vom Programm jedoch verschieden behandelt.

- Das Zeichen, das fast alle Befehlssequenzen eröffnet, *Esc* (für Escape), erhalten Sie durch Drücken der **Linkspfeil**-Taste, gleich neben **1**.
- Um die Eingabe eines Bytes abzuschließen, betätigen Sie die Taste **RETURN**. Der Eingabecursor springt dann an die nächste Stelle (Abb. 6.185). Jedes Byte ist unbedingt mit **RETURN** zu übernehmen!
- Die Eingabe eines Befehls (Commands) beenden Sie mit **F1**. Das Programm kehrt dann entweder in die Anzeige der momentan aktuellen Druckeranpassung zurück (*Zeilenvorschub* und *Grafikpräambel*) oder fragt, ob Sie noch weitere Druckerbefehle eingeben wollen (*Initialisierung*). Im zweiten Fall können Sie die Eingabe mit **RETURN** fortsetzen oder mit **F1** beenden (Abb. 6.184).

In der Befehlsleiste des Bildschirms bietet das Programm noch die Punkte

- *Speichern des Treibers*
- und *Exit*

an, mit denen Sie das Programm beenden können. Wählen Sie *Speichern*, fragt das Programm nach dem Namen des Treibers, unter dem er abgespeichert werden soll (Abb. 6.186). Es wird der Name, den Sie zu Beginn

```
Bitte Filenamen angeben:
   sg10.drv
   sg10.drv
```

Abb. 6.186

des Programms gewählt haben, vorgeschlagen. Diesen können Sie übernehmen oder einen neuen Namen wählen. Achten Sie darauf, daß die Endung '.drv' beim Speichern verwendet wird, da der Rechner den erstellten Treiber sonst nicht findet! Den Filenamen übergeben Sie mit **RETURN**, das Programm zeigt den gewählten Filenamen zur Bestätigung am Bildschirm an und speichert den Druckertreiber. Dabei wird, zur Sicherheit, der alte Druckertreiber des gewählten Namens nicht gelöscht, sondern er läßt sich auf der Diskette unter dem gleichen Namen und der Endung '.bak' finden (siehe auch Anhang A6). Sollte sich vorher schon ein alter Treiber desselben Namens und der Endung '.bak' auf der Diskette befunden haben, geht dieser verloren.

Eine Sonderstellung haben die Filenamen 'sg10.drv', 'mps1000.drv', 'epsonfx85.drv' und 'aux.drv': Das *Druckerauswahlprogramm* sucht diese Druckertreiber, wenn die Punkte **2 bis 5** angewählt werden. Der Treiber 'aux.drv' ist der Standardtreiber für Drucker, die nicht mit den anderen drei Treibern betrieben werden können. Sie sollten diesen Treiber einmal installieren und dann belassen.

Wählen Sie **X** für *Exit*, dann überspringt das Programm das Abspeichern des Druckertreibers. Sie können damit einen Treiber ohne viel Zeitaufwand installieren, indem Sie das Programm *Anpassung anderer Drucker* aufrufen, den gewünschten Treiber spezifizieren und dann das Programm sofort mit **X** wieder verlassen.

Mit diesem Programm lassen sich Drucker mit Centronics-Schnittstelle an das Programmpaket anpassen, um Bildschirmkopien anfertigen zu können.

Anhang

A1. Anschauliche Kurzeinführung in die Begriffe der Differential- und Integralrechnung

Historisch gesehen, haben folgende Fragestellungen die Entwicklung der Infinitesimalrechnung, ohne deren Grundbegriffe man nicht uneingeschränkt Mechanik betreiben kann, ausgelöst und gefördert:

a) Begriff der augenblicklichen Geschwindigkeit und Beschleunigung

b) Tangente an eine Kurve

c) Extremwertbestimmung

Die wichtigsten Beiträge zur Differentialrechnung haben Isaac NEWTON (1643-1727) und Gottfried Wilhelm LEIBNIZ (1646-1716) unabhängig voneinander geleistet. Präzisierungen erfolgten später insbesondere durch Augustin Louis CAUCHY (1789-1857). Wir betrachten hier nur Funktionen einer reellen Variablen.

Im Abschnitt 4.1 wurde bereits der Begriff der augenblicklichen Geschwindigkeit v anschaulich als Steigung der Tangente im v-t-Diagramm erörtert. Mit Abänderung der Buchstaben geht die Abb. 4.1 über in die Abb. A1.1 zur Frage b), die der Ausgangspunkt für LEIBNIZ war:

Gegeben sei – graphisch gedeutet – eine ebene Kurve y(x). Wie lautet die Gleichung der Tangente in einem Punkt $A(x_A, y_A)$ der Kurve ?

Die Gleichung der Sekante AB lautet

$$y(x) = y_A + (x - x_A)\,\frac{\Delta y}{\Delta x} \qquad \text{(A1.1)}$$

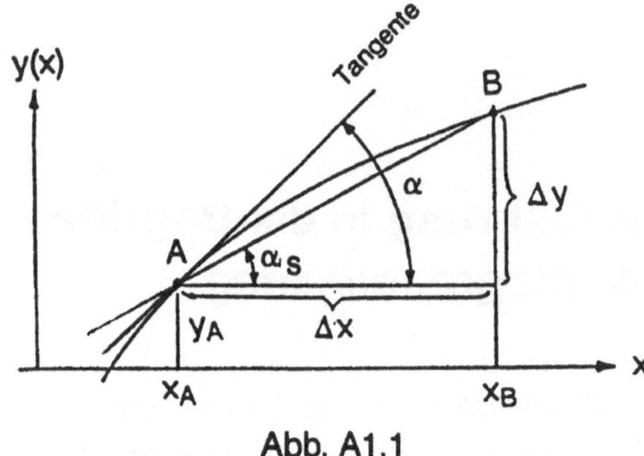

Abb. A1.1

wobei

$$y_A = y(x_A)$$

$$\Delta y = y_B - y_A = $$
$$= y(x_A + \Delta x) - y(x_A)$$

$$\Delta x = x_B - x_A$$

$$\frac{\Delta y}{\Delta x} = \tan \alpha_s$$

Die Gleichung (A1.1) geht in die Gleichung der Tangente im Punkt A über, wenn wir uns vorstellen, daß der Punkt B auf der Kurve zum Punkt A wandert. Man schreibt

$$\lim_{\Delta x \to 0} \frac{\Delta y}{\Delta x} = \lim_{\Delta x \to 0} \frac{y(x_A + \Delta x) - y(x_A)}{\Delta x} = \left.\frac{dy}{dx}\right|_{x=x_A} \qquad (A1.2)$$

und sagt Grenzwert oder Limes (lat.) für Δx gegen Null bzw. dy nach dx an der Stelle $x = x_A$. Die Gleichung der Tangente ist somit

$$y(x) = y_A + (x - x_A) \left.\frac{dy}{dx}\right|_{x=x_A} \qquad (A1.3)$$

wobei

$$\left.\frac{dy}{dx}\right|_{x=x_A} = \tan \alpha$$

die "Steigung" der Kurve im Punkt A ist.

Für eine beliebige Funktion f(x) nennt man $\frac{df}{dx}$ (gesprochen df nach dx) die Ableitung nach x oder den Differentialquotienten und schreibt dafür auch f', gesprochen f Strich. Für dessen Ableitung nach x schreibt man

$$\frac{d}{dx}\left(\frac{df}{dx}\right) = \frac{d^2 f}{dx^2} = f''$$

gesprochen d zwei f nach dx Quadrat oder f Zweistrich.

Es gibt Funktionen, bei denen solche Betrachtungen nicht oder nicht überall funktionieren. Mit solchen befassen wir uns hier nicht. Haben

Funktionen, wie z.B. der im Abschnitt 3 behandelte Querkraft- und Biegemomentenverlauf eines Trägers, Sprünge und Knicke, so kann man an diesen Stellen linksseitigen und rechtsseitigen Grenzwert für die Ableitung (Steigung) einführen (Abb. A1.2).

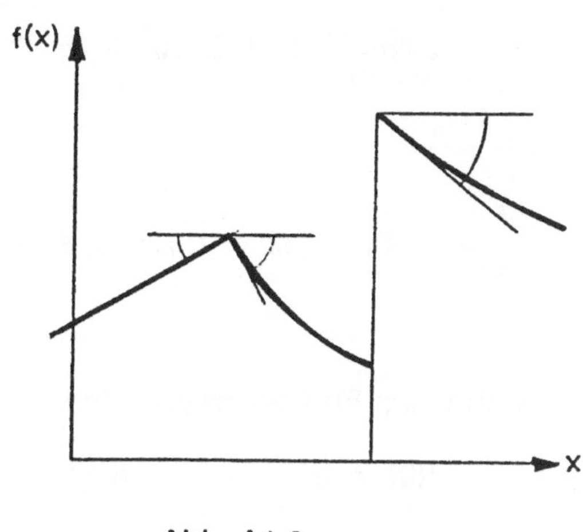

Abb. A1.2

Zu c): Maximal- und Minimalwerte einer Funktion f(x) sind, wenn sie nicht (wie z.B. in Abb. A1.2) durch Spitzen und Sprünge zustande kommen, dadurch ausgezeichnet, daß im zugehörigen Bild (Abb. A1.3) die Tangenten an diesen Stellen parallel zur x-Achse sind, also $\frac{df}{dx} = 0$ an diesen Stellen gilt. Man kann sie also finden, indem man $\frac{df}{dx}$ ausrechnet und gleich null setzt.

Wir probieren die Anweisung $\lim\limits_{\Delta x \to 0}$ an einem Beispiel aus:

Gegeben sei $f(x) = 2x^3 + 5x^2 + 3$; gesucht $\frac{df}{dx}$ und die Stellen lokaler Extremwerte von f(x).

$$\frac{df}{dx} = \lim_{\Delta x \to 0} \frac{f(x+\Delta x) - f(x)}{\Delta x} =$$

$$= 2 \lim_{\Delta x \to 0} \frac{(x+\Delta x)^3 - x^3}{\Delta x} + 5 \lim_{\Delta x \to 0} \frac{(x+\Delta x)^2 - x^2}{\Delta x} =$$

$$= 2 \lim_{\Delta x \to 0} \frac{x^3 + 3x^2.\Delta x + 3x.(\Delta x)^2 + (\Delta x)^3 - x^3}{\Delta x} +$$

$$+ 5 \lim_{\Delta x \to 0} \frac{x^2 + 2x.\Delta x + (\Delta x)^2 - x^2}{\Delta x} =$$

$$= 2 \lim_{\Delta x \to 0} \frac{\Delta x\,(3x^2 + 3x.\Delta x + (\Delta x)^2)}{\Delta x} + 5 \lim_{\Delta x \to 0} \frac{\Delta x\,(2x + \Delta x)}{\Delta x} =$$

$$= 2 \lim_{\Delta x \to 0} (3x^2 + 3x.\Delta x + (\Delta x)^2) + 5 \lim_{\Delta x \to 0} (2x + \Delta x) = 6x^2 + 10x$$

$$\frac{df}{dx} = 0 \text{ für } x\,(6x + 10) = 0, \text{ somit für } x = 0 \text{ und } x = -\frac{5}{3}$$

Die zugehörigen Funktionswerte sind

$f(0) = 3$ $\qquad f(-5/3) = 7{,}6296$

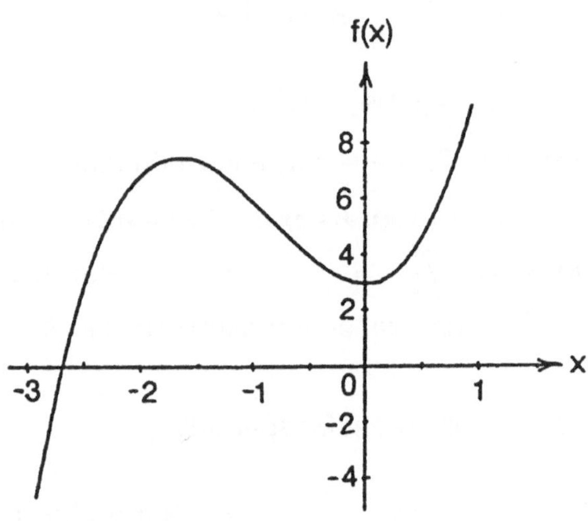

Abb. A1.3

Die Ableitungen oft verwendeter Funktionen sind:

Funktion	$f(x)$	Konst.	x	x^2	$x^3 \ldots\ldots x^n$	$\sin kx$	$\cos kx$
Ableitung	$\frac{df}{dx}$	0	1	$2x$	$3x^2 \ldots\ldots n.x^{n-1}$	$k \cos kx$	$-k \sin kx$

Funktion	$f(x)$	e^{kx}	$\ln kx$	$[u(x)]^n$	
Ableitung	$\frac{df}{dx}$	$k\,e^{kx}$	$\frac{1}{x}$	$n[u(x)]^{n-1}\frac{du}{dx}$	

(A1.4)

k und n bedeuten beliebige Konstanten.

Etwas grob gesprochen reicht es – subtile Fälle ausgenommen – für das Verständnis mechanischer Betrachtungen, wenn man diesen Begriff der Ableitung kennt und eine solche Tabelle auf dem Papier oder im Gedächtnis hat. Man schaut darin nach, ebenso wie man Zahlenwerte für Werkstoffkennwerte und Daten für spezielle Bauteile abliest. Was man noch braucht, ist die Produktregel und die Kettenregel:

Produktregel für die Ableitung eines Produktes zweier Funktionen:

wenn $f(x) = u(x).v(x)$

dann ist
$$\frac{df}{dx} = \frac{du}{dx} v + u \frac{dv}{dx} \qquad \text{(A1.5)}$$

z.B.

$$f(x) = \frac{\sin kx}{x} = x^{-1} \sin kx \quad \Rightarrow$$

$$\frac{df}{dx} = -1\, x^{-2} \sin kx + x^{-1} k \cos kx = -\frac{\sin kx}{x^2} + \frac{k \cos kx}{x}$$

Kettenregel für zusammengesetzte Funktionen:

Ist $f = f(u)$ und $u = u(x)$

so gilt
$$\frac{df}{dx} = \frac{df}{du} \frac{du}{dx} \qquad \text{(A1.6)}$$

z.B. für Tangentialbeschleunigung a_t, Geschwindigkeit v, Weg s und Zeit t:

$$a_t = \frac{dv}{dt} = \frac{dv}{ds} \frac{ds}{dt} = \frac{dv}{ds} v \qquad \Rightarrow \quad \frac{dv}{ds} = \frac{a_t}{v}$$

mit
$$v = \frac{ds}{dt} \qquad \text{(A1.7)}$$

Diese Gleichung heißt "zeitfreie Gleichung der Kinematik" - der Buchstabe t für die Zeit kommt darin nicht explizit vor (der Index t bedeutet tangential). Diese Gleichung, die man üblicherweise in der Form

$$v\, dv = a_t\, ds \qquad \text{(A1.8)}$$

schreibt, gibt uns das Verhältnis Geschwindigkeitszuwachs zu Wegzuwachs für gegebene Augenblickswerte von a_t und v. Um z.B. daraus den Zusammenhang v(s) zu bekommen, müßte a_t = konst. oder a_t in Abhängigkeit von v oder von s gegeben sein. Man muß dann (A1.8) "integrieren".

Ebenso wie man die Differentiation, das Ableiten einer Funktion, in den Anwendungen im allgemeinen nicht selber nachvollzieht, sondern für die wichtigsten Funktionen im Gedächtnis oder per Tabelle parat hat, brauchen wir für die Zwecke dieses Buches den Begriff des Integrierens auch nur in anschaulicher Form und eine zugehörige Tabelle.

Die Integration ist die Umkehrung der Differentiation.

In einer Beziehung $$\frac{df(x)}{dx} = g(x) \tag{A1.9}$$

nennt man f(x) die Stammfunktion zu g(x). Um bei gegebener Funktion g(x) die Funktion f(x) auszudrücken, schreibt man

$$df(x) = g(x)\,dx \quad \Rightarrow \quad f(x) = \int g(x)\,dx + C \tag{A1.10}$$

f(x) ist das "unbestimmte Integral" von g(x). Die Konstante C ist zunächst beliebig. Liest man somit unsere Tabelle (A1.4) von unten nach oben, so hat man die Integrationsregeln für die Funktionen der unteren Zeile.

$g(x) =$	k	x^n	$\frac{1}{x}$	$\sin kx$	$\cos kx$	e^{kx}
$\int g(x)\,dx =$	kx	$\frac{x^{n+1}}{n+1}$ für $n \neq -1$	$\ln x$	$-\frac{\cos kx}{k}$	$\frac{\sin kx}{k}$	$\frac{e^{kx}}{k}$

(A1.11)

Es ist natürlich gleichgültig, wie die unabhängige Variable heißt, x oder t oder sonstwie, und wie die Funktion benannt ist.

Ein Beispiel aus der Kinematik: für konstante Tangentialbeschleunigung a_t ist Geschwindigkeit v(t) und Weg s(t) gesucht:

$$a_t = \text{konst.} = k \quad \Rightarrow$$

$$a_t = \frac{dv}{dt} \Rightarrow dv = a_t\,dt \quad \Rightarrow \quad \int dv = a_t \int dt$$

$$\left.\begin{array}{r} \Rightarrow \quad v = a_t t + C_1 \\ \text{Ist zur Zeit } t = 0 \text{ die Geschwindigkeit } v = v_0 \\ \Rightarrow \quad v_0 = C_1 \end{array}\right\} \quad v = a_t t + v_0$$

$$v = a_t t + v_0 = \frac{ds}{dt} \quad \Rightarrow \quad ds = (a_t t + v_0)\, dt$$

$$\Rightarrow \quad \int ds = a_t \int t\, dt \; + \; v_0 \int dt$$

$$\left.\begin{array}{r} \Rightarrow \quad s = a_t \frac{t^2}{2} + v_0 t + C_2 \\ \text{wenn für } t = 0 \,..\, s = s_0 \;\Rightarrow\; s_0 = C_2 \end{array}\right\} \quad s = a_t \frac{t^2}{2} + v_0 t + s_0$$

Man kann sich unter einem Integral auch den Grenzwert einer Summe vorstellen, bei der die Summanden gegen null gehen, deren Anzahl gegen unendlich. Ein sehr anschauliches Beispiel dafür ist die Fläche A, die von einer Kurve y(x), der x-Achse und den beiden Ordinaten y_A und y_B umschlossen wird – Abb. A1.4.

Wir teilen das Intervall von x_A bis x_B auf der x-Achse in – der Einfachheit halber gleiche – Abschnitte Δx.

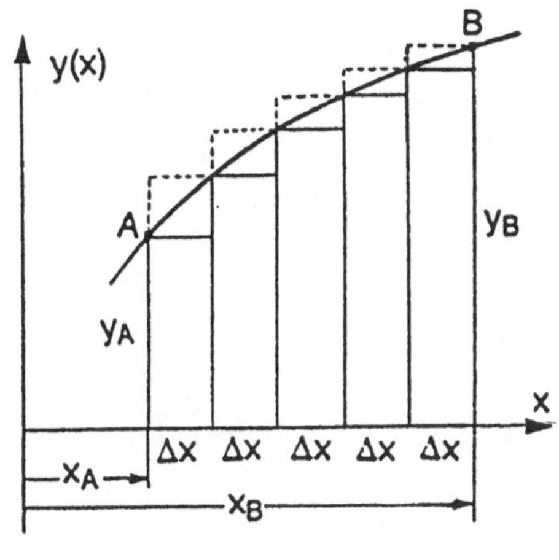

Abb. A1.4

Eine Näherung für die Fläche A ist die Summe der Flächen der Rechteckstreifen der "unteren Treppe"

$$\sum_{k=0}^{4} y\,(x_A + k.\Delta x)\;.\;\Delta x \qquad \text{(hier zu klein)}$$

oder der "oberen Treppe"

$$\sum_{k=1}^{5} y\,(x_A + k.\Delta x)\;.\;\Delta x \qquad \text{(hier zu groß)}$$

Unter gewissen Voraussetzungen für y(x) im betrachteten Intervall läßt sich zeigen, daß die beiden Summen sich demselben Wert nähern und schließlich die Fläche A ergeben, wenn man, bei festen Werten für x_A und x_B, das Intervall Δx immer kleiner macht, d.h. zu immer mehr Streifchen immer kleinerer

Breite Δx übergeht, die Treppen immer feinstufiger macht. Sie können dies mit einem kleinen selbstverfertigten Programm auf Ihrem PC für das folgende Beispiel in Zahlen ausprobieren. Der Grenzwert für Δx gegen null ist die Fläche A.

Man schreibt

$$A = \int_{x_A}^{x_B} y(x)\, dx$$

das "bestimmte Integral" von y(x), untere Grenze x_A, obere Grenze x_B.

Beispiel: sei $y(x) = ax^2 + bx$
Damit ist

$$A = \int_{x_A}^{x_B} (ax^2 + bx)\, dx = a\int_{x_A}^{x_B} x^2\, dx + b\int_{x_A}^{x_B} x\, dx =$$

$$= \text{siehe Tabelle (A1.11)} = a\frac{x^3}{3}\Bigg|_{x_A}^{x_B} + b\frac{x^2}{2}\Bigg|_{x_A}^{x_B} =$$

$$= \frac{a}{3}(x_B^3 - x_A^3) + \frac{b}{2}(x_B^2 - x_A^2)$$

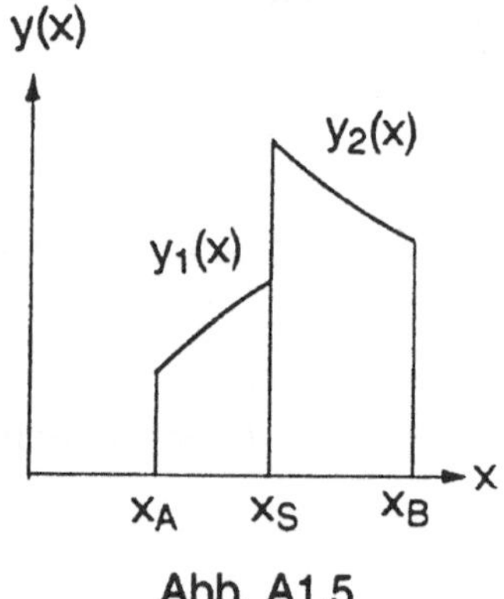

Abb. A1.5

Hat die Kurve y(x) an einer Stelle x_S einen Sprung oder Knick (Abb. A1.5), muß man die "Fläche" dort unterteilen:

$$A = \int_{x_A}^{x_S} y_1(x)dx + \int_{x_S}^{x_B} y_2(x)dx$$

Es gibt besonders gleichmäßigen Karton, mit dem man solche Flächen durch Ausschneiden und Abwiegen auf einer entsprechend genauen Waage bestimmen kann – auch das ist eine Art der Integration, allerdings nur für numerische Zwecke. Man kann auch Quadratmillimeter abzählen.

A2. Massengeometrie

A2.1 Trägheitsmomente und Deviationsmomente

Für den Drallsatz (Seite 87) benötigt man die Trägheitsmomente und Deviationsmomente eines Körpers. Es handelt sich um Größen, die durch die Massenverteilung des Körpers bestimmt sind, bei einem homogenen Körper allein durch dessen Form und Dichte.

Für vielverwendete Bauteilformen findet man sie in Tabellen. Unter dem Trägheitsmoment oder Massenträgheitsmoment I_a (I wie Inertia = Trägheit) eines Körpers bezüglich einer beliebigen Achse a versteht man den Ausdruck

$$I_a = \int r^2 \, dm \qquad \text{(A2.1)}$$

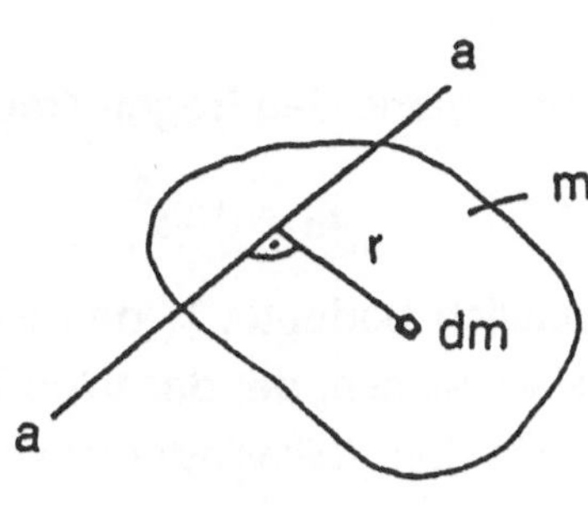

Abb. A2.1

Jedes Massenelement dm wird mit dem Quadrat des Normalabstandes r von der Achse multipliziert und dann das Ganze zusammengezählt – integriert.

Dieser Ausdruck ist ein Maß für die Drehträgheit des Körpers um diese Achse. Für feste Drehachse a lautet der Drallsatz

$$I_a \frac{d\omega}{dt} = M_a \qquad \text{(A2.2)}$$

Trägheitsmoment mal Winkelbeschleunigung ist Drehmoment. Je größer das Trägheitsmoment, umso mehr Drehmoment braucht man, um dieselbe Winkelbeschleunigung zu erzielen.

Wir versuchen, so ein Trägheitsmoment für den einfachsten Fall, für einen homogenen Zylinder vom Radius r_a um die Achse, nach der Vorschrift (A2.1) auszurechnen: Wir können alle Massenelemente, die gleichen Abstand r von der Achse haben, zusammenfassen. Ein homogener Zylinder mit dem Radius r und der Länge l hat die Masse $m = \rho r^2 \pi l$, worin ρ die Massendichte bedeutet.

Es ist daher:

$$\frac{dm}{dr} = \rho \, 2r\pi \, l \quad \Rightarrow \quad dm = \rho \, 2r\pi \, l \, dr$$

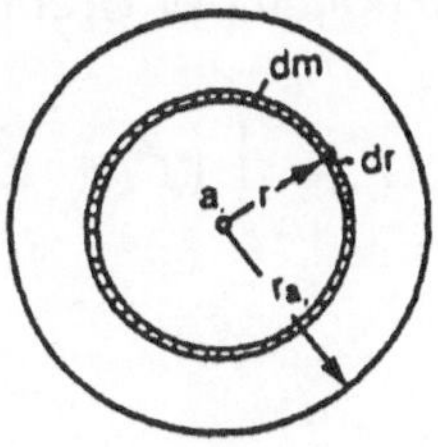

Damit liefert (A2.1)

$$I_a = \rho\, 2\pi l \int_{r=0}^{r_a} r^3\, dr = \rho\, 2\pi l \frac{r_a^4}{4} = \rho \pi l \frac{r_a^4}{2} \tag{A2.3}$$

wobei r_a den Außenradius bedeutet.

Mit der Gesamtmasse $m = \rho r_a^2 \pi l$ hat man

$$I_a = m \frac{r_a^2}{2} \tag{A2.4}$$

Man führt gerne den Begriff Trägheitsradius i_a ein durch die Gleichung

$$I_a = m i_a^2 \tag{A2.5}$$

Anschaulich bedeutet i_a den Radius eines sehr dünnwandigen Hohlzylinders derselben Masse, der dasselbe Trägheitsmoment wie der Originalkörper hat.

Für den Vollzylinder ist somit

$$i_a = \frac{r_a}{\sqrt{2}} = 0{,}7071\, r_a \tag{A2.6}$$

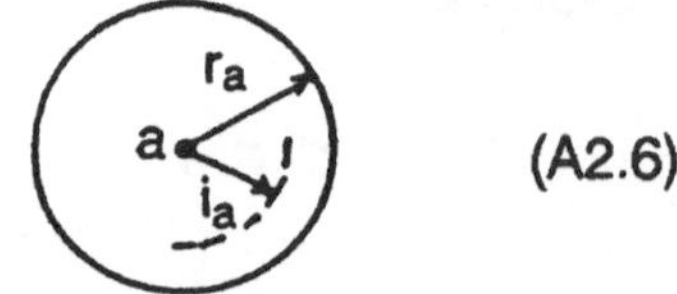

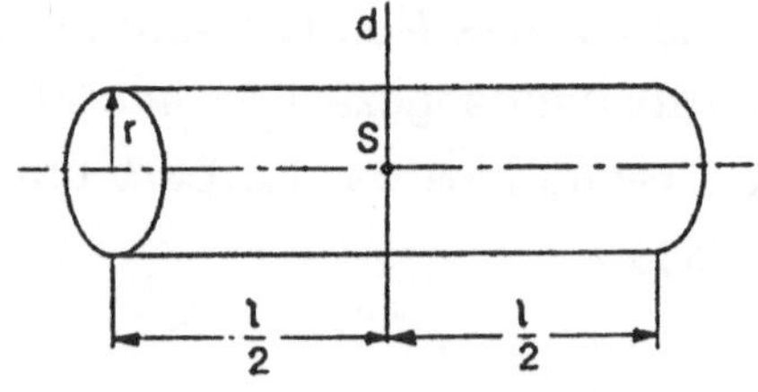

Das Trägheitsmoment I_d bzw. der Trägheitsradius i_d für einen homogenen Zylinder (Radius r, Länge l) um einen Durchmesser durch den Schwerpunkt S ist

$$I_d = m\left(\frac{l^2}{12} + \frac{r^2}{4}\right) \quad \Rightarrow \quad i_d = \sqrt{\frac{l^2}{12} + \frac{r^2}{4}}$$

Das Trägheitsmoment I_d bzw. der Trägheitsradius i_d für eine homogene Kugel vom Radius r um einen Durchmesser ist

$$I_d = \frac{2}{5} m r^2 \quad \Rightarrow \quad i_d = \sqrt{\frac{2}{5}}\, r = 0{,}5477\, r \tag{A2.7}$$

Gemäß der Definition (A2.1) sind die drei Trägheitsmomente eines Körpers bezüglich der drei Koordinatenachsen

$$I_x = \int (y^2 + z^2)\, dm \quad I_y = \int (z^2 + x^2)\, dm \quad I_z = \int (x^2 + y^2)\, dm \tag{A2.8}$$

Als Maße für die Unsymmetrie eines Körpers kommen im Drallsatz Seite 87 die sog. "Deviationsmomente" (deviare ... vom Weg abweichen) oder "Schlottermomente" vor. Sie sind definiert durch

$$I_{xy} = \int xy\,dm = I_{yx} \qquad I_{yz} = \int yz\,dm = I_{zy} \qquad I_{zx} = \int zx\,dm = I_{xz} \tag{A2.9}$$

Bei entsprechenden Symmetrien des Körpers verschwinden diese Ausdrücke. Wie schon vorne erwähnt, hat jeder beliebig geformte Körper durch jeden Punkt drei aufeinander orthogonal stehende Achsen, für die diese Deviationsmomente verschwinden – man nennt sie die Trägheitshauptachsen durch den betreffenden Punkt des Körpers – die zugehörigen Trägheitsmomente nehmen, verglichen mit denen für alle anderen Lagen des Koordinatensystems in diesem Punkt, einen Größtwert, Kleinstwert und dazwischen liegenden Wert an. Sie heißen Hauptträgheitsmomente. Die freie Drehung eines Körpers um die Achse des größten und um die Achse des kleinsten Hauptträgheitsmomentes durch den Schwerpunkt ist stabil, die Drehung um die dritte Trägheitshauptachse ist instabil – diese Drehachse bleibt nicht körperfest.

Sie können dies leicht mit einem Klotz ausprobieren – er soll stark verschiedene Kantenlängen haben – indem Sie ihn um diese Achsen rotierend hochwerfen:

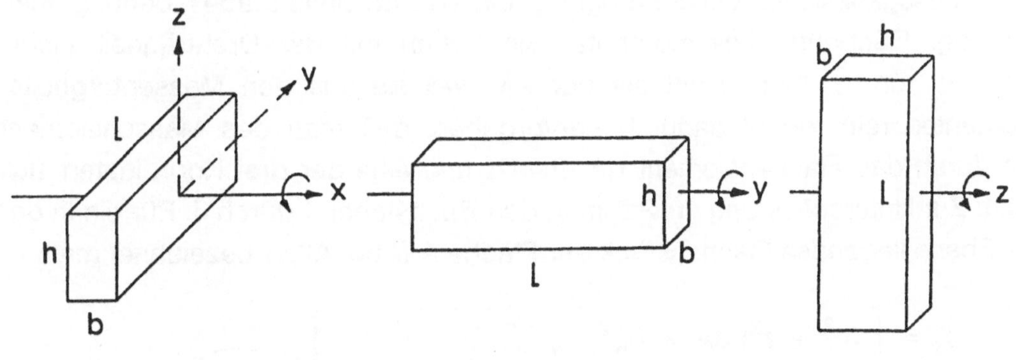

Abb. A2.2

Die Trägheitsmomente für einen homogenen Quader nach Abb. A2.2 sind

$$I_x = m\,\frac{l^2 + h^2}{12} \qquad I_y = m\,\frac{h^2 + b^2}{12} \qquad I_z = m\,\frac{b^2 + l^2}{12} \tag{A2.10}$$

Ist $l > h > b$ dann ist $I_x > I_z > I_y$, die Drehung um die z-Achse nach Abb. A2.2 ist instabil, der Klotz fängt dabei zu "geigeln" an. Das Experiment gelingt auch mit einer zugeklebten leeren Schuhschachtel.

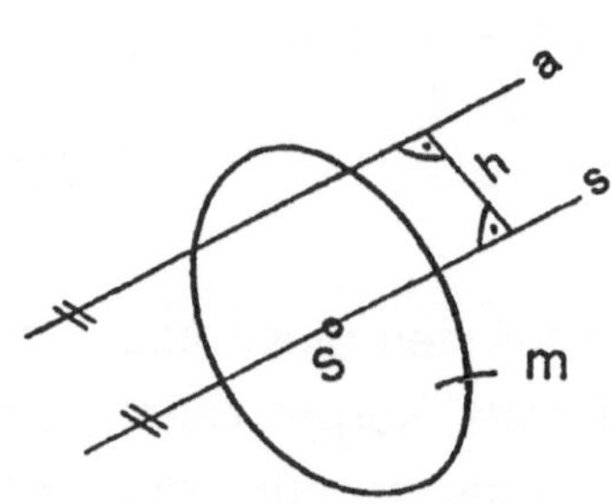

Abb. A2.3

Zwischen dem Trägheitsmoment I_s eines beliebigen Körpers um eine beliebige Schwerachse s und dem Trägheitsmoment I_a um eine dazu parallele Achse a besteht der Zusammenhang

$$I_a = I_s + mh^2 \tag{A2.11}$$

wenn h den Normalabstand der beiden Achsen bedeutet.

Dieser Zusammenhang wird meist Satz von STEINER genannt. In Trägheitsradien ausgedrückt hat man

$$i_a^2 = i_s^2 + h^2 \tag{A2.12}$$

Damit kann man Trägheitsmomente von Körpern, die aus Teilkörpern bekannter Trägheitsmomente bestehen, ermitteln, indem man alle Trägheitsmomente auf dieselbe Achse umrechnet und addiert: z.B. für das Pendel in den Programmen **Pendeluhr** und **Überschlagendes Pendel**.

A2.2 Flächenträgheitsmomente

In der Festigkeitslehre, bei der Biegung und Torsion eines Stabes, benötigt man die sog. Flächenträgheitsmomente. Sie haben mit der Drehträgheit nichts mehr zu tun – man nennt sie nur so, weil sie aus den Massenträgheitsmomenten rein formal dadurch hervorgehen, daß man das Massenelement dm durch das Flächenelement dA ersetzt und eine der drei Koordinaten null setzt. Zur Unterscheidung ersetzt man den Buchstaben I durch J. Für ein in der y-z-Ebene liegendes Flächenstück der Fläche A (Abb. A2.4) bezeichnet man

$$J_x = \int (y^2 + z^2)\, dA = A i_x^2$$

$$J_y = \int z^2\, dA = A i_y^2 \tag{A2.13}$$

$$J_z = \int y^2\, dA = A i_z^2$$

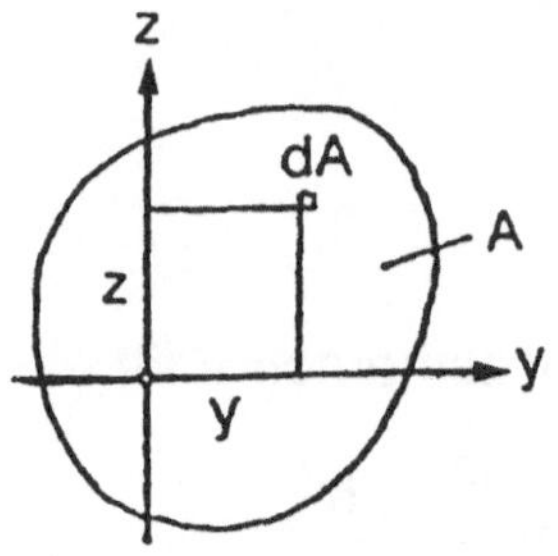

Abb. A2.4

als Flächenträgheitsmomente bezüglich der x-, y-, z-Achse und die Längen i_x, i_y, i_z als die zugehörigen Trägheitsradien.

$$J_{yz} = \int yz\, dA = J_{zy} \tag{A2.14}$$

ist das entsprechende Flächen – Deviationsmoment.

Wie man aus den obigen Definitionen erkennt, ist

$$J_x = J_y + J_z \qquad \text{bzw.} \qquad i_x^2 = i_y^2 + i_z^2 \tag{A2.15}$$

Der Satz von STEINER lautet hier analog zu (A2.11) bzw. (A2.12)

$$J_a = J_s + A\,h^2 \qquad \text{bzw.} \qquad i_a^2 = i_s^2 + h^2 \tag{A2.16}$$

wobei J_s das Flächenträgheitsmoment um eine beliebige Achse s durch den Flächenschwerpunkt bedeutet, J_a das um eine zu s beliebige parallele Achse a, h den Normalabstand dieser beiden Achsen und A die Fläche. Auf diese Weise kann man Flächenträgheitsmomente von Trägerquerschnitten, die aus Teilflächen mit bekannten Trägheitsmomenten bestehen, berechnen, indem man alle auf die gleiche Achse bezieht. Meist ist dies eine Achse durch den Flächenschwerpunkt.

Die Koordinaten y_s und z_s des Flächenschwerpunktes zusammengesetzter Flächen bekommt man aus dem Teilschwerpunktsatz

$$y_s = \frac{\Sigma y_i A_i}{\Sigma A_i} \qquad z_s = \frac{\Sigma z_i A_i}{\Sigma A_i}$$

z.B. Abb. A2.5

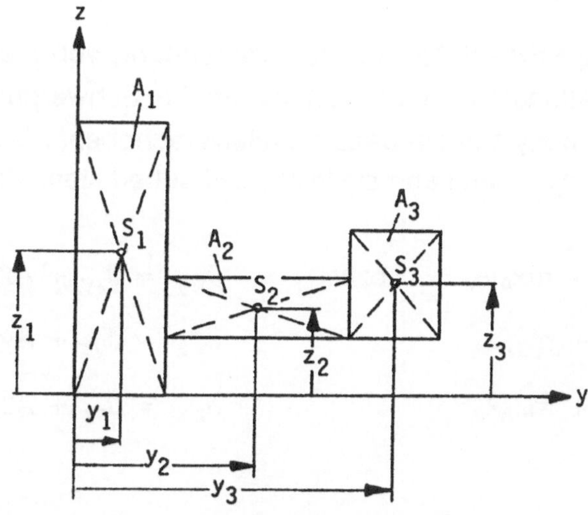

Abb. A2.5

Beispiele für Flächenträgheitsmomente:

Rechteckfläche:

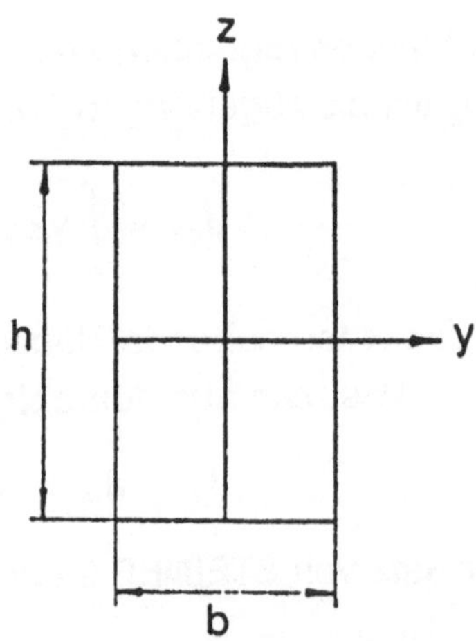

$$J_y = \frac{bh^3}{12} \qquad J_z = \frac{hb^3}{12}$$

$$J_x = J_y + J_z = \frac{bh}{12}(h^2 + b^2)$$

$$J_{yz} = 0 \tag{A2.17}$$

Versuchen Sie, J_y mit Hilfe der Integraltabelle auf Seite 204 selbst zu berechnen.

Kreisfläche:

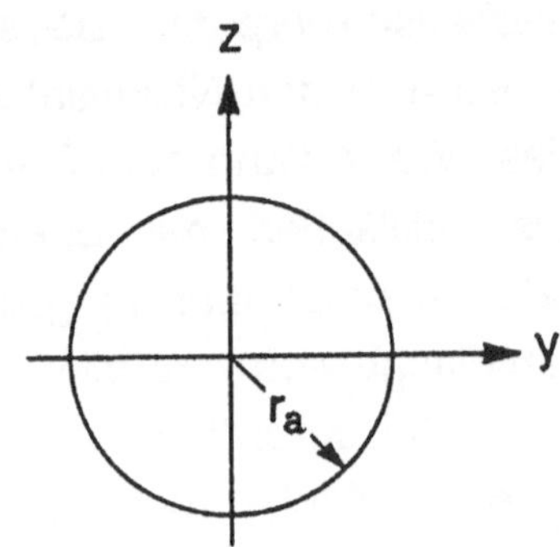

$$J_x = \frac{r_a^4\pi}{2} \qquad \text{(vgl. A2.3)}$$

Wegen $J_y = J_z$ und (A2.15) ist

$$J_y = J_z = \frac{J_x}{2} = \frac{r_a^4\pi}{4}, \tag{A2.18}$$

gleich für jeden Durchmesser.

$$J_{yz} = 0$$

Es gibt auch STEINER–Sätze für die Umrechnung von Deviationsmomenten und Flächendeviationsmomenten von einem im Schwerpunkt S verankerten Koordinatensystem x,y,z in ein dazu parallelverschobenes x',y',z' mit Ursprung im Punkt A (x_A, y_A, z_A). Man kann sie leicht selbst herleiten. Sie lauten

$$I_{x'y'} = I_{xy} + m x_A y_A \qquad \text{bzw.} \qquad J_{x'y'} = J_{xy} + A x_A y_A$$

$$I_{y'z'} = I_{yz} + m y_A z_A \qquad J_{y'z'} = J_{yz} + A y_A z_A \tag{A2.19}$$

$$I_{z'x'} = I_{zx} + m z_A x_A \qquad J_{z'x'} = J_{zx} + A z_A x_A$$

A3. Vektoren, Vektorprodukte

Wir bezeichnen vektorielle Größen im dreidimensionalen Raum (oder speziell in der Ebene) im Sinne der Mechanik, die (wie Ortsvektoren, Geschwindigkeitsvektoren etc.) graphisch durch Pfeile dargestellt werden können, mit einem Pfeil über dem betreffenden Symbol, z.B.

$\vec{r}_{P0}$ .... Ortsvektor zum Punkt P vom Punkt 0 aus,

$\vec{r}_{QP}$ .... Ortsvektor zum Punkt Q vom Punkt P aus,

und schreiben kurz für die vektorielle Addition

$$\vec{r}_{Q0} = \vec{r}_{QP} + \vec{r}_{P0} \tag{A3.1}$$

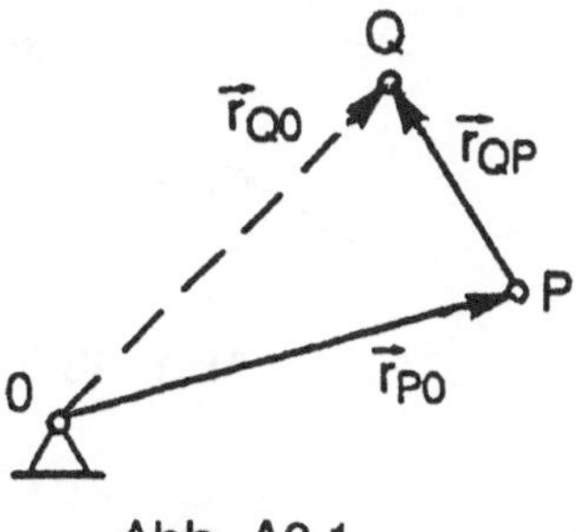

Abb. A3.1

In derselben Weise werden Kräfte vektoriell addiert, ebenso Geschwindigkeiten etc.

Darstellung eines Vektors durch seine skalaren Komponenten und Einheitsvektoren:

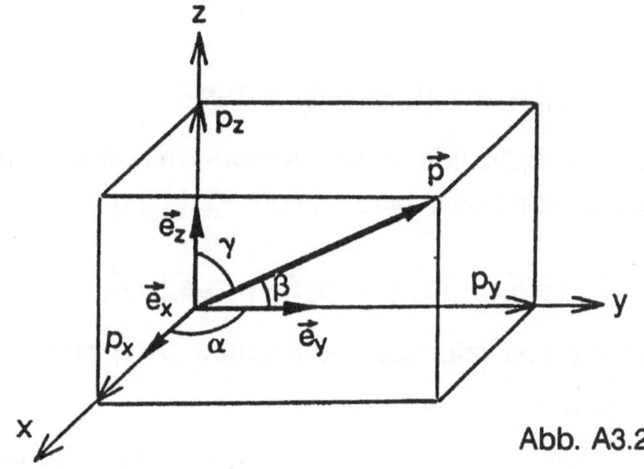

Abb. A3.2

$$\vec{p} = p_x\vec{e}_x + p_y\vec{e}_y + p_z\vec{e}_z \tag{A3.2}$$

mit

$$p_x = |\vec{p}| \cos\alpha \qquad |\vec{e}_x| = |\vec{e}_y| = |\vec{e}_z| = 1$$

$$p_y = |\vec{p}| \cos\beta \qquad (\cos\alpha)^2 + (\cos\beta)^2 + (\cos\gamma)^2 \equiv 1$$

$$p_z = |\vec{p}| \cos\gamma$$

$$|\vec{p}| = \sqrt{p_x^2 + p_y^2 + p_z^2} \tag{A3.3}$$

Die Einheitsvektoren $\vec{e}_x$, $\vec{e}_y$, $\vec{e}_z$ sind **dimensionslose** Richtungs- und Orientierungsgeber vom Betrag 1. Wie groß man sie in Abbildungen zeichnet, ist bedeutungslos.

Summe zweier Vektoren:

$$\vec{p} + \vec{q} = (p_x + q_x)\,\vec{e}_x + (p_y + q_y)\,\vec{e}_y + (p_z + q_z)\,\vec{e}_z \qquad \text{(A3.4)}$$

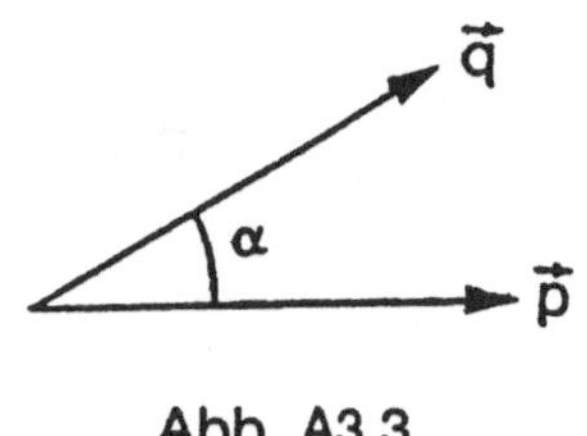

Abb. A3.3

Skalares oder inneres Produkt zweier Vektoren, koordinatenfreie Definition:

$$\vec{p}.\vec{q} = |\vec{p}|\,|\vec{q}|\,\cos\alpha \qquad \text{(A3.5)}$$

gesprochen "p in q".

Aus der Definition (A3.5) folgt für die Einheitsvektoren

$$\vec{e}_x.\vec{e}_x = 1 \qquad \vec{e}_x.\vec{e}_y = \vec{e}_y.\vec{e}_x = 0$$

$$\vec{e}_y.\vec{e}_y = 1 \qquad \vec{e}_y.\vec{e}_z = \vec{e}_z.\vec{e}_y = 0 \qquad \text{(A3.6)}$$

$$\vec{e}_z.\vec{e}_z = 1 \qquad \vec{e}_z.\vec{e}_x = \vec{e}_x.\vec{e}_z = 0$$

Damit folgt für das skalare Produkt die Darstellung in kartesischen Komponenten

$$\vec{p}.\vec{q} = p_x q_x + p_y q_y + p_z q_z \qquad \text{(A3.7)}$$

Die skalare Multiplikation eines Vektors mit einem Einheitsvektor gibt die skalare Komponente des Vektors in der Richtung des Einheitsvektors, z.B.:

$$\vec{p}.\vec{e}_x = (p_x\vec{e}_x + p_y\vec{e}_y + p_z\vec{e}_z) \cdot \vec{e}_x = p_x \qquad \text{(A3.8)}$$

Vektorielles Produkt oder äußeres Produkt $\vec{p}\times\vec{q}$ zweier Vektoren, gesprochen "p ex q":

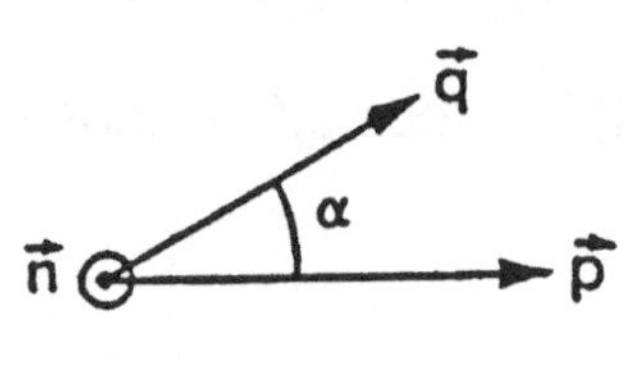

Abb. A3.4

Koordinatenfreie Definition: $\vec{p} \times \vec{q}$ ist ein Vektor (wir nennen ihn hier $\vec{n}$), der normal auf die von $\vec{p}$ und $\vec{q}$ aufgespannte Ebene steht und in der Reihenfolge $\vec{p}$, $\vec{q}$, $\vec{n}$ nach der Rechtsregel orientiert ist (Abb. A3.4). Sein Betrag ist

$$|\vec{p}\times\vec{q}| = |\vec{n}| = |\vec{p}|\,|\vec{q}|\,|\sin\alpha| \qquad \text{(A3.9)}$$

Aus der Definition (A3.9) sieht man:

$$\vec{q} \times \vec{p} = -(\vec{p} \times \vec{q})$$

$$\begin{aligned} &\vec{e}_x \times \vec{e}_x = 0 \quad \vec{e}_y \times \vec{e}_y = 0 \quad \vec{e}_z \times \vec{e}_z = 0 \\ &\vec{e}_x \times \vec{e}_y = \vec{e}_z \quad \vec{e}_y \times \vec{e}_z = \vec{e}_x \quad \vec{e}_z \times \vec{e}_x = \vec{e}_y \end{aligned} \tag{A3.10}$$

$$\vec{p} \times \vec{q} = \underbrace{(p_y q_z - p_z q_y)}_{n_x} \vec{e}_x + \underbrace{(p_z q_x - p_x q_z)}_{n_y} \vec{e}_y + \underbrace{(p_x q_y - p_y q_x)}_{n_z} \vec{e}_z \tag{A3.11}$$

Spezielle Anwendung des vektoriellen Produktes:

Begriff des Drehmomentes einer Kraft bezüglich eines beliebigen Punktes 0:

$$\vec{M}_0 = \vec{r} \times \vec{F} \tag{A3.12}$$

(Abb. A3.5)

$\vec{r}$ ...... Ortsvektor von 0 zu einem beliebigen Punkt auf der Wirkungslinie der Kraft.

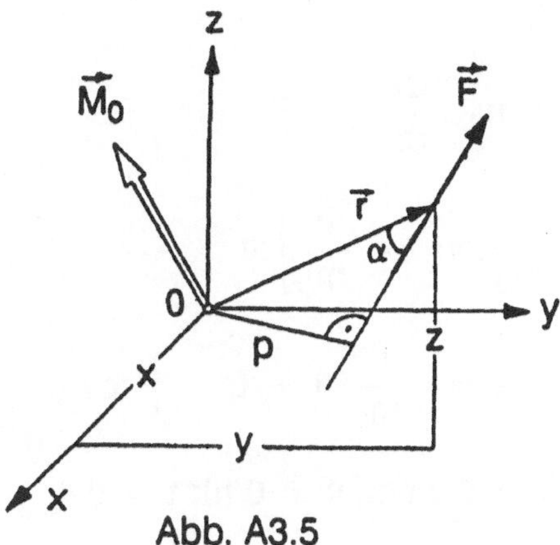

Abb. A3.5

Mit den Zerlegungen

$$\vec{r} = x\,\vec{e}_x + y\,\vec{e}_y + z\,\vec{e}_z,$$

$$\vec{F} = F_x\,\vec{e}_x + F_y\,\vec{e}_y + F_z\,\vec{e}_z$$

liefert (A3.11) die skalaren Komponenten von M_0

$M_x = y\,F_z - z\,F_y$ .... Drehmoment der Kraft um die x-Achse

$M_y = z\,F_x - x\,F_z$ .... Drehmoment der Kraft um die y-Achse

$M_z = x\,F_y - y\,F_x$ .... Drehmoment der Kraft um die z-Achse

(A3.13)

Nach der Definition (A3.9) ist

$$|\vec{M}_0| = |\vec{r}|\,|\vec{F}|\,|\sin\alpha| = |\vec{F}|\,\underbrace{|\vec{r}|\,|\sin\alpha|}_{p} = |\vec{F}|\,p$$

A4. Vergleich zwischen der klassischen und der relativistischen Grundgleichung der Kinetik

Wir wollen uns den Unterschied zwischen (18.11) und (18.12) für den einfachsten Fall, der geradlinigen Bewegung, veranschaulichen:

Sei F = const., die Bewegung beginne zur Zeit t = 0 mit v = 0

klassisch:

$$m_0 \frac{dv}{dt} = F$$

$$\int dv = \frac{F}{m_0}\int dt$$

$$v = \frac{F}{m_0} t + C \quad \Big| :c$$

C = 0 wenn v = 0 für t = 0

$$\frac{v}{c} = \frac{F}{m_0 c} t$$

relativistisch:

$$\frac{d}{dt}\left(\frac{m_0 v}{\sqrt{1-\left(\frac{v}{c}\right)^2}}\right) = F$$

$$\int d\left(\frac{m_0 v}{\sqrt{1-\left(\frac{v}{c}\right)^2}}\right) = F\int dt$$

$$\frac{m_0 v}{\sqrt{1-\left(\frac{v}{c}\right)^2}} = F t + C \quad \Big| :m_0 c$$

C = 0 wenn v = 0 für t = 0

$$\frac{\frac{v}{c}}{\sqrt{1-\left(\frac{v}{c}\right)^2}} = \frac{F}{m_0 c} t$$

Die relativistische Grundgleichung führt asymptotisch zur Lichtgeschwindigkeit, die klassische Grundgleichung liefert die Anfangstangente, die bis etwa v/c = 0,2, somit bis etwa v = 60000 km/s, nicht wesentlich abweicht (Abb.A4.1).

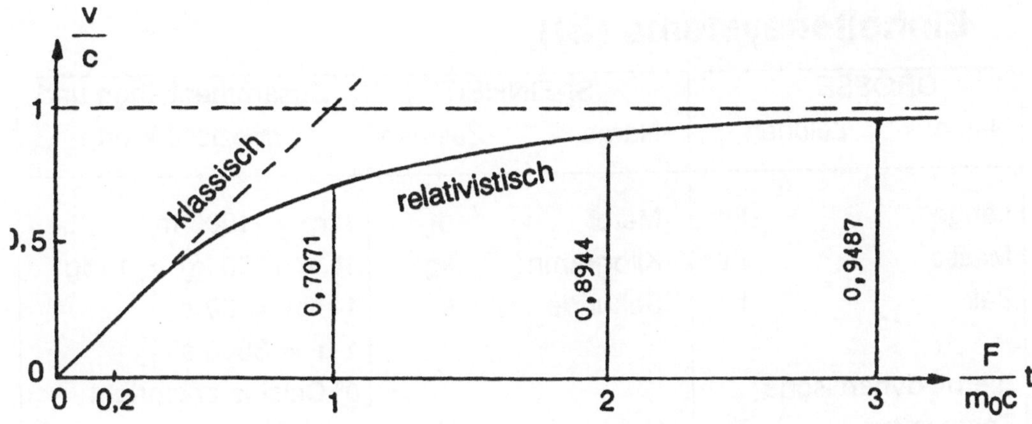

v/c
1
0,5
0
klassisch
relativistisch
0,7071
0,8944
0,9487
0 0,2
1
2
3
F/m0c t

Abb. A4.1

A5. Einheiten des Internationalen Einheitensystems (SI)

	GRÖSSE Name	Zeichen	SI-EINHEIT Name	Zeichen	Zusammenhänge und spezielle Werte
Basisgrößen	Länge Masse Zeit thermodynamische Temperatur elektrische Stromstärke	l m t T I	Meter Kilogramm Sekunde Kelvin Ampere	m kg s K A	1km = 1000 m 1t = 1000 kg = 1 Mg 1 min = 60 s, 1 h = 3600 s 0° Celsius entspricht 273,15 K
	Geschwindigkeit	v	Meter je Sekunde	m/s	1km/h = 1/3,6 m/s
	Beschleunigung	a	Meter je Sekundenquadrat	m/s^2	Normwert der Fallbeschleunigung $g_n = 9{,}80665\ m/s^2$
	Kraft Gewicht	F G	Newton Newton	N N	$1N = 1\ kg.m/s^2$ Gewicht $G = m\,g$ Normgewicht $G_n = m\,g_n$
	Impuls	p	Kilogramm mal Meter je Sekunde	kg.m/s	$p = mv_M$ Masse mal Geschw. des Massenmittelpunktes 1 kg.m/s = 1 N.s
	Massendichte	ρ	Kilogramm je Kubikmeter	kg/m^3	
	mechan.Spannung Schubspannung Druck	σ, σ_n τ p	 Pascal	N/m^2 N/m^2 Pa	$1\ Pa = 1\ N/m^2$ 1 bar = 100 000 Pa
	Drehmoment Biegemoment Torsionsmoment	M M_B M_T	Newtonmeter	N.m	$1N.m = 1\ kg.m^2/s^2$
	Arbeit Energie Wärmemenge	W E Q	Joule	J	1 J = 1 N.m = 1 Ws
	Leistung	P	Watt	W	1 W = 1 J/s = 1 N.m/s

Trägheitsmomente I_x, I_y, I_z Deviationsmomente I_{xy}, I_{yz}, I_{zx}	Kilogramm mal Quadratmeter kg.m²	siehe Anhang A2 Seite 207
Trägheitsradien i_x, i_y, i_z	Meter m	$i_x=\sqrt{\frac{I_x}{m}}, i_y=\sqrt{\frac{I_y}{m}}, i_z=\sqrt{\frac{I_z}{m}}$
Elektrische Spannung U	Volt V	
Elektrischer Widerstand R	Ohm Ω	
Ebener Winkel $\alpha, \beta, \gamma, \ldots$	Radiant rad	siehe Seite 61
Winkel-geschwindigkeit ω	Radiant je Sekunde rad/s	$\omega = n.2\pi$ n .. Zahl der Umdrehungen je Sekunde π = 3,14159 ....
Winkel-beschleunigung $\dot{\omega}$	Radiant je Sekundenquadrat rad/s²	
Drall oder Impulsmoment oder Drehimpuls L	kg.m²/s	
Flächenträgheits- und Deviations-momente J	m⁴	

Alle Gleichungen in diesem Buch gelten in den Einheiten der mittleren Spalte dieser Tabelle. Sie gelten auch in allen kohärenten Einheiten eines beliebigen anderen Maßsystems vergangener Zeiten.

A6. Wie rette ich einen Druckertreiber ?

Passierte Ihnen beim Erstellen eines Druckerteibers ein Fehler, läßt sich das Unglück leicht beheben:

- Haben Sie den neuen, falschen Druckertreiber noch nicht abgespeichert, können Sie den ursprünglichen leicht wieder installieren, indem Sie das Programm mit **X** verlassen, noch einmal aufrufen und den alten Treiber wieder laden.
- Haben Sie den falschen Treiber schon abgespeichert, müssen Sie die Sitzung durch Drücken von **X** im *Programmauswahlmenü* beenden. Dann legen Sie die Diskette mit der Seite, auf der sich der alte und der neue, falsche Druckertreiber befinden, ein. Nun müssen Sie eine Reihe von Floppy-Befehlen ausführen (der Filename des zu rettenden Druckertreibers wird im folgenden Text mit *Name* bezeichnet):

```
OPEN 15,8,15
PRINT#15,"S:Name.DRV"
PRINT#15,"R:Name.DRV=Name.BAK"
CLOSE 15
```

Damit ist der alte Druckertreiber wieder aufrufbar und Sie können die Änderung wie bekannt neu beginnen.

A7. Fehlermeldungen

Tritt in einem Programm bei einer Rechnung, einer Speicheroperation oder einem Grafikbefehl ein Fehler auf, wird der Programmablauf unterbrochen. Der Bildschirm wird gelöscht und der aufgetretene Fehler in der ersten Bildschirmzeile angezeigt. Sie werden aufgefordert, das System mit der **RETURN**-Taste wieder zu starten. Das *Programmauswahlmenü* wird nun wieder geladen und Sie können das unterbrochene Programm von neuem aufrufen.

Auf einen Fehler sei besonders hingewiesen: Wenn Sie obigen Vorgang durchführen, während eine andere als die Programmdiskette eingelegt ist, erscheint die Fehlermeldung

?syntax error in 57584

Legen Sie dann die Programmdiskette ein und drücken Sie nochmals **RETURN**. Das Programm beginnt dann wieder ganz normal von vorne.

A8. Beschreibung des verwendeten Centronics-Kabels

Commodore C64 User-Port Pinbelegung:

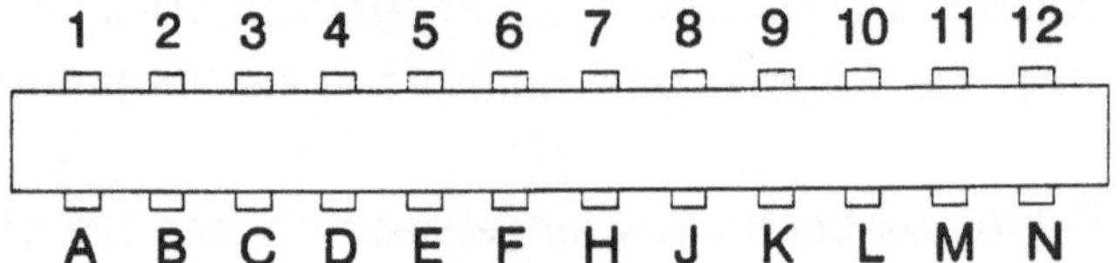

Als Druckerstecker wird ein Standard-Centronics Stecker (32-polig) verwendet. Die Verbindungen sind folgendermaßen herzustellen:

User Port Pin Nr.	Bedeutung	Bedeutung	Drucker Pin
B	$\overline{\text{Flag 2}}$	Ack	10
C	PB 0	Data 1	2
D	PB 1	Data 2	3
E	PB 2	Data 3	4
F	PB 3	Data 4	5
H	PB 4	Data 5	6
J	PB 5	Data 6	7
K	PB 6	Data 7	8
L	PB 7	Data 8	9
M	PA 2	Strobe	1
N	Gnd	Ground	16
12	Gnd	Ground	16

Es kann ein abgeschirmtes, 10-poliges Kabel verwendet werden, Ground wird über die Abschirmung geführt.

Sachverzeichnis

K

L

P. Lugner, K. Desoyer, A. Novak

Technische Mechanik

Aufgaben und Lösungen

Dritte Auflage
1988. 305 Abbildungen. VII, 215 Seiten.
Geheftet DM 57,—, öS 400,—
ISBN 3-211-82082-5

Aus den Besprechungen zur zweiten Auflage:

„Das Buch gilt als eine ausgezeichnete Hilfe zur selbständigen Prüfungsvorbereitung für den Studierenden und kann auch als Repetitorium für Absolventen eines technischen Studiums dienen ... In seiner zweiten Auflage hat das Buch gegenüber der ersten Auflage den Vorteil, daß in den Bezeichnungen der kinematischen und kinetischen Größen genormte Symbole verwendet werden. Die graphischen Lösungen der Aufgaben der ebenen Kinematik veranschaulichen in hervorragender Weise den Lösungsweg der recht komplizierten Probleme ..."

VDI-Zeitschrift

„... Das vorliegende Werk hilft, den Schritt von den Grundlagen zur Anwendung zu machen. Viele interessante und praxisgerechte Problemstellungen werden als Aufgaben gelöst. Bei den ausführlichen Erklärungen des Lösungsweges wurde großer Wert auf die Verbindung zwischen Grundlagen und Lösungsweg gelegt ..."

Material + Technik

„... Die Aufgabensammlung zeichnet sich durch übersichtliche Darstellungen aus, wobei durch Vernachlässigung unwesentlicher Details das charakterische Modell deutlich herausgestellt wird. Zusammenfassend kann gesagt werden, daß die vorliegende Aufgabensammlung durch geschickte Auswahl der Aufgaben das Verständnis für die Technische Mechanik fördert und auch dem Lernenden mancherlei Anregungen bringt. Die Aufgabensammlung kann daher jedem zur Durcharbeitung empfohlen werden."

Technische Mechanik

Springer-Verlag Wien New York

M. Peschel / F. Breitenecker

Mathematik – anschaulich mit dem Computer

Band 1:

Zahlen, Elementare Analysis, Geometrie

1988. Etwa 250 Seiten.
Mit einer Programmdiskette für C64

Erscheint voraussichtlich Ende 1988

Das Buch will dem Leser die Elementarmathematik mit Hilfe des Computers nahebringen. Ein aufgelockerter Text wird begleitet von Demonstrationsprogrammen, die in verblüffend einfacher Form auch komplexe Phänomene der Mathematik erklären: Begriffe wie Konvergenz, Stetigkeit, Elementarfunktionen etc. werden in anschaulichen Programmen demonstriert, der Text folgt dem klassischen Aufbau der elementaren mathematischen Analysis. Die Programme laden den Leser ein, selbst mit anderen Parametern zu experimentieren und so Phänomene der Mathematik in anschaulicher Form kennenzulernen.
Ziel des Buches ist es, einen spielerischen Zugang auch zu formalen Begriffen der Mathematik zu finden und so dem Leser Freude an der zu Unrecht als trockene Wissenschaft bezeichneten Mathematik zu vermitteln. Die Programme sind in BASIC geschrieben und damit „offen", d. h. die Programme können vom Leser auch mitverfolgt und modifiziert werden, um ihre Anwendungsbreite zu erweitern bzw. zu ergänzen.

Band 2:

Analysis, Statistik

1989. Etwa 250 Seiten.
Mit einer Programmdiskette für C64

In Vorbereitung

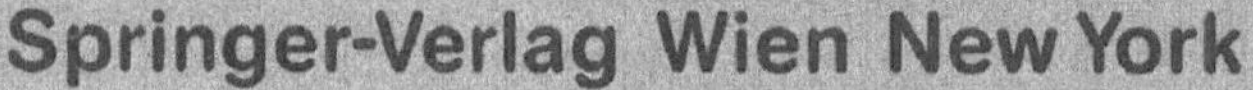

Springer-Verlag Wien New York

Computerunterstütztes Konstruieren